高性能永磁电机控制技术研究

唐传胜 著

四川大学出版社
SICHUAN UNIVERSITY PRESS

图书在版编目（CIP）数据

高性能永磁电机控制技术研究 / 唐传胜著 . -- 成都：
四川大学出版社，2025. 1. -- ISBN 978-7-5690-7383-6

Ⅰ . TM351

中国国家版本馆 CIP 数据核字第 2024RA6588 号

书　　名：高性能永磁电机控制技术研究
　　　　　Gaoxingneng Yongci Dianji Kongzhi Jishu Yanjiu
著　　者：唐传胜

选题策划：王　睿
责任编辑：李思莹
特约编辑：孙　丽
责任校对：胡晓燕
装帧设计：开动传媒
责任印制：李金兰

出版发行：四川大学出版社有限责任公司
　　　　　地址：成都市一环路南一段 24 号（610065）
　　　　　电话：（028）85408311（发行部）、85400276（总编室）
　　　　　电子邮箱：scupress@vip.163.com
　　　　　网址：https://press.scu.edu.cn
印前制作：湖北开动传媒科技有限公司
印刷装订：武汉乐生印刷有限公司

成品尺寸：170mm×240mm
印　　张：15.5
字　　数：323 千字

版　　次：2025 年 2 月 第 1 版
印　　次：2025 年 2 月 第 1 次印刷
定　　价：99.00 元

本社图书如有印装质量问题，请联系发行部调换

四川大学出版社
微信公众号

前　　言

近年来,高速度、高精度、高刚度和高动态响应能力的驱动系统成为驱动技术新的发展趋势。传统的驱动技术主要采用以下两种方式:一是由旋转电机加滚珠丝杠副组成的直线进给伺服驱动;二是由旋转电机加精密齿轮传动或蜗轮、蜗杆副组成的旋转驱动。然而,这两种传统的驱动方式无法满足高档数控机床的高速度、高精度性能要求。因此,以力矩电动机和高速电主轴为代表的旋转直接驱动技术(简称"直驱技术")以及以直线电机为代表的直线直驱技术引起了专家的广泛关注。直驱技术省略了伺服执行机构的机械传动环节,将伺服电机和运动部件直接相连,因此具有动态响应速度快、定位精度高、加速度大和刚度高等优点。然而,机械传动机构的简化使得系统对负载扰动、电机内部结构参数的变化以及非线性摩擦、推力波动等更加敏感,从而增加了电气控制方面的难度,降低了系统的伺服性能。同时,由于直线电机存在端部效应、齿槽效应等非线性因素,系统的控制难度会大大增加。非线性建模误差、位置和速度检测噪声等不确定因素都会影响系统的控制精度和稳定性。

本书以"高档数控机床与基础制造装备"国家科技重大专项子课题"高速卧式加工中心直驱技术及其控制技术"(课题编号:2009ZX04001-013)为背景,以高速卧式加工中心 THMS6340/THMS6350 为研究对象,针对直线电机直接驱动系统存在的上述问题展开研究。为了实现直线电机伺服系统高精度的速度和位置控制,必须在深入研究系统动态性能的基础上,对系统中存在的各种扰动及参数的不确定性进行有效的补偿和控制。考虑以上因素,本书主要从以下几个方面进行研究:

(1)两种适用于不确定永磁同步直线电机伺服系统的一体化速度和电流控制策略。现有的许多控制策略仅从速度和位置控制角度考虑,而没有考虑电气参数的影响。对于高精度定位控制系统,这些因素对系统的控制性能是至关重要的。同时,考虑系统的速度环和电流环,分别采用自适应控制和模糊控制技术,提出了鲁棒自适应速度控制和自适应模糊滑模速度控制两种非线性控制策略。

(2)无传感器技术研究。针对现有直线电机的速度和位置估计策略存在幅值和相位误差、稳态性能差等缺点,提出一种改进的滑模观测器。该观测器利用 Sigmoid 函数代替传统滑模观测器的符号函数,无须引入低通滤波器,从根本上解决低通滤波器带来的幅值和相位误差等问题,实现速度和位置的实时准确估计。

(3)直线电机伺服系统的高精度定位控制。将滑模控制和自适应控制相结合,提出一种滑模自适应高精度定位控制策略。该策略充分利用滑模控制强鲁棒性的特点,并通过自适应方法在线估计系统中的不确定参数,以降低直线电机驱动系统中存在的推力波动、摩擦力和不确定参数等非线性因素对伺服系统性能的影响。

(4)改进的直接推力和磁链控制(简称"直接推力控制")策略。针对传统直接推力控制中存在较大的磁链、电流和推力波动等问题,利用反步控制方法,并结合空间矢量脉冲宽度调制技术,提出一种反步直接推力和磁链控制策略。

(5)永磁同步电机的非线性混沌控制方法。数控机床永磁同步电机伺服系统是复杂的非线性系统,而混沌是非线性系统的重要特征之一。当系统的参数在一定范围内变化时,系统将产生混沌现象,这将严重影响伺服系统的性能,甚至使系统崩溃。针对将非线性控制理论应用于抑制系统的混沌现象,系统提出了10种永磁同步电机的非线性混沌控制与同步方法,包括有限时间混沌控制、部分状态有限时间混沌控制、基于控制Lyapunov函数(CLF)的混沌控制、基于非线性观测器的混沌控制、最优控制、有限时间混沌同步等,为永磁同步电机混沌系统理论奠定基础。

(6)电机的多新息辨识与控制新方法。首先,针对高速电主轴、开关磁阻电机等系统,采用多新息方法进行系统模型参数辨识,并考虑延时情况下提出一种开关磁阻电机的滑模控制策略。其次,将多新息辨识方法扩展到永磁同步电机驱动的柔性伺服系统,提出了基于多容惯性理论和基因遗传算法的PI控制策略。再次,结合自耦PI控制和粒子群算法,设计了一种智能优化的直线开关磁阻电机自耦PI控制器。最后,针对控制输入受限的开关磁阻电机,提出了一种高性能滑模位置控制策略。

由于著者水平有限,书中不足之处在所难免,恳请读者批评指正并提出意见与建议。

著 者

2024 年 8 月

目　　录

1 绪 论

随着电力电子技术、切削加工技术、传感器技术和数字化技术的发展,高速度、高精度、智能化、绿色环保及多功能复合型机床成为当前数控机床发展的主流方向。传统的驱动技术已无法满足高速度和高精度性能要求。基于此背景,本书在"高档数控机床与基础制造装备"国家科技重大专项子课题"高速卧式加工中心直驱技术及其控制技术"(2009ZX04001-013)的支持下,以高速卧式加工中心为研究对象,研究永磁同步直线电机(permanent magnet linear synchronous motor, PMLSM)驱动的直线进给运动具有的重要现实意义。本章将从数控机床用永磁同步直线电机伺服驱动技术的研究背景和意义、国内外研究现状以及本书的主要研究内容和总体框架展开叙述。

1.1 研究的背景与意义

数控机床(尤其是高档数控机床)是现代制造业的主流设备,数控机床的制造水平在一定程度上反映了一个国家的机械制造工艺水平。近年来,许多发达国家将高速度、高精度和多功能复合型的高档数控机床作为其未来发展的重要目标。

目前,高档数控机床与基础制造技术已经被列入《国家中长期科学和技术发展规划纲要(2006—2020年)》所确定的16个重大专项之中。"高档数控机床与基础制造装备"国家科技重大专项于2009年3月启动实施,重点支持高档数控机床、基础制造装备、数控系统、功能部件、工具、关键部件、共性技术等方面的研究。2009年度共分两批课题进行申报,在第一批课题中,"高速卧式加工中心直驱技术及其控制技术"课题明确将直驱技术及其控制技术列为研究的主要内容;第二批课题再次将精密大扭矩直驱转台设计技术列入五轴联动数控磨床的研究内容。此后,几乎每年的"高档数控机床与基础制造装备"国家科技重大专项均涉及直驱技术的研究,如2010年立式铣车(车铣)复合加工中心课题中涉及直驱摆头动力刀架研制;2011年高速、精密数控车磨复合加工机床涉及高速度、高精度工件内装饰电主轴的研制和快移速度 80m/min 的直线电机驱动技术应用研究；2012 年伺服驱动及电机测试规范、标准与测试平台项目中涉及电主轴、力矩电机及直线电机的性能和可靠性测试；2013 年大型、高精度数控成型磨齿机中涉及精密力矩电机直驱回转工作台的制造技术和控制技术；等等。另外，中国工程院在 2010 年出版的《中国制造业可持续发展战略研究》中，把直驱技术列入高档数控机床在"十二五"期间需要重点研究突破的关键技术；2011 年中国机械工程学会在面向未来的中国机械工程技术路线图中，把直线电机的控制理论和控制技术列入高速精密切削加工关键技术。因此，研究高速度、高精度的直驱技术已成为高档数控机床发展过程中迫切需要突破的关键，是高档数控机床发展的重要方向。

传统的驱动技术主要采用以下两种方式：一是由旋转电机加滚珠丝杠副组成的直线进给伺服驱动；二是由旋转电机加精密齿轮传动或蜗轮、蜗杆副组成的旋转驱动。传统的驱动方式中间部件多、运动惯量大，且存在弹性变形、反向间隙、摩擦、震动、响应滞后、刚度降低等非线性因素，很难满足当今高档数控系统高速度、高精度驱动的需求。为了满足高档数控机床高速度、高精度的要求，以直线电机驱动为代表的直接驱动方式得到了广大学者和生产厂商的高度关注，也成为先进制造领域内的重要研究课题。这种传动方式取消了中间的传动环节，实现了机床的"零传动"。与传统驱动方式相比，该方式具有结构简单、动态响应快、速度快、加速度大、精度和刚度高、噪声小、维护成本低等优点，已经成为高速精密驱动和传动领域的研究热点。与此同时，直接驱动方式虽然简化了机械传动机构，但是会增加控制方面的难度，这种传动方式会使系统参数的变化及各种不确定扰动（如自身扰动和外部扰动等）直接作用在伺服电机上，降低直线电机伺服系统的性能。对于直线电机来说，其固有的端部效应、齿槽效应、推力波动等非线性因素，会大大增加系统的控制难度。

本书是在 2009 年国家重大科技专项"高档数控机床与基础制造装备"第一批课题"高速卧式加工中心直驱技术及其控制技术"的支持下进行的。在该项目中，直驱技术在高速卧式加工中心的应用主要有以下三种形式：一是由内装式高速电主轴直接驱动的主轴伺服系统（转速达 20000r/min）；二是由力矩电机直接驱动的数控转台系统；三是由直线电机驱动的伺服进给系统。在这三种直驱系统中，前两种是旋转直驱，第三种是直线直驱。本书主要以直线电机驱动的卧式加工中心为研究对象，针对其存在的关键问题，进行非线性控制方法研究，为直驱技术在高速加工中心中的应用奠定理论基础。该研究对我国开发高速加工机床和多功能复合加工中心等高性能数控机床具有重要的理论意义和应用价值。

1.2　数控机床永磁同步直线电机驱动技术的国内外应用现状

　　直线电机具有机构简单、无接触运行、噪声小、速度快、加速度大、精度高、维护方便、可靠性高等优点。采用直线电机驱动的伺服进给系统,具有传统机械传动机构(即旋转电机加滚珠丝杠副)无法比拟的优点,详见表 1-1。因此,直线电机进给系统一直受到国内外机床厂商的青睐。

表 1-1　　　　　　　　　传统驱动方式与直线电机直驱方式的性能比较

性能	驱动方式	
	旋转电机＋滚珠丝杠副	直线电机直接驱动
最高速度/(m/s)	90～120	60～200
最大加速度	$1.5g$	$2g～10g$
精度/(μm/300)	5	0.5
重复定位精度/μm	3	0.1
静态刚度/(N/μm)	90～180	70～270
动态刚度/(N/μm)	90～120	160～210
平稳性(％速度)	10	1
调整时间/ms	100	10～20
工作寿命/h	6000～10000	50000
行程	受丝杠限制	不受限制
工作死区	存在反向工作死区、螺距误差传递	无反向间隙、无误差传递
频率响应特性	附件惯性大,响应慢	附件惯性小,响应快
其他	摩擦磨损引起精度渐变、弹性形变引起爬行等	无摩擦磨损等现象

　　在国外,HSC-240 型高速加工中心是第一台采用直线电机驱动的数控机床,其三个坐标轴方向均采用直线感应电机驱动,进给速度达到 60m/min,加速度达到 $1g$。美国 Ingersoll 公司成功研制了三坐标轴均用永磁直线电机驱动的 HVM-800 型高速加工中心,其主轴最高转速达 20000r/min,进给速度高达 76.2m/min,加速度达到 $1g～1.5g$。1996 年,日本 Sodick 公司首次在电火花成形机床上采用直线电

机,并自行研制了专用的直线电机及与其相匹配的 NC 系统。随后,该公司又将直线电机应用到电火花线切割机床上,推出了型号为 AM55L(双轴直线电机)和 AQ351(X、Y、Z 三轴直线电机)的电加工机床,并于 1999 年投放市场。1998 年第 19 届日本国际机床展览会(JIMTOF)上,日本的松浦机械制作所、森精机、丰田工机、新日本工机等公司展出共 8 台直线电机驱动的数控机床。

进入 21 世纪,直线电机作为一种崭新的进给驱动技术,以其优越的高速性能和动态性能,如雨后春笋般在高速数控机床的应用领域发展起来。2001 年汉诺威欧洲国际机床展览会(EMO 2001)展出了相当多直线电机驱动的机床,直线电机已经成为高效能加工的机床上最流行的驱动方案。其中最为突出的两家公司是德国 DMG 公司和意大利 JOBS 公司,前者有 14 台数控机床采用直线电机驱动,后者所有 LinX 系列的数控铣床均采用直线电机驱动。2002 年第 21 届日本国际机床展览会上共展出了 524 台数控机床,其中有 25 家公司共 41 台机床采用了直线电机。采用直线电机驱动的机床数量不断增多,尤其以 Sodick 公司和 DMG 公司产出采用直线电机的产品最多。其中,Sodick 公司共展出车削中心、加工中心、电加工机床、切割机等 9 种产品;DMG 公司展出车削中心 CTV 250(图 1-1),多轴自动车床 GTC35,立式加工中心 DMC64V、DMP60V 等;TRUMPF 公司展出的激光切割机 TRUMACTIC L3050 的 X、Z 轴用直线电机驱动,移动速度达 200m/min,两轴同时移动(合成)速度近 300m/min。

图 1-1 DMG 公司展出的车削中心 CTV 250

在 2003 年米兰欧洲国际机床展览会(EMO 2003)上,高速加工进一步普及,直接驱动技术已经成为实现高性能机床的重要手段。展出的机床中,直线电机移动速度达到 90～120m/min,加速度达 2g～3g。其中以日本 MAZAK 公司和德国 DMG 公司展出的机床最具代表性,它们展出的数控机床已大量采用直线电机驱动。日本 MAZAK 公司的 F3 660 卧式加工中心速度达 120m/min(图 1-2),瑞士 MIKRON 公司的 XSM 五轴高速铣削中心(图 1-3)和意大利 JOBS 公司 LinX 系列的高架式五轴龙门加工中心的三个直线轴均采用直线电机,两个回转轴则由力矩电机直接驱动;德国 CHIRON 公司的 VISION 立式加工中心为高速化最突出的产品,X、Y 轴采用创新的并联机构和双直线电机驱动,定位精度达 0.005mm,轴矢量加速度高达 5.2g,Z 轴移动速度达 120m/min,加速度达 3g。2003 年中国国际机床展览会展出了国内外多达 23 种直线电机驱动数控机床,以德国 DMG 公司和日本 MAZAK 公司最具代表性。德国 DMG 公司展出的产品包括 DMF500 加工中心、DMC104V 立式加工中心、CTV250 车削中心及 DML80 Fine Cutting 激光加工机等,日本 MAZAK 公司展出的有 HYPERSONIC 1400L 超高速龙门加工中心、F3 660L 卧式加工中心、VTC 2000L/120 立式加工中心、HYPER GEAR510 高速激光加工机等,还有德国 GROB 公司、MATEC 公司、Ex-Cell-O 公司、EMAC 公司,日本森精机、新日本工机、大隈、Sodick 公司以及美国 CINICINNATI 公司、意大利 Forerunner 公司、比利时 LCD 公司等都展出了各自的直线电机驱动产品。

图 1-2 F3 660 卧式加工中心

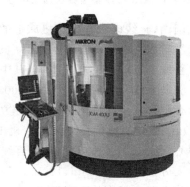

图 1-3 XSM 五轴高速铣削中心

2005 年中国国际机床展览会上,德国 DMG 公司的产品有 1/3 采用直线电机驱动。德国 Ex-Cell-O 公司展出了 XHC 241 高速卧式加工中心(图 1-4),其快速移动速度达到 120m/min,各直线轴的加速度为 1.4g,B 轴采用力矩电机直驱技术,回转速度达 100r/min。在 2007 年汉诺威欧洲国际机床展览会(EMO 2007)上,直线电机驱动的机床大量涌现。其中,德国 DMG 公司展出的产品最为典型,其展出的 SPRINT 50 linear 车铣中心、CTX 系列数控车、DMC 55V Linear 立式加工中心等机床均采用直线电机驱动,其中 DMC 55V Linear 立式加工中心最为突出,其主轴转速为 28000r/min，X、Y、Z 轴全部为直线电机驱动，且 Y 轴为龙门式直线电机驱动，其结构见图 1-5。意大利 PRIMA 公司的线切割机床采用直线电机并联驱动方式，其加速度高达 $6g$，每分钟可切割超过 1000 个孔，是当时市场上加工速度最快的激光切割机。2010 年，德国 DMG 公司新推出的 CTX BETA 1250 4A、SPRINT42、DMU 60 eVo 三款加工中心均采用直线电机驱动，进给速度达 80m/min。

图 1-4　XHC 241 高速卧式加工中心　　　图 1-5　DMC 55V Linear 立式加工中心

在国内，直线电机在数控机床上的应用较晚，理论研究水平相对滞后，尚处于样机的研发阶段。在 2001 年中国国际机床展览会上，南京四开数控机床有限公司推出了一台直线电机驱动的高速机床，其中 X 轴采用直线电机驱动，但其关键部件（直线电机及驱动系统）均是国外产品。2003 年中国国际机床展览会中，江苏多棱数控机床股份有限公司展出的 XH786 高速立式加工中心，X 轴采用直线电机驱动，移动速度达 70m/min，加速度达 $1g$；北京机电院高技术股份有限公司展出的 VS1250 立式加工中心（图 1-6），X、Y 轴均采用直线电机驱动，行程分别为 1250mm、630mm，最大移动速度分别为 80m/min、120m/min，最大加速度分别为 $0.8g$、$1.5g$；北京机床研究所也首次展出了直线电机驱动的电火花成形机床 GW745L，其加速度高达 $1.5g$，但其进给速度仅为 21m/min。2005 年，北京机电院高技术股份有限公司推出了直线电机驱动的 LmMC6000 龙门五面加工中心，济南捷迈数控机械有限公司推出了直线电机驱动的 LCT-0305 型数控精密激光划线机，用于陶瓷片、半导体基体等材料的切割、划线及钻孔。2005 年，北京机电院高技术股份有限公司又推出了 VS-630 立式加工中心（图 1-7），深圳大族激光科技产业集团股份有限公司推出了直线电机激光切割机 CLX3012A。2007 年，大连亿达日平机床有限公司推出的 NTG-GKP 超高速随动式曲轴连杆磨床，最大加工长度 800mm，最大磨削直径 70mm，砂轮架采用六面静压滑台，直线电机驱动的滑动面为非接触形式，实现了高速反应的随动性；杭州机床厂推出了直线电机驱动的 MUGK7120X5 数控超精密平面磨床,该机床采用立柱中腰移动专利技术,垂直微量进给为 $0.1\mu m$,有三轴联动修正功能,可实现非平表面的成形磨削。在 2008 年中国国际机床展览会上,上海机床厂有限公司展出了直线电机直接驱动的 MK1432/H 数控万能外圆磨床(图 1-8),其分辨率达 $0.11\mu m$,可实现任意曲面的高精度非圆磨削。

图 1-6　VS1250 立式加工中心

图 1-7　VS-630 立式加工中心

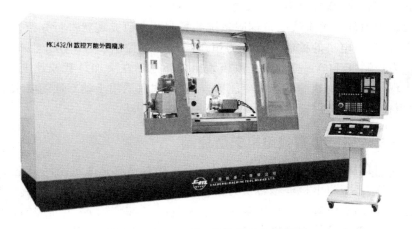

图 1-8　MK1432/H 数控万能外圆磨床

从国内外的应用现状可知:首先,国内直线电机驱动的数控机床主要停留在样机层面,尚未形成批量生产和系列化产品;其次,采用的关键部件(直线电机及其伺服驱动器)均为国外产品;最后,与国外直线电机驱动机床相比,其在产量和性能上存在很大的差距。要实现直线电机在数控机床上的应用,除充分研究直线电机自身结构特点及性能,研制国产高性能的直线电机关键部件外,还需要开发与其相对应的高性能直线电机伺服驱动器。

1.3　数控机床永磁同步直线电机控制技术的国内外研究现状

　　直驱技术以其独特的高速度、高精度、高加速度以及良好的动态性能很好地适应了高档数控机床高速度、高精度等要求,因此,直驱技术成为高性能数控机床发展的一个重要研究方向。与此同时,直驱技术在数控系统中的应用又会带来一些新的技术难题,如如何有效抑制直驱系统中的参数不确定性、外部扰动不确定性等不利因素的影响,尤其对直线电机伺服系统来说,如何有效克服其端部效应、齿槽效应及非线性磨床等因素,成为直驱系统研究的重点。针对此问题,主要有两种解决方法:一是通过对电机进行数值分析和有限元分析,来对电机的结构进行优化设计,从而改善其性能。这种方法虽然能在一定程度上提高系统的性能,但是无法从根本上消除系统不利因素带来的影响,且电机的结构一旦确定,不易改变。二是通过先进的控制算法来补偿系统的外部干扰等非线性因素,从而提高系统的性能。该方法简单,易于实现。因此,本书主要研究直驱系统的高性能控制技术。

　　下面就国内外有关直线电机伺服系统的控制技术研究现状进行介绍。按照变频调速的方式,直线电机的控制可以分为恒压频比开环控制(VVVF)、矢量控制(VC)和直接推力控制(DTC)三种方式。恒压频比开环控制在突加负载或速度突变时,易发生失步现象,且无快速的动态响应能力,故该方式只适用于动态性能要求不高的场所,很少用在直线电机调速系统中。因此,此处不再详述。

1.3.1　永磁同步直线电机矢量控制

　　矢量控制是目前电机控制最主要的方式,其基本思想是通过空间矢量坐标变换及磁场定向的方法,将电机模型转换为类似直流电机的等效模型来控制。结合先进的控制算法,国内外学者对矢量控制进行了大量研究,提出了许多先进的控制策略。总的来说,直线电机的控制策略可以分为三类:传统控制策略、现代控制策略和智能控制策略。

　　(1)传统控制策略。PID(比例-积分-微分)控制是传统控制策略中最基本的形式,由于其结构简单、性能稳定和易于实现等优点,目前仍是工业中应用最普遍、范围最广的一种控制器。Alter 等成功实现了用直线电机的 PID 控制数控车床,取得了良好的控制效果;比利时学者 Braembussche 等结合前馈控制、反馈控制和扰动补偿技术,首先通过实验获得扰动的补偿量,再设计前馈补偿控制器来实现系统的干扰补偿,取得了很好的实验效果;艾武等利用 DSP(digital signal processing,数字信号处理)实现了直线电机的 PID 控制。针对传统 PID 控制在直线电机伺服系统中存在参数不确定性及负载扰动时鲁棒性较差等缺点,一些学者将 PID 控制与具有自适应、自学习能力的先进控制算法相结合,提出了一系列改进的 PID 控制策略,如变增益PID、自寻优 PID 及模糊 PID 等。除传统 PID 控制外,前馈补偿控制、二自由度控制、定量反馈控制、Smith 预估控制、内模控制及解耦控制等其他传统控制策略在直线电机伺服系统中也得到了研究。

(2)现代控制策略。传统控制策略在已知对象模型的准确参数,且其参数和负载在较小范围内变化时控制效果比较好。但是在实际中,随着运行环境的变化,系统中将存在参数和结构的变化、外部负载扰动,以及测量过程中的误差、噪声等不确定因素,传统控制策略就无能为力了。但对于高速度、高精密伺服系统来说,自抗扰控制、滑模变结构控制、鲁棒控制、预测控制、迭代学习控制、自适应控制等现代控制策略在直线电机伺服系统中的应用引起了广泛的重视。当被控对象中参数存在较大范围的变化时,自适应控制通过自动地改变控制器的参数来保持控制系统的稳定性,应用最多的是模型参考自适应控制。张代林等将此方法用于直线电机的位置角度校正技术,实现了对位置角度的准确校正,在现有直线电机和低精度光栅尺的情况下,为获得尽可能高的控制精度提供了保证。该方法的数学模型和运算烦琐,使得控制系统比较复杂。近年来,为了克服单纯自适应控制的不足,许多学者将自适应控制与其他控制方法相结合,提出了许多新的控制方法,如自适应反步控制、神经网络自适应控制、模糊自适应控制等。美国普渡大学 Yao 等将自适应控制和鲁棒控制相结合,实现了基于矢量模式的直线电机鲁棒自适应控制。郭庆鼎等将鲁棒控制和滑模控制应用于直线电机,实现了直线电机的各种鲁棒与滑模控制;为了消弱传统滑模控制带来的抖振现象,提高系统的性能,凌睿等提出了一种多变量二阶滑模控制算法;洪俊杰等将预测控制用于绕组分段的直线电机上,提出了基于电流误差矢量的直线电机电流预测控制;杨俊友等提出了一种基于输入和输出反馈的分段式迭代学习控制策略,解决了永磁直线同步电机中扰动的分段补偿问题;雷春林等通过将直线电机的内部耦合视为内扰,通过扩展状态观测器对其内扰和外部摩擦干扰进行估计,实现直线电机的自抗扰控制;曹荣敏等将无模型方法用于直线电机,提出了直线电机伺服系统的无模型自适应控制策略。

(3)智能控制策略。智能控制主要用于解决复杂非线性系统的控制问题,包括系统中模型的不确定性、高度非线性等。智能控制具有以下特点:一是突破了传统控制策略中对系统数学模型的依赖性,将数学解析和知识系统相结合的广义模型作为研究目标;二是继承了人脑思维的非线性特征,具有自组织、自学习和自适应功能。直线电机伺服系统是一种强耦合、多变量的复杂非线性系统,因此,智能控制非常适合直线电机系统的控制。目前用于直线电机的智能控制方法主要有模糊控制和神经网络控制。叶云岳等利用仿真对直线电机驱动的高速包刷分拣系统的 PID 控制和模糊控制进行对比,结果表明模糊控制比 PID 控制精度高。然而,单纯采用模糊控制需要较多的控制规则和有大量经验的工作人员,控制精度相对较低。再者,控制规则一旦确定,很难进行改变。在直线电机伺服系统的控制中,更多的是将模糊控制、神经网络控制与其他控制方法相结合,构成模糊自适应控制、模糊神经网络控制、模糊滑模控制、神经网络滑模控制等复合控制,才能取得更好的控制效果。台湾元智大学的 Faa-Jeng Lin 和台湾东华大学的 Rong-Jong Wai 等将模糊神经网络应用于直线电机中,实现了直线电机的智能控制;齐丽建立了直线电机的 T-S 不确定模糊模型,并利用 T-S 模糊系统理论,提出了一系列直线电机稳定的模糊控制方法。

然而,矢量控制是在 dq 坐标系下进行的,需要进行复杂的旋转坐标变换,运算量较大。

1.3.2 永磁同步直线电机直接推力控制

直接推力控制是直接转矩控制在直线电机中的一种推广。德国波鸿鲁尔大学的狄普布洛克(M. Depenbrock)于 1985 年首次提出六边形磁链的异步电动机直接转矩控制方式。1986 年,日本学者 Takahashi 提出了基于圆形磁链的异步电动机直接转矩控制理论,接着,该学者在 1987 年把它推广到弱磁调速范围。欧洲的 ABB 公司潜心于该技术在异步电动机中的研究,相继推出 ACS600 和 ACS8000 系列直接转矩控制变频器。虽然直接转矩控制在感应电机上的研究和应用取得了重大的成功,但仍存在许多不完善的地方,有待进一步研究。文献[44]是最早研究永磁同步电机的直接转矩控制的,该文献从理论分析的角度证明了该方式比矢量控制具有更快的动态响应能力。这一点在以后的研究中得到了进一步证明。此后,大量有关永磁同步电机直接转矩控制技术研究的文献涌现,最具代表性的是澳大利亚新南威尔士大学 M. F. Rahman 研究小组的研究成果。国内在 1996 年就有以南京航空航天大学胡育文为代表的团队从事永磁同步电机直接转矩控制的研究,取得了可喜的研究成果。但是这些研究多以理论研究为主、实验为辅,离实际应用还存在很大的差距。文献[52]首次将直接转矩控制应用于直线感应电机,通过有限元分析及实验,提出基于推力系数的推力估计能够有效地提高推力的估计精度,并且证实了直接推力控制比矢量控制下的直线电机具有更快的动态响应能力。此后,崔皆凡等将该方法推广到永磁同步直线电机控制系统。但是,同直接转矩控制一样,直接推力控制也存在推力、电流及磁链的波动,如何减小这些波动成为研究的热点。

在直接推力控制中,推力和磁链的控制是核心,对控制系统的性能具有决定性作用。传统的直接推力控制采用推力和磁链滞环调节,其控制精度由推力和磁链滞环误差带决定,是一种有差系统。这种有差行为表现为动态平衡,即电磁推力和定子磁链也都永远处于比较和调节之中,给转速和转矩带来较大的波动。这个理论上的特点铸造了其动态性能好的优点,但是也带来了脉动大的缺点。文献[54]提出基于电压预测的直接推力控制,该方法根据磁链和推力误差直接预测下一时刻的参考电压,采用空间矢量调制技术确定逆变器开关时间,并通过仿真验证了该方法降低推力及磁链波动的有效性。后来,许多学者将模糊控制、滑模控制及模糊滑模控制等与直接推力控制相结合,提出模糊直接推力控制、变结构直接推力控制等。通过模糊直接推力控制实现电压矢量的智能选择;通过变结构直接推力控制选择推力偏差和磁链偏差作为被控量,由推力偏差和磁链偏差构成滑模面并进行滑模运动轨迹设计,使系统按照滑动模态进行运动,保证输出推力和磁链能够很好地跟踪给定值。模糊直接推力控制具有动态响应快、鲁棒性强的优点,但是模糊状态选择器中隶属函数的选择具有较大的主观性和盲目性,如果选择不当,系统性能甚至会变得更差。滑模变结构直接推力控制虽然对系统参数的变化具有一定的鲁棒性,但是由于滑模控制器本身存在抖振现象,推力和磁链波动仍很大。如何进一步改善直接推力控制的性能,成为研究的重点。

除上述控制方法外,许多学者还提出了有关直线电机伺服系统的其他控制方法,如重复控制、反馈线性化控制、基于观测器方法等,此处不赘述。

1.3.3 无传感器技术

在直线电机驱动的伺服进给系统中,为了能够实现高精度控制的性能需求,通常需要安装传感器以获取精确的速度和位置信息。这不仅增加了系统的成本和维护费用,同时,传感器易受温度、湿度和振动等条件的影响,会使得系统的稳定性和可靠性变差,尤其是在不允许安装传感器的场合中,无传感器技术的研究就显得尤为重要。

直线电机的无传感器技术研究包括两个方面:一是动子实时速度和位置的估计技术;二是动子初始位置的估计技术。浙江大学的余佩琼和陆华才针对直线电机的动子初始位置估计技术进行了系统的研究,提出了卡尔曼滤波、无迹卡尔曼滤波、粒子滤波等估计方法。一般所说的无传感器技术是指前一种情况。

无传感器技术在旋转电机中已经得到了深入的研究,其常用的估计方法主要包括直接计算法、模型参考自适应法、扩展卡尔曼滤波法、基于各种状态观测器的估计方法、高频信号注入法和基于神经网络的辨识方法等。胡育文等根据稳态时永磁同步电机的定子磁链旋转速度与转子速度相等,利用定子的电压、电流及磁链的关系直接计算出转子的速度,通常需要与低通滤波器结合使用。该方法简单、易于实现,但是存在较大的速度误差,尤其在负载变化较大的场合。Schauder 利用模型参考自适应方法对异步电动机速度进行估计,这种方法在中高速时具有很好的估计性能,但是在低速时存在较大的误差,且该方法对系统参数的依赖性比较强,鲁棒性不高。为此,王庆龙等将滑模变结构方法与模型参考自适应控制方法相结合,提出一种变结构模型参考自适应速度估计策略,以克服模型参考自适应方法中对电机参数依赖等缺点。扩展卡尔曼滤波器根据静止坐标系下电机的数学模型,通过检测其电压和电流来实现电机转子速度和位置的估计。滤波器的输出呈现为随机且非线性的。该方法不仅具有预测能力和自校正能力,而且具有很强的抗干扰能力,得到了许多学者的关注。然而其计算量大、滤波器的噪声水平及卡尔曼滤波增益难以确定,应用起来过于复杂且价格高昂。文献[67]提出了一种神经网络速度估计策略,这种方法对系统的参数变化具有很强的鲁棒性,但是需要大量的数据样本,且神经网络的结构难以确定。

上述各种估计方法在永磁同步旋转电机无传感器技术中都有一定的应用。尽管理论上这些方法都可以用于永磁同步直线电机无传感器控制,但相关的文献非常少。Roberto 等提出了一种基于反电动势法的无速度传感器长定子永磁同步直线电机无传感器控制策略;Choon 等将模型参考自适应方法用于永磁同步直线电机的位置估计;Cupertino 等提出了基于电压注入法的圆筒形直线电机动子位置估计策略。在国内,有关直线电机的无传感器技术研究主要集中在浙江大学,其主要研究无传感器直线电机动子的初始位置估计策略。邹积浩等研究了直接推力控制下凸极式永磁同步直线电机的基于反电动势的速度估计策略。因此,有关直线电机无传感器技术的研究有待进一步深入,为其在实际工程中的应用奠定理论基础。

1.4 永磁同步电机混沌控制技术研究现状

自 20 世纪 90 年代混沌现象被发现存在于电机驱动系统以来,有关电机驱动中混沌现象分析和控制的研究得到了广泛关注。混沌现象广泛存在于直流电机、感应电机、无刷电机、开关磁阻电机等伺服系统中,国内外学者对其已经进行了一定的研究。Hemati 于 1994 年首次发现了永磁同步电机中的混沌现象,建立了第一个永磁同步电机的混沌模型。随后,李忠等在此基础上给出了永磁同步电机的通用混沌模型,并对其进行了深入的理论分析。永磁同步电机中的混沌现象表现为:随着电机参数的变化,系统将呈现出转速或转矩的剧烈震荡、控制性能不稳定以及不规则的电磁噪声等混沌现象,这将给系统的稳定性和可靠性带来严重的威胁,甚至可能使系统崩溃。因此,如何有效地抑制这种现象带来的危害成为近年来电机控制研究的一个热点。

随着非线性控制理论的发展,大量的混沌控制方法出现了。李忠等针对永磁同步电机混沌系统,提出了一种纳入轨道和强迫迁徙控制策略,实现系统从任意状态到稳定平衡点的镇定。任海鹏等在将电机的电流状态解耦的基础上，设计了一种非线性反馈混沌控制方法。Loría 等在分析电机系统机理的基础上，提出了一种简单的自适应反馈控制策略，并通过数值仿真验证了所提出方法的有效性。文献[83]和文献[84]分别利用实时 Lyapunov 函数方法和最优 Lyapunov 配置方法，提出了能够使电机稳定到任意平衡点的混沌控制方法。文献[85]以永磁同步电机的直轴和交轴电压作为控制变量，结合滑模控制理论，提出了一种鲁棒滑模控制方法。李春来等将冲洗滤波技术应用到电机混沌控制中，以电机的电流状态作为控制变量，通过调整滤波器的参数就可以实现系统的控制。文献[86]将反步法用于电机的混沌控制，利用 Lyapunov 稳定理论逐步设计能够使系统稳定的虚拟控制输入，从而得到最终能使整个系统稳定的实际控制输入。韦笃取等针对反步法带来的"知识爆炸"问题，提出了一种动态面控制方法，并利用自适应控制实现电机参数的在线估计。文献[88]基于 LaSalle 不变集理论，提出了一种新型的自适应混沌控制器。该控制器不仅结构简单，而且通过仿真验证了其鲁棒性和有效性。李东等将模糊控制和脉冲控制应用于永磁同步电机混沌控制中，提出了模糊控制、脉冲控制和模糊脉冲控制等方法，并从理论和仿真方面验证了所提出方法的有效性。吴忠强在将永磁同步电机进行模糊建模的基础上，提出一种鲁棒最优保代价控制策略，不仅能够保证系统稳定到期望的平衡点，且能够使其满足一定的性能指标。文献[93]将永磁同步电机混沌系统等效为无源系统，利用无源控制理论设计了一种无源混沌控制器。

虽然已经提出了大量有关永磁同步电机的混沌控制方法，但是这些方法都存在一定的缺点，有待进一步改进。如反馈控制、解耦控制、纳入轨道和强迫迁徙控制、无源控制均依赖于系统的数学模型，当系统存在不确定参数时，系统的动态性能无法得到保证，甚至可能失控。自适应控制需要引入参数自适应机制，这将会增加系统开支，降低系统的响应能力。滑模控制虽然对系统具有很强的鲁棒性，但这需要其不确定性满足一定的参数匹配条件，且其存在固有的抖振现象。动态面控制设计过程过于复杂，难以应用。模糊控制是建立在系统模型 T-S 模糊化基础之上的。文献[89]提出的模糊反馈控制系统稳定的时间较长，有待进一步改善；文献[92]将最优理论与模糊控制相结合，提出了最优模糊保代价控制，虽然能够保证系统具有强鲁棒性，但是其设计过程过于复杂。

1.5　本书的组织结构

针对现有永磁同步直线电机进给系统中存在的问题，本书重点从系统的速度控制、高精密定位控制、推力和磁链控制等方面进行研究，主要内容如下：

(1)针对直线电机伺服系统中存在的参数不确定性、摩擦及负载扰动等不利因素,以及传统矢量控制中存在较多控制器参数会增加系统调试难度等问题,利用自适应控制理论和模糊控制理论,提出了两种直线电机伺服系统的非线性速度控制方法。

(2)非线性摩擦和推力波动是影响直线电机伺服系统定位精度的两个重要因素,滑模控制对系统参数和外部扰动具有很强的鲁棒性,但是过大的控制增益会使系统存在较大的抖振现象。因此,结合自适应估计技术和滑模理论,提出一种适用于直线电机伺服系统高精密定位的滑模自适应位置控制策略。

(3)直接推力控制是继矢量控制之后的一种新型伺服系统控制方式。针对传统的直接推力控制存在较大的推力、磁链和电流波动的问题,利用反步自适应控制策略,提出一种速度、推力和磁链的一体化控制策略来改善系统的性能。

(4)在高性能的伺服系统中,传感器的存在不仅会增加系统的尺寸和成本,而且会给系统的安全性和可靠性带来威胁,尤其是对于高精度的直线电机伺服系统。提出一种改进的滑模速度和位置观测器,来降低传统滑模观测器中的抖振现象,消除低通滤波器带来的幅值和相位误差,实现系统状态的精确估计。

(5)研究了电机伺服系统的非线性混沌现象及其抑制策略。电机伺服系统是一种复杂的强耦合非线性系统,极限环和混沌是非线性系统的重要特征。分析了电机伺服系统的混沌现象,提出了一系列混沌抑制策略,如有限时间混沌控制、基于控制Lyapunov函数的混沌控制、基于非线性观测器的混沌控制、部分状态有限时间混沌控制等。同时,提出了一种有限时间混沌同步控制策略。这些方法为研究和利用电机伺服系统的混沌现象奠定了理论基础。

(6)电机模型辨识及控制新方法。控制对象拓展到永磁同步电机驱动的柔性伺服系统、开关磁阻电机、直线开关磁阻电机,提出了多新息辨识方法。结合智能优化、PI控制、滑模控制等理论,进行多种电机的控制方法研究。

本书共分为8章,围绕如何提高直线电机直驱系统的跟踪精度、快速响应能力和降低系统的波动等问题开展研究。图1-9给出了本书的总体结构框架。

第1章主要介绍课题的研究背景、意义,直线电机在数控机床中的应用现状、控制技术研究现状,并对本书的研究内容和结构进行概述。

第2章给出了不同坐标系下直线电机的数学模型,简要介绍了空间矢量脉冲宽度调制技术,并给出了基于空间电压矢量调制的PMLSM传统矢量控制仿真结果,为与本书提出的改进方法进行对比做铺垫。

第3章基于自适应控制理论和模糊技术,针对直线电机中存在的参数、负载等不确定因素,将速度控制和电流控制统一考虑,提出两种一体化速度控制方法;并基于滑模理论,研究了无传感器直线电机的速度和位置估计策略。

第4章研究直线电机伺服系统的高精度定位控制方法。直驱系统中存在的非线性摩擦、波动力等非线性因素将严重降低系统跟踪性能,将滑模控制和自适应方法相结合,提出一种高精度定位控制方法。

第 5 章研究降低直接推力控制中磁链、推力和电流波动的方法。磁链、推力和电流波动是影响直接推力控制应用于实际的最大障碍。本书将反步控制应用于直线电机伺服系统的速度、磁链和推力控制,提出一种高性能的反步直接推力控制方法。

第 6 章研究抑制伺服系统混沌现象的方法。基于有限时间稳定理论、控制 Lyapunov 函数理论、非线性观测器方法、最优控制理论、级联系统理论、负载观测器等,系统提出了几种永磁同步电机混沌控制方法。

第 7 章研究电机辨识和控制的新方法。基于多新息辨识理论、PI 控制、自耦 PI 控制、遗传算法、多容惯性理论和滑模变结构理论,提出了 5 种电机辨识或控制方法。

第 8 章对全书内容进行总结并对后续工作进行了展望。

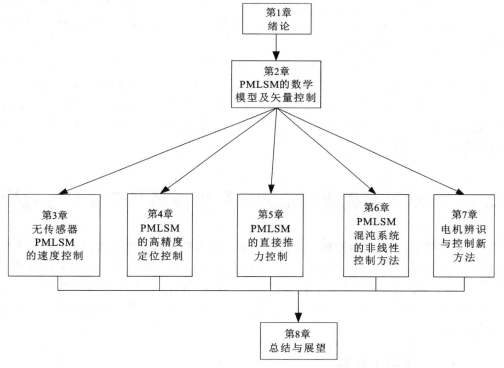

图 1-9 本书的总体结构框架图

2 永磁同步直线电机的数学模型及矢量控制

准确的数学模型便于探讨系统参量的变化规律,研究对象控制系统的响应特性,进而实现对系统的有效控制。因此,为了对永磁同步直线电机系统进行分析与控制,需要建立其简便可行的数学模型。

现有 MATLAB 中没有现成的直线电机仿真模型,本章首先介绍了直线电机中的常用坐标系以及其在不同坐标系下的数学模型,简要给出了影响直线电机的不确定因素,然后结合空间矢量脉冲宽度调制技术,对传统 PI 控制的 PMLSM 矢量控制系统进行仿真与分析,指出传统 PI 控制策略中存在的问题,为控制系统性能的改善奠定基础。

2.1 永磁同步直线电机的常用坐标系及矢量坐标变换

矢量控制和直接推力控制是交流伺服电机的两种主要控制方式。矢量控制主要是在 dq 坐标系下进行的,直接推力控制是在 $\alpha\beta$ 坐标系下进行的。无论采用何种控制方式,在分析及进一步改善运行性能时,需要在不同坐标系下对问题进行分析求解,因此,在对直线电机进行建模和分析之前,必须明确其常用的坐标系及其对应的坐标变换。

2.1.1 常用坐标系

在进行交流永磁同步直线电机伺服系统分析和控制系统设计时,常用的坐标系有 ABC 坐标系、$\alpha\beta$ 坐标系和 dq 坐标系,详见图 2-1,其中,ψ_f 为永磁体磁链,为恒值;θ_e 为永磁体轴线与 A 向绕组相轴的夹角,即动子的等效电角速度。

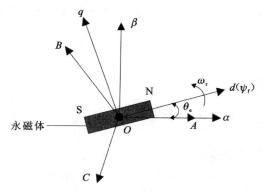

图 2-1　直线电机坐标系

（1）ABC 坐标系：由三条坐标轴 OA、OB 和 OC 构成，且 OA、OB 和 OC 三个坐标轴之间的夹角均为 $120°$。

（2）$\alpha\beta$ 坐标系：实现两相静止坐标系与三相静止坐标系的相互转换而形成的坐标系，其中 α 轴与 OA 轴重合，β 轴逆时针超前 α 轴 $90°$。

（3）dq 坐标系：d 轴固定在转子上，q 轴逆时针超前 d 轴 $90°$。

2.1.2　矢量坐标变换

对直线电机伺服系统进行分析和控制时，主要用到的坐标系分为两类：（1）静止坐标变换——Clarke(3s/2s)变换和 Clarke(2s/3s)逆变换(s 表示静止)，该变换是在静止三相 ABC 坐标系与静止两相 $\alpha\beta$ 坐标系之间进行的；（2）旋转坐标变换——Park(2s/2r)变换和 Park(2r/2s)逆变换(r 表示旋转)，该变换是在两相静止的 $\alpha\beta$ 坐标系与两相旋转的 dq 坐标系之间进行的。本节只给出坐标变换的公式，详细变换过程可参考文献[95]。

矢量坐标变换中要遵循其总磁动势不变的基本原则。

Clarke 变换与 Clarke 逆变换有下面两种表达式：

（1）矢量变换前后幅值不变。电流矢量在各坐标系下分矢量所合成的定子电流空间矢量 I 的幅值保持不变，不考虑零序分量，Clarke 变换与 Clarke 逆变换的变换矩阵分别为：

$$\boldsymbol{C}_{3s/2s}=\frac{2}{3}\begin{bmatrix}1 & -\dfrac{1}{2} & -\dfrac{1}{2}\\[2mm] 0 & \dfrac{\sqrt{3}}{2} & -\dfrac{\sqrt{3}}{2}\end{bmatrix},\quad \boldsymbol{C}_{2s/3s}=\begin{bmatrix}1 & 0\\[2mm] -\dfrac{1}{2} & \dfrac{\sqrt{3}}{2}\\[2mm] -\dfrac{1}{2} & -\dfrac{\sqrt{3}}{2}\end{bmatrix} \tag{2-1}$$

（2）矢量变换前后总功率不变。Clarke 变换与 Clarke 逆变换的变换矩阵分别为：

$$C_{3s/2s} = \sqrt{\frac{2}{3}}\begin{bmatrix} 1 & -\dfrac{1}{2} & -\dfrac{1}{2} \\ 0 & \dfrac{\sqrt{3}}{2} & -\dfrac{\sqrt{3}}{2} \end{bmatrix}, \quad C_{2s/3s} = \sqrt{\frac{2}{3}}\begin{bmatrix} 1 & 0 \\ -\dfrac{1}{2} & \dfrac{\sqrt{3}}{2} \\ -\dfrac{1}{2} & -\dfrac{\sqrt{3}}{2} \end{bmatrix} \tag{2-2}$$

Park 变换与 Park 逆变换的变换矩阵分别为：

$$C_{2s/2r} = \begin{bmatrix} \cos\theta & \sin\theta \\ -\sin\theta & \cos\theta \end{bmatrix}, \quad C_{2r/2s} = \begin{bmatrix} \cos\theta & -\sin\theta \\ \sin\theta & \cos\theta \end{bmatrix} \tag{2-3}$$

本书在进行直线电机建模时采用变换规则。

2.2　永磁同步直线电机的数学模型

PMLSM 的电感、磁链及动子位置间存在复杂的耦合关系，且考虑磁路饱和及绕组互感等影响时，难以建立精确的 PMLSM 数学模型。为了便于分析直线电机的特性，对其进行如下假设：

（1）电机中磁路饱和的影响可以忽略不计，且不考虑电机中定子铁心与动子铁心的磁滞现象及涡流损耗；

（2）电机三相绕组对称分布情况理想，各轴线之间的角度差均为 120°；

（3）电机定子电动势按正弦规律变化，不考虑电机磁场中高次谐波的影响。

2.2.1　*ABC* 坐标系下 PMLSM 的数学模型

直线电机在三相 *ABC* 坐标系中的等效结构图见图 2-1，定义电机定子三相电压分别用 u_A、u_B、u_C 表示，三相电流分别用 i_A、i_B、i_C 表示，三相定子绕组的磁链分别用 ψ_A、ψ_B、ψ_C 表示，则其磁链方程可表示为：

$$\begin{bmatrix} \psi_A \\ \psi_B \\ \psi_C \end{bmatrix} = \begin{bmatrix} L_{AA} & M_{AB} & M_{AC} \\ M_{BA} & L_{BB} & M_{BC} \\ M_{CA} & M_{CB} & L_{CC} \end{bmatrix} \begin{bmatrix} i_A \\ i_B \\ i_C \end{bmatrix} + \psi_f \begin{bmatrix} \cos\theta_e \\ \cos\left(\theta_e - \dfrac{2\pi}{3}\right) \\ \cos\left(\theta_e + \dfrac{2\pi}{3}\right) \end{bmatrix} \tag{2-4}$$

式中，L_{AA}、L_{BB}、L_{CC} 为电机定子绕组自感系数；$M_{XY} = M_{YX}$ 为定子绕组互感系数，且 X、Y 取 A、B、C；其余参数定义同图 2-1。

电压方程可表示为：

$$\begin{bmatrix} u_A \\ u_B \\ u_C \end{bmatrix} = \begin{bmatrix} R_s & 0 & 0 \\ 0 & R_s & 0 \\ 0 & 0 & R_s \end{bmatrix} \begin{bmatrix} i_A \\ i_B \\ i_C \end{bmatrix} + p \begin{bmatrix} \psi_A \\ \psi_B \\ \psi_C \end{bmatrix} \tag{2-5}$$

式中，R_s 为电机定子电阻；$p = \mathrm{d}/\mathrm{d}t$ 为微分算子。

ABC 坐标系下 PMLSM 的磁链随着电机定子与动子间的相对位置而变化，而转矩方程涉及直线电机电流向量和磁链矩阵，表述相当复杂。因此，永磁同步直线电机在 ABC 坐标系中的数学模型非常复杂，给直线电机的分析和控制带来一定的难度。

2.2.2 *dq* 坐标系下 PMLSM 的数学模型

PMLSM 在 *dq* 坐标系下的数学模型可由 ABC 坐标系下的数学模型通过坐标变换得到。由 2.1.2 节中矢量坐标变换理论可知，将三相静止定子绕组中的矢量 $\boldsymbol{V}_{ABC}$ 变换到转子坐标系两相旋转绕组中的矢量 $\boldsymbol{V}_{dq}$ 的变换关系为：

$$\boldsymbol{V}_{dq} = \boldsymbol{C}_{2s/2r} \cdot \boldsymbol{C}_{3s/2s} \cdot \boldsymbol{V}_{ABC} \tag{2-6}$$

式中，$\boldsymbol{V}_{dq}$、$\boldsymbol{V}_{ABC}$ 可以为对应的电机电压、电流、磁链等。

通过式（2-6）的坐标变换，可以得到直线电机在 *dq* 坐标系下的数学模型。

（1）定子电压方程。

$$\begin{cases} u_d = R_s i_d + p\psi_d - w_e \psi_q \\ u_q = R_s i_q + p\psi_q + w_e \psi_d \end{cases} \tag{2-7}$$

（2）定子磁链方程。

$$\begin{cases} \psi_d = L_d i_d + \psi_f \\ \psi_q = L_q i_q \end{cases} \tag{2-8}$$

式中，u_d、u_q 和 ψ_d、ψ_q 分别为 d 轴、q 轴的定子电压和磁链；$w_e = \dfrac{\pi}{\tau} v_e$，为磁场同步旋转电角速度，其中，$v_e = p\theta_e = n_p v_m$，为直线电机等效线速度，$n_p$ 为极对数，$v_m = ps$ 为直线电机动子移动速度（s 为直线电机动子位移，p 为微分算子）。由式（2-8）可知，在 *dq* 坐标系下实现了磁链和电流的有效解耦，便于实现对电机的控制。

PMLSM 的输入总功率为：

$$P_e = u_A i_A + u_B i_B + u_C i_C = \frac{3}{2}(u_d i_d + u_q i_q) \tag{2-9}$$

将式（2-7）和式（2-8）代入式（2-9），可得：

$$P_e = \frac{3}{2} R_s (i_d^2 + i_q^2) + \frac{3}{2}(i_d p\psi_d + i_q p\psi_q) + \frac{3}{2} \cdot \frac{\pi}{\tau} n_p v_m (\psi_d i_q - \psi_q i_d) \tag{2-10}$$

式中，第一项为电枢铜耗，最终转化为热能；第二项为无功功率；第三项为电机输出的机械功率。

故直线电机的电磁推力表达式为：

$$F_e = P_e/v_m = \frac{3}{2}n_p\frac{\pi}{\tau}(\psi_d i_q - \psi_q i_d) = \frac{3}{2}n_p\frac{\pi}{\tau}\left[\psi_f i_q + (L_d - L_q)i_d i_q\right] \quad (2\text{-}11)$$

对于隐极式 PMLSM 来说，$L_d = L_q = L_s$，则电磁推力可表示为：

$$F_e = P_e/v_m = \frac{3}{2}n_p\frac{\pi}{\tau}\psi_f i_q = k_F i_q \quad (2\text{-}12)$$

式中，k_F 为电磁推力系数。此时，电磁推力 F_e 与 q 轴电流 i_q 成正比，可通过控制 i_q 的大小来控制电磁推力 F_e。

（3）机械运动方程。

$$F_e = M_n p v_m + B_n v_m + F_f + F_r + F_d \quad (2\text{-}13)$$

式中，M_n 为动子质量；B_n 为摩擦系数；F_f、F_r、F_d 分别为非线性摩擦力、波动力及外部负载扰动力。

2.2.3　$\alpha\beta$ 坐标系下 PMLSM 的数学模型

直线电机直接推力控制和无传感器速度估计都是在定子磁链 $\alpha\beta$ 坐标系下进行的。对于隐极式（面贴式）PMLSM，$L_d = L_q = L_s$。利用 Park(2r/2s) 逆变换可得到 $\alpha\beta$ 坐标系中的动态数学模型。

（1）定子电压方程。

$$\begin{cases} u_\alpha = R_s i_\alpha + p\psi_\alpha \\ u_\beta = R_s i_\beta + p\psi_\beta \end{cases} \quad (2\text{-}14)$$

（2）定子磁链方程。

$$\begin{cases} \psi_\alpha = L_s i_\alpha + \psi_f\cos\theta_e \\ \psi_\beta = L_s i_\beta + \psi_f\sin\theta_e \end{cases} \quad (2\text{-}15)$$

将式(2-14)代入式(2-15)，电压方程可表示为：

$$\begin{cases} u_\alpha = R_s i_\alpha + L_s p i_\alpha - \dfrac{\pi}{\tau}n_p\psi_f v_m\sin\theta_e \\ u_\beta = R_s i_\beta + L_s p i_\beta + \dfrac{\pi}{\tau}n_p\psi_f v_m\cos\theta_e \end{cases} \quad (2\text{-}16)$$

（3）电磁推力表达式。

$$F_e = \frac{3}{2}\cdot\frac{\pi}{\tau}n_p(\psi_\alpha i_\beta - \psi_\beta i_\alpha) \quad (2\text{-}17)$$

式中，u_α、u_β、i_α、i_β、ψ_α、ψ_β 分别为 α 轴、β 轴的定子电压、电流和磁链，其余各变量定义与前文定义一致。

2.3 影响永磁同步直线电机伺服系统的 扰动因素及其补偿方法

直线电机在高速精密机床的应用中必须解决或改善的 3 个问题是高性能控制、散热和隔磁防护。针对散热和隔磁防护问题,需要根据直线电机的特点对其进行热分析和电磁分析,设计冷却系统和隔磁防护系统。作者主要针对直线电机中存在的各种扰动来进行有效的补偿,以提高伺服系统的性能。为了提高伺服系统的动态性能,首先要对影响直线电机的扰动因素进行有效的抑制。PMLSM 中存在很多的扰动因素,本书主要针对系统中存在的负载阻力扰动、摩擦力扰动、系统参数的变化以及定位力扰动这几个因素进行补偿与控制。

(1)负载阻力扰动。直线电机伺服系统在运行过程中,总是要带动一定负载一起运行。负载的变化会使电机的速度产生波动,从而降低系统的性能。在直线电机切削运动中,负载阻力可因加工材料、切削用量的变化等而产生。常用的抑制负载阻力扰动的方法是采用状态观测器法或参数辨识方法对其进行观测和辨识,再实时补偿。

(2)摩擦力扰动。摩擦力是机械系统中最常见的一类非线性现象,其动力学具有高度的复杂性和不确定性。从控制观点出发,可将摩擦力看作由系统外部进入系统的一种扰动。在直线电机伺服系统中,摩擦对系统的低速性能影响最为明显。目前,有关直线电机摩擦力的研究主要集中在以下两个方面:一是摩擦模型的研究,寻找能够准确描述系统摩擦特性的摩擦模型;二是摩擦补偿,根据控制需求对摩擦模型进行有效简化或改进。如何有效地平衡模型准确性和补偿控制的实现难度,以提高控制系统的运动性能,仍然存在一定的提升空间。

(3)系统参数的变化。系统参数包括电气参数和机械参数。在直线电机运行中,温度变化和磁场饱和会导致电机电气参数(动子电阻、电感等)发生复杂的非线性变化,其中电阻的变化对系统性能的影响最为明显。动子质量的变化也将给系统的响应能力和稳定性带来严重的影响。如何采用有效的控制策略提高系统对系统参数变化的鲁棒性,是直线电机控制问题研究的重点。

(4)定位力扰动。由于齿槽力和磁滞力均与动子位置有关,故文献[98]将齿槽力和磁滞力统称为定位力。齿槽力是动子铁心电流与定子(永磁体)磁场相互作用产生的;在动子磁场作用下,定子铁磁物质的排列方向会发生改变,而磁滞力正是因反对改变而产生的。对于直线电机来说,由于其磁场是敞开的,气隙磁场在端部会产生畸变,以形成额外的边端定位力(端部力),因此,文献[99]也将其纳入定位力。文献[100]通过理论分析与实验研究将定位力简化为具有一定周期的正弦函数。有关定位力的补偿方法很多,主要的方法就是先辨识后补偿,或者将其看作外部扰动,利用现代控制理论进行有效补偿。

除此之外,直线电机伺服系统性能还受风阻力、时滞扰动力等因素的影响,这里不再详述。

2.4 永磁同步直线电机矢量控制

2.4.1 永磁同步直线电机矢量控制基本原理

矢量控制的基本原理就是利用空间矢量分析法,在 dq 坐标系下,采用转子磁场定向将电机定子电流进行 Clarke 变换和 Park 变换,从而得到 dq 坐标系下的直线电机的励磁电流和转矩电流,再根据反馈 dq 轴电流与其对应期望电流的误差来设计调节驱动逆变器所需要的控制电压,实现对电机的控制。图 2-2 给出了永磁同步直线电机在 dq 坐标系下的矢量图。

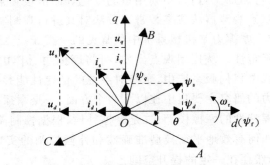

图 2-2 永磁同步直线电机在 dq 坐标系下的矢量图

由 2.2.2 节中直线电机模型及图 2-2 可知,PMLSM 在 dq 坐标系下满足如下关系式:

$$F_e = \frac{3}{2} n_p \frac{\pi}{\tau} \left[\psi_f i_q + (L_d - L_q) i_d i_q \right] \tag{2-18}$$

$$|\psi_s| = \sqrt{(L_d i_d + \psi_f)^2 + (L_q i_q)^2} \tag{2-19}$$

$$\omega_r \approx |u_s| / |\psi_s| (稳态运行时) \tag{2-20}$$

对于隐极式直线电机,磁阻推力恒为零,电磁推力与推力电流分量 i_q 呈线性比例关系;而对于凸极式直线电机,电磁推力表达式中 i_q 和 i_d 相互耦合,呈现复杂的非线性特性,可通过直接转矩控制的方式实现 i_q 和 i_d 解耦控制,这是矢量控制中最常用的控制方式。

由式(2-19)和式(2-20)可知,通过控制 $i_d < 0$,减小定子磁链 $|\psi_s|$,可实现电机的弱磁升速。

除上述两种方式外,矢量控制还有最大推力电流比控制、功率因素 $\cos\varphi = 1$ 控制以及恒磁链控制等方式。

2.4.2 dq 坐标系下 PMLSM 的仿真模型

PMLSM 在 dq 坐标系下的数学模型可分为电气子系统和机械子系统,其表达式分别如下:

(1)电气子系统。

$$\begin{cases} u_d = R_s i_d + L_d p i_d - \dfrac{\pi}{\tau} n_p v L_q i_q \\ u_q = R_s i_q + L_q p i_q + \dfrac{\pi}{\tau} n_p v L_d i_d + \dfrac{\pi}{\tau} n_p v \psi_f \end{cases} \tag{2-21}$$

(2)机械子系统。

$$F_e = \frac{3}{2} n_p \frac{\pi}{\tau} \left[\psi_f i_q + (L_d - L_q) i_d i_q \right] = M_n p v_m + B_n v_m + F_f + F_r + F_d \tag{2-22}$$

由式(2-21)和式(2-22)可以得到 PMLSM 在 dq 坐标系下的方框图,如图 2-3 所示。

从图 2-3 可以看出,直线电机的各变量 i_q 和 i_d 之间存在相互耦合关系,因此其动态过程具有复杂的非线性特性。根据图 2-3 可以建立 MATLAB/Simulink 中 PMLSM 的仿真模型。

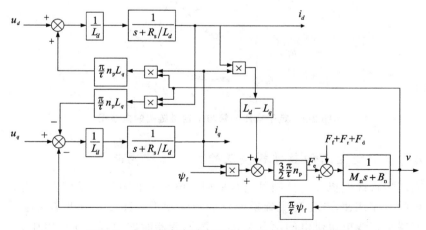

图 2-3 永磁同步直线电机在 dq 坐标系下的框图

2.4.3 空间矢量脉冲宽度调制 SVPWM 技术

传统的脉冲宽度(简称脉宽)调制 PWM 技术存在一定的缺陷,如正弦脉宽调制 SPWM 电压利用率低,逆变器最大相电压基波幅值仅为直流母线电压的一半;消除指定次谐波的脉宽调制(SHEPWM)和电流滞环跟踪脉宽调制(CHBPWM)计算量大,难以在工程中应用等。为了克服传统 PWM 技术的缺点,20 世纪 80 年代德国人 Vander Broeck 将空间矢量引入脉宽调制,提出了 SVPWM 策略。SVPWM 的主要思想是在一个控制周期内,根据逆变器所需要的电压矢量,通过选择能够合成该矢量的一个电压矢量组,并确定各电压矢量的作用时间,从而实现电机的变频调速。

根据电机学理论,定子电压矢量 u_s 与定子磁链矢量 ψ_s 的关系满足:

$$u_s = R_s i_s + p\psi_s \tag{2-23}$$

式中,i_s 为定子电流矢量;R_s 为定子电阻;p 为微分算子,$p = \dfrac{\mathrm{d}}{\mathrm{d}t}$。

由于定子电阻的压降较小,可忽略定子电阻的影响,可得:

$$u_s \approx p\psi_s \tag{2-24}$$

由式(2-24)可知,定子电压矢量 u_s 与定子磁链矢量 ψ_s 具有一一对应关系。因此,通过选择适当的电压矢量就可实现对已知定子的基准磁链圆轨迹的跟踪。图 2-4 为定子电压矢量与给定磁链圆的关系图。

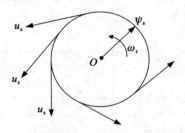

图 2-4 定子电压矢量与给定磁链圆的关系图

2.4.3.1 逆变器的数学模型及输出电压空间矢量

永磁同步直线电机矢量控制系统常采用两电平三相电压源逆变器供电,因此,要实现电机的变频调速,首先要明确逆变器的数学模型。图 2-5 给出了两电平三相电压源逆变器给直线电机供电的示意图,U_{DC} 为逆变器所加的直流驱动电压。

用 a、b、c 表示逆变器的 3 个桥臂,其对应的开关管用 S_a、S_b、S_c 来表示,从而可得到开关管 S_a、S_b、S_c 的量化表达式为:

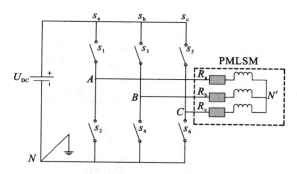

图 2-5　两电平三相电压源逆变器电路结构示意图

$$S_i = \begin{cases} 1, & \text{上桥臂开关管导通} \\ 0, & \text{下桥臂开关管导通} \end{cases} \tag{2-25}$$

式中，$i = a, b, c$。

如图 2-5 所示，若选择 N 点处的电位作为参考电位，则：

$$\begin{bmatrix} U_{AN} \\ U_{BN} \\ U_{CN} \end{bmatrix} = U_{DC} \begin{bmatrix} 1 & 0 & 0 \\ 0 & 1 & 0 \\ 0 & 0 & 1 \end{bmatrix} \begin{bmatrix} S_a \\ S_b \\ S_c \end{bmatrix} \tag{2-26}$$

负载中性点 N' 的电位 $U_{N'N} = U_{AN} + U_{BN} + U_{CN}$，由此可得到逆变器输出相电压为：

$$\begin{bmatrix} U_{AN'} \\ U_{BN'} \\ U_{CN'} \end{bmatrix} = \begin{bmatrix} U_{AN} \\ U_{BN} \\ U_{CN} \end{bmatrix} - \begin{bmatrix} U_{N'N} \\ U_{N'N} \\ U_{N'N} \end{bmatrix} = \frac{U_{DC}}{3} \begin{bmatrix} 2 & -1 & -1 \\ -1 & 2 & -1 \\ -1 & -1 & 2 \end{bmatrix} \begin{bmatrix} S_a \\ S_b \\ S_c \end{bmatrix} \tag{2-27}$$

式中，$U_{AN'}$、$U_{BN'}$、$U_{CN'}$ 为逆变器输出的相电压。

定子三相空间电压矢量形式为：

$$U_s = \frac{2}{3}(U_{AN'} + U_{BN'} \cdot e^{j\frac{2\pi}{3}} + U_{CN'} \cdot e^{j\frac{4\pi}{3}}) \tag{2-28}$$

将式（2-27）代入式（2-28），定子空间电压矢量的表达式可表示为：

$$U_s(S_a, S_b, S_c) = \frac{2}{3}U_{DC}(S_a + e^{j\frac{2\pi}{3}}S_b + e^{j\frac{4\pi}{3}}S_c) \tag{2-29}$$

由于开关变量 S_a、S_b、S_c 总共有 8 种组合开关状态，对应逆变器的 8 个运动矢量，即零电压矢量 $U_0(000)$、$U_7(111)$ 和非零电压矢量 $U_1(100)$、$U_2(110)$、$U_3(010)$、$U_4(011)$、$U_5(001)$、$U_6(101)$，各矢量的增值角为 60°，逆变器输出的空间电压矢量如图 2-6 所示。

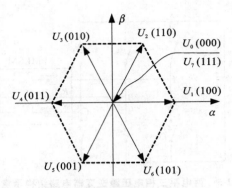

图 2-6 逆变器输出的空间电压矢量

2.4.3.2 SVPWM 模块的实现

SVPWM 模块实现的核心任务是：当控制系统根据交流电动机的运行状态计算得到一个参考电压空间矢量 U_r 后，如何控制电压型逆变器使其在一个控制周期 T_r 内实际输出的电压空间矢量的积分与 $U_r T_r$ 相等。

SVPWM 首先要确定参考电压空间矢量 U_r 所在的扇形区域，然后确定合成该矢量的各基本电压矢量及其作用时间。下面以参考电压空间矢量 U_r 在第一扇区为例说明其实现过程。图 2-7 给出了空间矢量脉宽调制的示意图。

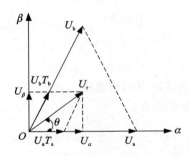

图 2-7 空间矢量脉宽调制示意图

在第一扇区内，其两个边界电压分别为 $U_1(U_a)$ 和 $U_2(U_b)$，则其满足如下关系：

$$\begin{cases} U_r T_r = U_a T_a + U_b T_b + U_0 T_0 \\ T_r = T_a + T_b + T_0 \end{cases} \tag{2-30}$$

根据电压矢量 $U_1(U_a)$ 和 $U_2(U_b)$ 在 $\alpha\beta$ 坐标系下的投影关系，可得：

$$\begin{cases} U_\alpha T_r = |U_a| T_a + \dfrac{1}{2} |U_b| T_b \\ U_\beta T_r = |U_a| T_a + \dfrac{\sqrt{3}}{2} |U_b| T_b \end{cases} \tag{2-31}$$

又

$$|U_a| = |U_b| = \frac{2}{3} U_{DC} \tag{2-32}$$

由式(2-30)、式(2-31)及式(2-32)可求得:

$$\begin{cases} T_a = \dfrac{T_r}{2 U_{DC}} (3 U_\alpha - \sqrt{3} U_\beta) \\ T_b = \dfrac{\sqrt{3} \, T_r}{U_{DC}} U_\beta \\ T_0 = T_r - T_a - T_b \end{cases} \tag{2-33}$$

同样,根据上述方法可以确定其他区域的电压矢量作用时间,如表 2-1 所示。

表 2-1　　　　　　　　**SVPWM 各电压矢量在不同扇区的作用时间**

扇区	非零电压矢量		非零电压矢量作用时间	零电压矢量作用时间
	U_a	U_b		
Ⅰ	U_1	U_2	$T_a = \dfrac{(3 U_{s\alpha} - \sqrt{3} U_{s\beta}) T_s}{2 U_{DC}}, \; T_b = \dfrac{\sqrt{3} U_{s\beta} T_s}{U_{DC}}$	
Ⅱ	U_3	U_2	$T_a = -\dfrac{(3 U_{s\alpha} - \sqrt{3} U_{s\beta}) T_s}{2 U_{DC}}, \; T_b = \dfrac{(3 U_{s\alpha} + \sqrt{3} U_{s\beta}) T_s}{2 U_{DC}}$	
Ⅲ	U_3	U_4	$T_a = \dfrac{\sqrt{3} U_{s\beta} T_s}{U_{DC}}, \; T_b = -\dfrac{(3 U_{s\alpha} + \sqrt{3} U_{s\beta}) T_s}{2 U_{DC}}$	$T_0 = T_s - T_a - T_b$
Ⅳ	U_5	U_4	$T_a = -\dfrac{\sqrt{3} U_{s\beta} T_s}{U_{DC}}, \; T_b = -\dfrac{(3 U_{s\alpha} - \sqrt{3} U_{s\beta}) T_s}{2 U_{DC}}$	
Ⅴ	U_5	U_6	$T_a = -\dfrac{(3 U_{s\alpha} + \sqrt{3} U_{s\beta}) T_s}{2 U_{DC}}, \; T_b = \dfrac{(3 U_{s\alpha} - \sqrt{3} U_{s\beta}) T_s}{2 U_{DC}}$	
Ⅵ	U_1	U_6	$T_a = \dfrac{(3 U_{s\alpha} + \sqrt{3} U_{s\beta}) T_s}{2 U_{DC}}, \; T_b = -\dfrac{\sqrt{3} U_{s\beta} T_s}{U_{DC}}$	

2.4.4　永磁同步直线电机矢量控制仿真

下面对直线电机矢量控制系统进行仿真,指出采用 PI 速度和电流控制的传统策略中存在的问题,为第 3 章提出改进的控制方法奠定基础。图 2-8 给出了基于 SVPWM 的 PMLSM 矢量速度控制系统框图。该控制系统为了获取最大的电磁推力,通常采用 $i_d = 0$ 的转子磁场定向控制策略,速度和电流环均采用线性 PI 控制。

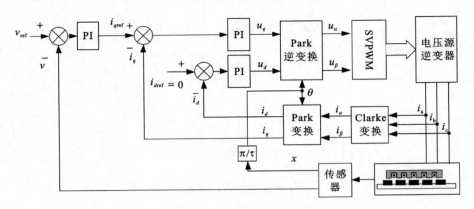

图 2-8　基于 SVPWM 的 PMLSM 矢量速度控制系统框图

仿真中为项目所用的西门子 1FN 型 PMLSM,初级为 1FN3100-3NC00-0BA1,次级为 1FN3100-4SAxx,其重要参数如表 2-2 所示。

表 2-2　　　　　　　　　　　　　　永磁同步直线电机参数

电机参数	数值
动子质量 M_n/kg	7.3
定子相电阻 R_s/Ω	2.6
电感 L_d,L_q/mH	30.4
极对数 n_p	2
常温下推力系数 k_F	109
额定电流 I_N/A	8.5
额定速度 $v/(\mathrm{m/min})$	211
逆变器输入直流电源电压 $U_{\mathrm{DC}}/\mathrm{V}$	600

给定速度指令为在 $t \leqslant 0.1\mathrm{s}$ 时,$v = 0.5\mathrm{m/s}$,当 $t > 0.1\mathrm{s}$ 时,$v = 1\mathrm{m/s}$;负载推力为在 $t \leqslant 0.3\mathrm{s}$ 时,$F_L = 200\mathrm{N}$,当 $t > 0.3\mathrm{s}$ 时,$F_L = 500\mathrm{N}$。速度环控制增益为 $k_{vp} = 0.04$,$k_{vi} = 2.05$;电流环增益为 $k_{dp} = k_{qp} = 300$,$k_{di} = k_{qi} = 800$,根据以上参数得到的动子速度、电磁推力、定子电流及动子位移响应曲线如图 2-9 所示。

从图 2-9 可以看出:①在启动阶段,通过适当选择 PI 控制增益,系统可快速达到给定速度,q 轴电流很快达到其额定电流 8.5A,电磁推力也相应达到其额定值 905N,当响应速度达到指令速度时,电磁推力等于负载推力 200N,即主要用于克服负载;②在 $t = 0.1\mathrm{s}$ 速度指令发生突变时,q 轴电流和电磁推力也很快达到额定值,其响应速度存在一定的超调;③在 $t = 0.3\mathrm{s}$ 负载发生突变时,系统跟踪速度存在较大误差,经过大约 0.08s 恢复到指令速度,这说明 PI 控制具有一定的鲁棒性,但是鲁棒性较差,有待进一步改善。

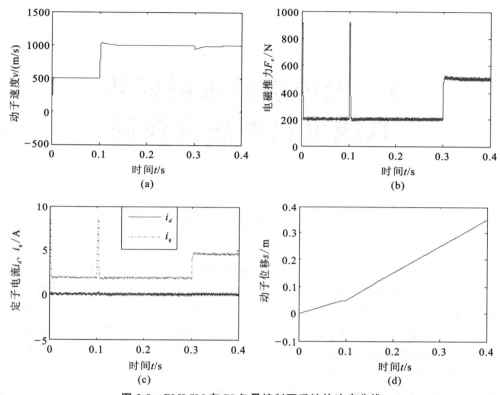

图 2-9 PMLSM 在 PI 矢量控制下系统的响应曲线
(a)动子速度;(b)电磁推力;(c)定子电流;(d)动子位移

2.5 本 章 小 结

本章首先介绍了直线电机中常用的坐标系及其矢量坐标变换,并根据电机学理论,给出了在不同坐标系下直线电机的数学模型;其次指出了影响直线电机伺服系统的扰动因素及相应的补偿策略;最后基于 MATLAB 平台建立直线电机的仿真模型,再结合空间矢量脉宽技术,对矢量控制下直线电机的 PI 速度控制系统进行仿真研究,指出其存在的问题,为下一步改善直线电机伺服系统性能奠定基础。

3 无传感器永磁同步
直线电机的速度控制

3.1 引 言

近年来,以直线电机、力矩电机和高速电主轴为核心的直接驱动技术成为高速数控机床研究的关键技术。与传统旋转电机相比,直线电机具有结构简单、行程大、精度高、速度快、加速度大、振动和噪声小等优点,已经被广泛应用于各种磁悬浮系统、半导体加工、精密测量、微装配系统、自动检测系统及数控机床等领域。然而,由第 2 章可知,直线电机具有强耦合性和非线性,且存在未建模动态和多种不确定外部负载扰动等问题,常规的 PID 控制策略是一种线性控制策略,无法实现高精度的性能要求。随着现代控制理论的发展,许多非线性控制策略被提出以提高伺服系统的性能,如反馈线性化控制、鲁棒控制、反推控制、滑模控制及智能控制等。这些方法都存在缺点,在一定程度上限制了其在实际中的应用。譬如,反馈线性化控制通过在平衡点的近似线性化处理,再利用线性系统理论进行控制,但其存在模型误差,难以实现高精度控制;滑模控制存在固有的抖振现象,这将增强电机电流和推力的波动;智能控制的控制规则难以确定,且结构复杂等。自适应控制因其具有对系统模型精度要求不高,且能通过自适应方法在线对系统参数的不确定性进行估计与补偿等优点,在电机伺服控制系统中得到广泛的关注。

上述方法在进行系统控制时大多只对速度环进行控制,电流环采用常规的 PI 控制方法。在高精密伺服系统中,电流环的设计也至关重要,学者们提出了许多伺服系统的电流控制策略。本章将速度环和电流环一起考虑,根据给定的速度和电流(电压)指令,分别利用自适应理论和模糊理论,提出了两种直线电机伺服系统的一体化速度控制策略。

在高性能的直线电机伺服系统中,通常采用机械传感器来检测并反馈系统中的状态(速度、位置等)信息。而传感器的存在不仅会增加系统的成本与尺寸,而且会增加系统的复杂度与质量,在某些场合还可能影响系统的可靠性。因此,近年来有关高性能电机伺服系统的无传感器技术成为电机控制系统研究的一个热点。无传感器技术也在旋转电机控制系统中取得了丰硕的研究成果,其中基于观测器的直线电机速度和位置估计是最有效的方法。文献[117]将自抗扰控制用于矢量控制的直线电机伺服系统,利用扩张状态观测器对动子的速度、位置和不确定性干扰进行估计,很好地实现了系统的跟踪性能。但是该方法中的参数较多(10多个),需要采用优化算法对系统参数进行优化,这会使系统变得复杂。滑模观测器具有结构简单、鲁棒性强等优点,是电机控制系统中研究最多的估计方法。Xu等将滑模观测器用于凸极式永磁同步电机的磁链和速度观测;张细政等将滑模观测器应用到隐极式永磁同步电机,提出一种基于滑模观测器的永磁同步电机滑模变结构控制方法;文献[193]将该方法推广到低速场合下电机的速度估计。然而,传统滑模观测器中的开关函数存在开关时间和空间的滞后,从而使滑模观测器存在无法完全消除的抖振现象,必须引入低通滤波器。而低通滤波器的引入又会引起相位延迟,降低系统的估计精度。为此,鲁文其等用饱和函数来替换传统滑模观测器的符号函数,在一定程度上改善了系统的性能;冯勇等提出一种基于非奇异终端滑模面的高阶滑模观测器,实现了转子位置和速度的高精密跟踪,然而该方法比较复杂,难以在实际中应用。本章研究基于传统滑模观测器直线电机速度和位置估计方法,分析该方法中存在的问题,再针对传统滑模观测器中存在的问题,提出一种经过改进的滑模速度和位置观测器,以提高系统的估计精度,实现系统的高性能控制。

3.2 鲁棒自适应速度控制

3.2.1 Lyapunov 稳定性理论

对于一个控制系统来说,稳定性是一个非常重要的性能指标。对于单输入、单输出的线性系统,可以通过劳斯判据、古尔维茨判据和奈奎斯特判据来判别系统的稳定性;对于非线性、时变系统,俄国数学家 Lyapunov 于 19 世纪提出了 Lyapunov 稳定性判据,可以很好地解决这类问题。下面给出 Lyapunov 稳定性判据的一些基本定理。

考虑如下非线性动力系统:

$$\dot{x} = f(x, t), \ x(t_0) = x_0 \tag{3-1}$$

式中，$x \in R^n$ 为系统的状态变量；f 是 $D \to R^n$ 的映射，且关于 x 是局部 Lipschitz 的；x_0 为系统的初始状态；$t \in J = [t_0, \infty)$；x_e 为系统的平衡点，即 $f(x_e) = 0$。

引理 3.1 对于系统[式(3-1)]，x_e 为系统的平衡点，Σ 为 x_e 附近的一个邻域，则系统在平衡点 x_e 具有如下特性。

(1)在 Lyapunov 意义下的稳定：若对所有 $x \in \Sigma$，存在一个标量函数 $V(x, t)$，以致 $V(x, t) > 0$ 和 $\dot{V}(x, t) \leqslant 0$；

(2)一致稳定：若对所有 $x \in \Sigma$，存在一个标量函数 $V(x, t)$，以致 $V(x, t) > 0$ 为递减的，且 $\dot{V}(x, t) \leqslant 0$；

(3)渐进稳定：若对所有 $x \in \Sigma$，存在一个标量函数 $V(x, t)$，以致 $V(x, t) > 0$ 和 $\dot{V}(x, t) < 0$；

(4)全局渐进稳定：若对所有 $x \in R^n$（即 $\Sigma = R^n$），存在一个标量函数 $V(x, t)$，以致 $V(x, t) > 0$ 和 $\dot{V}(x, t) < 0$；

(5)一致渐进稳定：若对所有 $x \in R^n$（即 $\Sigma = R^n$），存在一个标量函数 $V(x, t)$，以致 $V(x, t) > 0$ 为递减的，且 $\dot{V}(x, t) < 0$；

(6)全局一致渐进稳定：若对所有 $x \in R^n$（即 $\Sigma = R^n$），存在一个标量函数 $V(x, t)$，以致 $V(x, t) > 0$ 为递减的和径向无界的（即当 $\| x \| \to \infty$ 时，$V(x, t) \to \infty$），且 $\dot{V}(x, t) < 0$；

(7)指数稳定：对所有 $x \in \Sigma$，若存在正数 α、β 和 γ，使得 $\alpha \| x \|^2 \leqslant V(x, t) \leqslant \beta \| x \|^2$ 和 $\dot{V}(x, t) \leqslant \gamma \| x \|^2$；

(8)全局指数稳定：对所有 $x \in R^n$（即 $\Sigma = R^n$），若存在正数 α、β 和 γ，使得 $\alpha \| x \|^2 \leqslant V(x, t) \leqslant \beta \| x \|^2$ 和 $\dot{V}(x, t) \leqslant \gamma \| x \|^2$。

引理 3.2（Barbalat 引理） 如果函数 $f(x, t)$ 是可微函数，$\lim\limits_{t \to \infty} f(x, t)$ 存在，且 $\dot{f}(x, t)$ 以致连续，则当 $t \to \infty$ 时，$\dot{f}(x, t) \to 0$。

3.2.2 PMLSM 的模型简化

仅考虑基波分量，在 dq 坐标系下，对表面式 PMLSM 的模型可表示为：

$$\begin{cases} pv = (n_p F_e - n_p F_w - B_n v)/M_n \\ pi_d = (-R_s i_d + \pi L_q v i_q + u_d)/L_d \\ pi_q = (-R_s i_q - \pi \psi_f v/\tau - \pi L_d v i_d/\tau + u_q)/L_q \end{cases} \tag{3-2}$$

对表面式 PMLSM 电机，$L_d = L_q = L_s$，电机各参数的定义同第 2 章，这里不再赘述。

为了设计方便，对电机模型进行简化，取 $\theta_1 = \dfrac{3}{2} n_p^2 \psi_f/M_n$，$\theta_2 = B_n/M_n$，$\theta_3 = n_p/M_n$，$\theta_4 = R_s/L_s$，$\theta_5 = \pi/\tau$，$\theta_6 = \pi \lambda_f/(\tau L_s)$，$\theta_7 = 1/L_s$，则式(3-2)可简化为：

$$\begin{cases} pv = \theta_1 i_q - \theta_2 v - \theta_3 F_w \\ pi_d = -\theta_4 i_d + \theta_5 v i_q + \theta_7 u_d \\ pi_q = -\theta_4 i_q - \theta_5 v i_d - \theta_6 v + \theta_7 u_q \end{cases} \tag{3-3}$$

3.2.3 控制器设计

设期望的速度为 v^*，为了获得最大推力，提高系统响应能力，取期望的电流 $i_d^* = 0$。

设速度误差 $e_1 = v - v^*$，电流误差 $e_2 = i_{sd} - i_{sd}^*$，$\sigma = ce_1 + pe_1$，c 为正常数。

定义新的状态变量：$x_1 = e_1$，$x_2 = pe_1$，$x_3 = e_2$，则系统模型(3-3)可表示为：

$$\begin{cases} px_1 = x_2 \\ px_2 = -cx_2 + \theta_1 \theta_7 (u_q - u_{fq}) \\ px_3 = \theta_7 (u_d - u_{fd}) \end{cases} \tag{3-4}$$

式中，u_{fd}、u_{fq} 分别为 d 轴、q 轴的虚拟电压，其表达式为：

$$u_{fd} = (\theta_4 i_d - \theta_5 v i_q)/\theta_7 \tag{3-5}$$

$$u_{fq} = (\theta_4 i_q + \theta_5 v i_d + \theta_6 v)/\theta_7 + (\theta_2 - c)/(\theta_1 \theta_7) \tag{3-6}$$

注：由式(3-5)和式(3-6)，设向量

$$\boldsymbol{Z}_d = [z_{d1}, z_{d2}]^T = [i_d, v i_q]^T$$

$$\boldsymbol{Z}_q = [z_{q1}, z_{q2}, z_{q3}, z_{q4}]^T = [i_q, v, v i_d, 1]^T$$

$$\boldsymbol{W}_d^T = [w_{d1}, w_{d2}], \boldsymbol{W}_q^T = [w_{q1}, w_{q2}, w_{q3}, w_{q4}]$$

则当

$$\boldsymbol{W}_d^{T*} = [\theta_4, \theta_5]/\theta_7$$

$$\boldsymbol{W}_q^{T*} = [\theta_1(\theta_4 + \theta_2 - c), \theta_1\theta_6 - \theta_2^2 + c\theta_2, \theta_1\theta_5, \theta_3(c-\theta_2)F_w]/(\theta_1\theta_7)$$

时，满足：

$$\begin{cases} \boldsymbol{W}_d^{T*} \boldsymbol{Z}_d = u_{fd} \\ \boldsymbol{W}_q^{T*} \boldsymbol{Z}_q = u_{fq} \end{cases} \tag{3-7}$$

定理 3.1 对于系统[式(3-4)]，采用式(3-8)和式(3-9)所确定的自适应控制策略，则由式(3-3)确定的闭环系统是渐进稳定的。

$$\begin{cases} u_d = -ke_2 + \sum_{i=1}^{2} w_{di} z_{di} \\ u_q = -k\sigma + \sum_{i=1}^{4} w_{qi} z_{qi} \end{cases}, k > 0 \tag{3-8}$$

$$\begin{cases} w_{di} = -k_d \int_0^t z_{di} e_2 \mathrm{d}\tau \\ w_{qi} = -k_q \int_0^t z_{qi} \sigma \mathrm{d}\tau \end{cases}, k_d > 0, k_q > 0 \tag{3-9}$$

由式(3-8)、式(3-9)可知,该控制器中 u_d 和 u_q 只与系统误差 e、系统状态 z、增益系数 k、权重 w 有关,不含有系统参数模型。

证明:

取 Lyapunov 函数

$$V = \frac{1}{2}\left(e_2^2 + \sigma^2 + \sum_{i=1}^{2} \theta_7 \widetilde{w}_{di}^2/k_d + \sum_{i=1}^{4} \theta_1 \theta_7 \widetilde{w}_{qi}^2/k_q \right)$$

其中估计误差为:

$$\begin{cases} \widetilde{w}_{di} = w_{di}^* - w_{di} \\ \widetilde{w}_{qi} = w_{qi}^* - w_{qi} \end{cases} \tag{3-10}$$

则

$$pV = e_2 p e_2 + \sigma p \sigma - \sum_{i=1}^{2} \theta_7 \widetilde{w}_{di} p w_{di}/k_d - \sum_{i=1}^{4} \theta_1 \theta_7 \widetilde{w}_{qi} p w_{qi}/k_q$$

由 $\sigma = ce_1 + pe_1 = ce_1 + x_2$ 及式(3-4)可求得:

$$\begin{cases} p\sigma = \theta_1 \theta_7 (u_q - u_{fq}) \\ pe_2 = \theta_7 (u_d - u_{fq}) \end{cases} \tag{3-11}$$

由式(3-7)~式(3-9)可得:

$$\begin{cases} pw_{di} = -k_d z_{di} e_2 \\ pw_{qi} = -k_q z_{qi} \sigma \end{cases} \tag{3-12}$$

对 Lyapunov 函数 V 沿系统(3-4)轨迹求导,并将式(3-8)、式(3-11)和式(3-12)代入并整合,可求得:

$$pV = -\theta_7 k e_2^2 - \theta_1 \theta_7 k \sigma^2 \leqslant 0$$

由 $pV \leqslant 0$ 可知,函数 V 有界。根据引理 3.2,可得 $\lim\limits_{t \to 0} e_2 = 0$,$\lim\limits_{t \to 0} \sigma = 0$。又 $\sigma = ce_1 + pe_1$ 知,$\lim\limits_{t \to 0} e_1 = 0$。说明采用控制律式(3-8)和式(3-9)的闭环控制系统能够快速跟踪期望的速度指令,使得系统全局一致稳定,结论得证。

3.2.4　数值仿真

本节是基于空间电压矢量控制方式下进行的仿真研究,所用到的直线电机参数:$M_n = 7.3\text{kg}, R_s = 2.6\Omega, L_d = L_q = 30.4\text{mH}, B_n = 0.1\text{N/(m/s)}, k_F = 109\text{N/A}, \tau = 15\text{mm}, n_p = 2$。

对所设计的控制器进行仿真验证与分析,本书设计的控制器框图如图 3-1 所示。

将本书提出的控制器与 PID 控制、滑模控制(SMC)进行比较,针对影响电机性能的主要参数——负载 F_w、动子质量 M_n,分为以下 3 种情况。

(1)恒速恒负载:速度恒为 0.5m/s,负载恒为 200N,电机参数不变,此时是为了比较系统的启动性能；

（2）恒速变负载：速度恒为 0.5m/s，负载在 0.1s 时由 200N 突变为 500N，电机参数不变，此时是为了比较系统的抗负载扰动能力；

（3）恒速恒负载变参数：速度恒为 0.5m/s，负载恒为 200N，动子质量和电感发生变化时的系统响应特性，此种情况为比较系统的抗参数扰动能力。

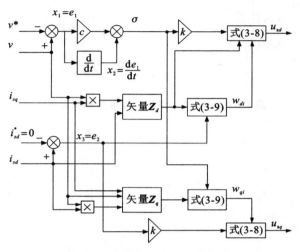

图 3-1　鲁棒自适应控制器框图

其中 PI 控制器的最优参数，速度环 $k_{vp}=0.04$，$k_{vi}=2.05$，电流环 $k_{dp}=300$，$k_{di}=800$，$k_{qp}=300$，$k_{qi}=800$；滑模控制采用基于指数趋近律的滑模控制策略，即 $ps=-k_c s-\varepsilon \cdot \text{sgn}(s)$，其参数为 $k_c=500$，$\varepsilon=20$；本书设计的控制器参数 $c=1100$，$k_d=100$，$k_q=2000$，$k=0.001$。仿真结果如图 3-2～图 3-7 所示。

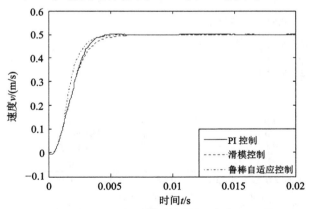

图 3-2　PMLSM 启动时的速度响应曲线

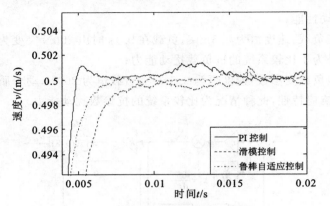

图 3-3　PMLSM 启动时的速度局部放大曲线

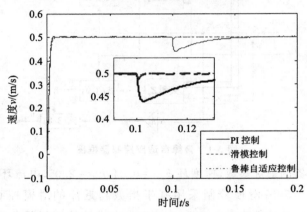

图 3-4　PMLSM 负载突变时的速度响应曲线

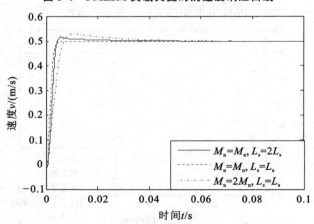

图 3-5　PI 控制下质量变化时的速度响应曲线

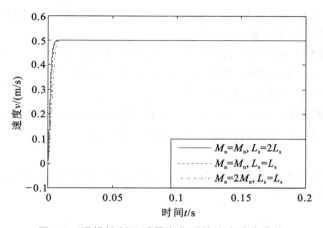

图 3-6　滑模控制下质量变化时的速度响应曲线

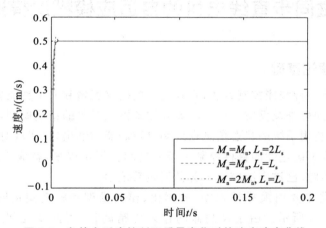

图 3-7　鲁棒自适应控制下质量变化时的速度响应曲线

由图 3-2～图 3-7 的仿真结果可以得出如下结论。

(1)系统启动时(图 3-2 和图 3-3),PI 控制通过合理选择速度环和电流环控制参数,可以具有和滑模控制、鲁棒自适应控制相同的快速启动能力,但 PI 控制存在一定超调,且稳态性能较差,本书所提出的鲁棒自适应控制具有比 PI 控制和滑模控制更好的启动性能,且稳态误差几乎为零。

(2)存在负载扰动时,由图 3-4 可知,鲁棒自适应控制和滑模控制对系统的负载扰动均具有很强的鲁棒性,在经历大约 0.035s 的调整后就能恢复到指定的参考速度,而 PI 控制需要经历的调整时间多达 0.05s,因此其鲁棒性能较差。

(3)参数变化时,由图 3-5～图 3-7 可知,在系统的质量或电感参数发生变化时,PI 控制的速度响应能力降低或出现超调;滑模控制速度响应性能对质量或电感的变化不明显,但由于其控制器本身结构的特点,稳态时存在速度波动;鲁棒自适应控制则基本不受质量或电感参数变化的影响。

从控制器结构上来看,PI 控制和滑模控制均需对速度环和电流环分别进行控制,需要设计 3 个控制器,而本书通过指定的速度和电流,实现了速度环和电流环的一体化设计,减少了控制器的数量。

另外,滑模控制虽然具有与本书方法相似的控制性能,但是滑模控制存在固有的抖振现象,必须引入低通滤波器或改进的滑模控制方法,在一定程度上增加控制器的复杂性。

因此,本书所提出的控制策略具有明显的优越性,能够满足高性能直线电机伺服系统的控制需求。

3.3 永磁同步直线电机的自适应模糊滑模速度控制

3.3.1 理论基础

模糊控制是一种智能控制方法,它利用多值模糊逻辑和人工智能要素(简化推理原则)来模仿人的思维及反应。该方法无须知道被控对象的精确模型,仅根据系统工作的实际情况,利用系统的状态信息在线调整控制器的输出,以实现对系统的参数变化及外部扰动等不确定性的鲁棒控制。模糊控制自提出以来,就成为高性能电机控制研究的热门话题,已被广泛应用于各种伺服系统中。

模糊控制器主要由模糊规则库、模糊化、模糊推理和解模糊化四部分组成,其基本结构如图 3-8 所示。由于控制器的输入为精确量,因此要先将其转化为模糊论域对应的模糊量。同样,系统控制的是精确量,经过模糊推理得到的输出为模糊量,需要进行解模糊化。模糊规则库是模糊控制器的核心,它反映控制专家的知识和经验。模糊推理则根据输入的模糊量,依据模糊规则库来确定所需要的模糊控制量。

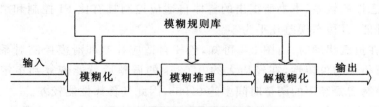

图 3-8　模糊控制器的基本结构图

3.3.2 控制器设计

由 2.2.2 节可知，隐极式 PMLSM 在 dq 坐标系下的模型可重新表示为：

$$u_d = R_s i_d + L_d p i_d - \frac{\pi}{\tau} n_p v L_q i_q \tag{3-13}$$

$$u_q = R_s i_q + L_q p i_q + \frac{\pi}{\tau} n_p v L_d i_d + \frac{\pi}{\tau} n_p v \psi_f \tag{3-14}$$

$$F_e = \frac{3}{2} n_p \frac{\pi}{\tau} \psi_f i_q = k_F i_q = M_n p v + B_n v + F_w \tag{3-15}$$

式中，参数含义同 2.2.2 节及 3.2.2 节，此处不赘述。

由式（3-14）和式（3-15）可得：

$$u_q = \frac{R_s}{k_F} M_n p v + \frac{R_s}{k_F} B_n v + \frac{R_s}{k_F} F_w + L_q p i_q + \frac{\pi}{\tau} n_p v L_d i_d + \frac{\pi}{\tau} n_p v \psi_f \tag{3-16}$$

设动子期望的速度为 v^*，则其误差和误差的变化率分别为 $e = v^* - v$ 和 $pe = pv^* - pv$。

定义滑模面为：

$$s = e + cpe = v^* - v + cpe = v_t - v \tag{3-17}$$

式中，c 为滑模增益系数；$v_t = v^* + cpe$ 为中间变量。

由式（3-16）可知，q 轴电压与动子速度 v_m，d 轴、q 轴电流 i_d、i_q，外部扰动 F_w 等有关，表现为复杂的非线性关系。因此，用模糊技术来实现其在线自适应估计，令：

$$f(x) = \frac{R_s}{k_F} M_n p v_t + \frac{R_s}{k_F} B_n v + \frac{R_s}{k_F} F_w + L_q p i_q + \frac{\pi}{\tau} n_p v L_d i_d + \frac{\pi}{\tau} n_p v \psi_f = \boldsymbol{\Phi}^T \boldsymbol{W} \tag{3-18}$$

设函数 $f(x)$ 的最优估计值为 $\boldsymbol{\Phi}^{*T} \boldsymbol{W}^*$，则其对应关系为：

$$f(x) = \boldsymbol{\Phi}^T \boldsymbol{W} = \boldsymbol{\Phi}^{*T} \boldsymbol{W}^* + \varepsilon \tag{3-19}$$

式中，$\varepsilon = \boldsymbol{\Phi}^T \boldsymbol{W} - [\boldsymbol{\Phi}^*]^T \boldsymbol{W}^*$ 为估计误差；$\boldsymbol{\Phi}$ 为模糊估计器的基函数矢量；$\boldsymbol{W}$ 为对应的权矢量。

定理 3.2 对于由式（3-14）和式（3-15）组成的子系统，如果采用形如式（3-20）所示的控制律和式（3-21）所示的自适应律，则由式（3-14）式（3-15）组成的闭环系统是渐进稳定的。

$$u_d = \hat{\boldsymbol{\Phi}}^T \hat{\boldsymbol{W}} + ks \tag{3-20}$$

$$\dot{\hat{\boldsymbol{W}}} = \hat{\boldsymbol{\Gamma}} \boldsymbol{\Phi} s \tag{3-21}$$

式中，$k > 0$ 为增益系数；$\boldsymbol{\Gamma} = \mathrm{diag}(\lambda_1, \lambda_2, \cdots, \lambda_m)$ 为自适应增益矩阵；$\lambda_i > 0$，$i = 1$，$2, \cdots, m$，$\hat{\boldsymbol{\Phi}}$ 和 $\hat{\boldsymbol{W}}$ 分别为对应 $\boldsymbol{\Phi}$ 和 $\boldsymbol{W}$ 的估计值，其估计误差分别为 $\tilde{\boldsymbol{\Phi}} = \boldsymbol{\Phi} - \hat{\boldsymbol{\Phi}}$ 和

$\widetilde{\boldsymbol{W}} = \boldsymbol{W} - \hat{\boldsymbol{W}}$。

证明：

取 Lyapunov 函数 $V = \dfrac{1}{2} \cdot \dfrac{R_s}{k_F} M_n s^2 + \dfrac{1}{2} \widetilde{\boldsymbol{W}} \boldsymbol{\Gamma}^{-1} \widetilde{\boldsymbol{W}}$，则

$$pV = \frac{R_s}{k_F} M_n p s^2 - \widetilde{\boldsymbol{W}} \boldsymbol{\Gamma}^{-1} \dot{\hat{\boldsymbol{W}}} \tag{3-22}$$

又

$$\frac{R_s}{k_F} M_n p s = \frac{R_s}{k_F} M_n v_t - \frac{R_s}{k_F} M_n v \tag{3-23}$$

将式(3-16)和式(3-18)代入式(3-23)可得：

$$\frac{R_s}{k_F} M_n p s = \boldsymbol{\Phi}^{\mathrm{T}} \boldsymbol{W} - u_q \tag{3-24}$$

故

$$pV = (\boldsymbol{\Phi}^{\mathrm{T}} \boldsymbol{W} - u_q) \cdot s - \widetilde{\boldsymbol{W}} \boldsymbol{\Gamma}^{-1} \dot{\hat{\boldsymbol{W}}}$$

$$= (\boldsymbol{\Phi}^{\mathrm{T}} \boldsymbol{W} - \hat{\boldsymbol{\Phi}}^{\mathrm{T}} \hat{\boldsymbol{W}} + ks) \cdot s - \widetilde{\boldsymbol{W}} \boldsymbol{\Gamma}^{-1} \dot{\hat{\boldsymbol{W}}}$$

$$= -ks^2 + (\boldsymbol{\Phi}^{\mathrm{T}} \boldsymbol{W} - \hat{\boldsymbol{\Phi}}^{\mathrm{T}} \hat{\boldsymbol{W}}) \cdot s - \widetilde{\boldsymbol{W}} \boldsymbol{\Gamma}^{-1} \dot{\hat{\boldsymbol{W}}}$$

$$= -ks^2 + \hat{\boldsymbol{\Phi}}^{\mathrm{T}} \widetilde{\boldsymbol{W}} \cdot s + \widetilde{\boldsymbol{\Phi}}^{\mathrm{T}} \boldsymbol{W} \cdot s - \widetilde{\boldsymbol{W}} \boldsymbol{\Gamma}^{-1} \dot{\hat{\boldsymbol{W}}}$$

因为 $\dot{\hat{\boldsymbol{W}}} = \hat{\boldsymbol{\Gamma}} \boldsymbol{\Phi} s$，所以

$$pV = -ks^2 + \widetilde{\boldsymbol{\Phi}}^{\mathrm{T}} \boldsymbol{W} \cdot s$$

$$\leqslant -ks^2 + \frac{1}{2\gamma} (\widetilde{\boldsymbol{\Phi}}^{\mathrm{T}} \boldsymbol{W})^2 + \frac{\gamma}{2} s^2$$

$$= -\left(k - \frac{\gamma}{2}\right) s^2 + \frac{1}{2\gamma} (\widetilde{\boldsymbol{\Phi}}^{\mathrm{T}} \boldsymbol{W})^2$$

$$= -\sigma s^2 + \frac{1}{2\gamma} (\widetilde{\boldsymbol{\Phi}}^{\mathrm{T}} \boldsymbol{W})^2$$

因此，只要在 $\sigma = k - \dfrac{\gamma}{2} > 0$，$\gamma > 0$ 的情况下，通过适当选择 σ 和 γ，就能保证除在 $s = 0$ 附近的邻域 Σ 外使得 $pV \leqslant 0$，邻域 Σ 的大小由模糊估计误差 $\widetilde{\boldsymbol{\Phi}}$ 决定。

当系统的误差状态趋近于滑模面时，$s = e + cpe = \dot{s} = 0$，可知子系统是渐进指数稳定的。综上所述，系统在式(3-20)的控制律下是渐进稳定的。

3.3.3 数值仿真

为了验证本书设计的自适应模糊滑模控制器的有效性，本书将该方法与 PID 控

制及常规模糊控制（没有进行权值的自适应估计）进行比较。电机的主要参数同 2.4.4 节,仿真中三种方案仍采用 $i_d = 0$ 的矢量控制策略。PID 控制中速度和电流环均采用 PI 控制,其控制参数为:$k_{vp} = 0.04,k_{vi} = 2.05;k_{dp} = k_{qp} = 300,k_{di} = k_{qi} = 800$;常规模糊控制和自适应模糊滑模控制在电流环 d 轴仍采用 PI 控制,电流环 q 轴与速度环均采用一体化设计,本书方案的控制结构如图 3-9 所示。

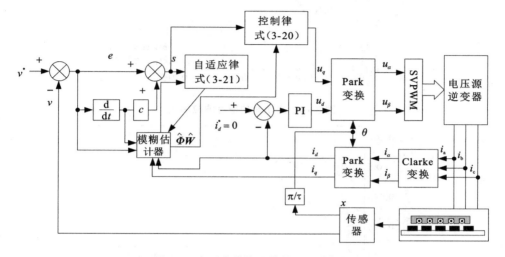

图 3-9　自适应模糊滑模控制系统框图

将本书的自适应模糊滑模控制器与 PID 控制、常规模糊控制进行比较:(1)恒速恒负载:速度恒为 0.5m/s,负载恒为 200N,电机参数不变,此时为了比较系统的启动性能;(2)恒速变负载:速度恒为 0.5m/s,负载在 0.1s 时由 200N 突变为 500N,电机参数不变,此时为了比较系统的抗负载扰动能力;(3)恒速恒负载变参数:速度恒为 0.5m/s,负载恒为 200N,对动子质量、定子电阻及电感参数变化时的模糊滑模控制系统性能进行分析,已验证其抗参数扰动能力。

由图 3-10～图 3-18 的仿真结果可以得出如下结论。

(1)系统启动(图 3-10～图 3-13)时,三种控制策略的速度响应均为一条倾斜的直线,这表明 PMLSM 是以最大推力启动的,q 轴电流响应曲线和电磁推力响应曲线也证明了这一点。然而,模糊控制和模糊滑模控制均具有比 PID 控制更快的速度响应能力,但模糊控制存在一定的超调。再者,PID 控制在稳态时存在较大的速度波动,模糊控制存在静差,模糊滑模控制则无超调、无静差,具有很好的动静态性能。

(2)存在负载扰动时,图 3-14 和图 3-15 分别给出了 3 种控制策略的速度响应曲线和电磁推力曲线。由图可知,当负载在 0.05s 时由 200N 变为 800N 时,PID 控制存在很大的速度误差,达到 30%,且需要经历大于 0.06s 的时间才能恢复到指令速

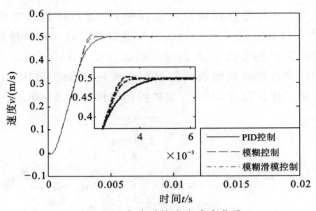

图 3-10　启动时的速度响应曲线

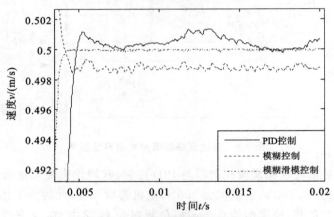

图 3-11　启动时的速度局部放大曲线

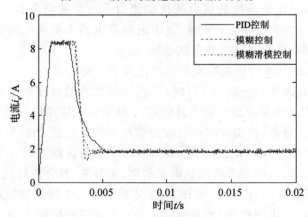

图 3-12　启动时的 q 轴电流响应曲线

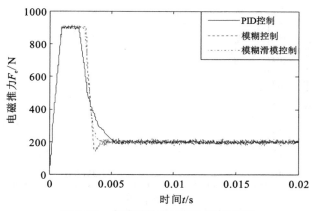

图 3-13 启动时的电磁推力响应曲线

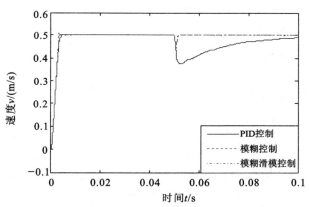

图 3-14 负载突变时的速度响应曲线

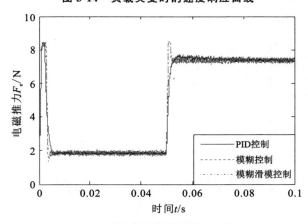

图 3-15 负载突变时的电磁推力响应曲线

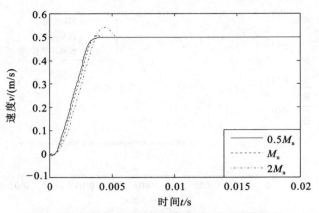

图 3-16 本书方法在质量变化时的速度响应曲线

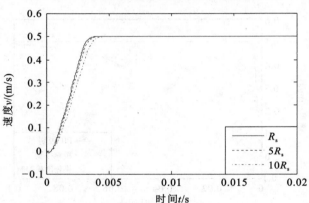

图 3-17 本书方法在定子电阻变化时的速度响应曲线

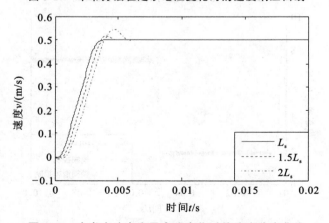

图 3-18 本书方法在定子电感变化时的速度响应曲线

度;模糊控制和模糊滑模控制则速度变化不大,且能很快恢复到指令速度(大约经历0.0015s)。这是因为当系统负载发生变化时,模糊控制和模糊滑模控制会迅速以额定推力启动,当达到指令速度后,电磁推力用来平衡负载推力。

(3)图3-16～图3-18分别给出了动子质量、定子电阻和电感变化时的 PMLSM模糊滑模控制系统的速度响应曲线。由图可知,动子质量、定子电阻和电感变化均会影响电机速度的响应能力及超调等,其中电感的变化对系统性能的影响比较明显。因此,对高性能直线电机伺服系统来说,仅考虑机械子系统是远远不够的。但是在上述参数不确定时,采用本书方法均能保证快速、准确地实现速度的跟踪控制。

另外,本书采用的控制器实现了 q 轴电流环和速度环的一体化设计,在保证系统鲁棒性的基础上简化了控制器的结构。

因此,与传统控制策略相比,本书提出的控制策略更能满足高性能直线电机伺服系统的控制需求。

3.4　永磁同步直线电机的新型滑模观测器

3.4.1　传统滑模观测器

传统滑模观测器是在 $\alpha\beta$ 坐标系下进行的。由2.2.3节可知,永磁同步直线电机在 $\alpha\beta$ 坐标系下的电压方程为:

$$\begin{cases} u_\alpha = R_s i_\alpha + L_s p i_\alpha - \dfrac{\pi}{\tau} n_p \psi_f v_m \sin\theta_e \\[2mm] u_\beta = R_s i_\beta + L_s p i_\beta + \dfrac{\pi}{\tau} n_p \psi_f v_m \cos\theta_e \end{cases} \tag{3-25}$$

为了更加方便地对观测器进行设计,式(3-25)可重新描述为:

$$\begin{cases} p i_\alpha = (-R_s i_\alpha - e_\alpha + u_\alpha)/L_s \\ p i_\beta = (-R_s i_\beta - e_\beta + u_\beta)/L_s \end{cases} \tag{3-26}$$

式中,u_α、u_β、i_α、i_β、e_α 和 e_β 分别为 α 轴、β 轴的定子电压、电流和反电动势;R_s 和 L_s 分别为电机的定子电阻、电感。反电动势的表达式为:

$$\begin{cases} e_\alpha = -\dfrac{\pi}{\tau} n_p \psi_f v_m \sin\theta \\[2mm] e_\beta = \dfrac{\pi}{\tau} n_p \psi_f v_m \cos\theta \end{cases} \tag{3-27}$$

定义滑模面 $\boldsymbol{S} = \begin{bmatrix} s_\alpha & s_\beta \end{bmatrix}^{\mathrm{T}} = \begin{bmatrix} \hat{i}_\alpha - i_\alpha & \hat{i}_\beta - i_\beta \end{bmatrix}^{\mathrm{T}}$,根据式(3-26)可构造出定子电

流的滑模观测器形式为：

$$\begin{cases} p\hat{i}_\alpha = [-R_s\hat{i}_\alpha - k \cdot \text{sgn}(s_\alpha) + u_\alpha]/L_s \\ p\hat{i}_\beta = [-R_s\hat{i}_\beta - k \cdot \text{sgn}(s_\beta) + u_\beta]/L_s \end{cases} \tag{3-28}$$

式中，$\hat{i}_\alpha$ 和 $\hat{i}_\beta$ 分别为 α 轴、β 轴定子电流的估计值；sgn 为符号函数；k 为增益系统。

$$\begin{aligned} ps_\alpha &= \hat{i}_\alpha - i_\alpha \\ &= [-R_s\hat{i}_\alpha - k \cdot \text{sgn}(s_\alpha) + u_\alpha]/L_s - (-R_s i_\alpha - e_\alpha + u_\alpha)/L_s \\ &= [-R_s s_\alpha - k \cdot \text{sgn}(s_\alpha) + e_\alpha]/L_s \\ ps_\beta &= \hat{i}_\beta - i_\beta \\ &= [-R_s\hat{i}_\beta - k \cdot \text{sgn}(s_\beta) + u_\beta]/L_s - (-R_s i_\beta - e_\beta + u_\beta)/L_s \\ &= [-R_s s_\beta - k \cdot \text{sgn}(s_\beta) + e_\beta]/L_s \end{aligned}$$

定义 Lyapunov 函数 $V_1 = \dfrac{1}{2}(s_\alpha^2 + s_\beta^2)$，并将其沿式(3-28)求导，可得：

$$\begin{aligned} pV_1 &= s_\alpha ps_\alpha + s_\beta ps_\beta \\ &= s_\alpha[-R_s s_\alpha - k \cdot \text{sgn}(s_\alpha) + e_\alpha]/L_s + s_\beta[-R_s s_\beta - k \cdot \text{sgn}(s_\beta) + e_\beta]/L_s \\ &= -(R_s s_\alpha^2 + R_s s_\beta^2)/L_s + (-k|s_\alpha| + s_\alpha e_\alpha) + (-k|s_\beta| + s_\beta e_\beta) \end{aligned}$$

$$\tag{3-29}$$

由式(3-29)可知，只要取 $k = \max\{|e_\alpha|, |e_\beta|\}$，就能使 $pV_1 \leqslant 0$，从而实现电流的观测。

一旦系统误差的动态进入滑模面，则 $p\boldsymbol{S} = \boldsymbol{S} = \boldsymbol{0}$，将其代入式(3-26)可得：

$$\begin{cases} e_\alpha = k \cdot \text{sgn} s_\alpha \\ e_\beta = k \cdot \text{sgn} s_\beta \end{cases} \tag{3-30}$$

由于符号函数的存在会给电机的电流及反电动式估计带来抖振现象，一般必须通过低通滤波器进行处理，进而得到反电动势信息。故式(3-30)可重新表示为：

$$\begin{cases} \hat{e}_\alpha = k \cdot \text{sgn}(s_\alpha)/(Ts+1) \\ \hat{e}_\beta = k \cdot \text{sgn}(s_\beta)/(Ts+1) \end{cases} \tag{3-31}$$

根据反电动势与动子等效电角位移之间的关系式(3-27)可求得：

$$\hat{\theta}_e = -\tan^{-1}\frac{\hat{e}_\alpha}{\hat{e}_\beta} \tag{3-32}$$

动子移动的速度为：

$$\hat{v}_m = \frac{1}{n_p}\hat{v} = \frac{1}{n_p} \cdot \frac{\mathrm{d}\hat{\theta}_e}{\mathrm{d}t} \tag{3-33}$$

3.4.2 新型滑模观测器

为了降低滑模观测器中的电流及反电动势的抖振现象,本书用 Sigmoid 函数代替传统滑模观测器的符号函数,该方法的主要优点在于无须引入低通滤波器,可以有效消除低通滤波器带来的不利影响。

采用 Sigmoid 函数的定子电流观测器可表示为:

$$\begin{cases} p\hat{i}_\alpha = [-R_s\hat{i}_\alpha - k \cdot \eta(s_\alpha) + u_\alpha]/L_s \\ p\hat{i}_\beta = [-R_s\hat{i}_\beta - k \cdot \eta(s_\beta) + u_\beta]/L_s \end{cases} \tag{3-34}$$

式中,$\eta(s) = \dfrac{2}{1 + \exp(-\rho s)} - 1$ 为 Sigmoid 函数。

$$ps_\alpha = \dot{\hat{i}}_\alpha - \dot{i}_\alpha = [-R_s\hat{i}_\alpha - k \cdot \eta(s_\alpha) + u_\alpha]/L_s - (-R_s i_\alpha - e_\alpha + u_\alpha)/L_s$$
$$= [-R_s s_\alpha - k \cdot \eta(s_\alpha) + e_\alpha]/L_s$$

$$ps_\beta = \dot{\hat{i}}_\beta - \dot{i}_\beta = [-R_s\hat{i}_\beta - k \cdot \eta(s_\beta) + u_\beta]/L_s - (-R_s i_\beta - e_\beta + u_\beta)/L_s$$
$$= [-R_s s_\beta - k \cdot \eta(s_\beta) + e_\beta]/L_s$$

Lyapunov 函数 $V_1 = \dfrac{1}{2}(s_\alpha^2 + s_\beta^2)$ 沿式(3-34)求导,可得:

$$pV_1 = s_\alpha ps_\alpha + s_\beta ps_\beta$$
$$= s_\alpha[-R_s s_\alpha - k \cdot \eta(s_\alpha) + e_\alpha]/L_s + s_\beta[-R_s s_\beta - k \cdot \eta(s_\beta) + e_\beta]/L_s$$
$$= -(R_s s_\alpha^2 + R_s s_\beta^2)/L_s + [-k s_\alpha \cdot \eta(s_\alpha) + s_\alpha e_\alpha] + [-k s_\beta \cdot \eta(s_\beta) + s_\beta e_\beta]$$
$$\tag{3-35}$$

由式(3-35)可知,只要取 $k = \max\{|e_\alpha|, |e_\beta|\}$,就能使 $pV_1 \leqslant 0$,从而实现电流的观测。

一旦系统误差的动态进入滑模面,则 $p\boldsymbol{S} = \boldsymbol{S} = \boldsymbol{0}$,将其代入式(3-26)可得:

$$\begin{cases} e_\alpha = k \cdot \eta(s_\alpha) \\ e_\beta = k \cdot \eta(s_\beta) \end{cases} \tag{3-36}$$

而动子的位置及速度可由式(3-32)和式(3-33)求得。

3.4.3 数值仿真

本节将对传统滑模观测器和本章提出的新型滑模观测器进行比较。基于新型滑模观测器的 PMLSM 矢量控制系统如图 3-19 所示。

仿真中,当 $t \leqslant 0.06\text{s}$ 时,$v^* = 0.5\text{m/s}$;当 $t > 0.06\text{s}$ 时,$v^* = 1\text{m/s}$,等效负载 $F_w = 200\text{N}$,图 3-20 给出了传统滑模观测器和新型滑模观测器的直线电机反电动势、动子速度、位移及其响应的估计误差曲线。

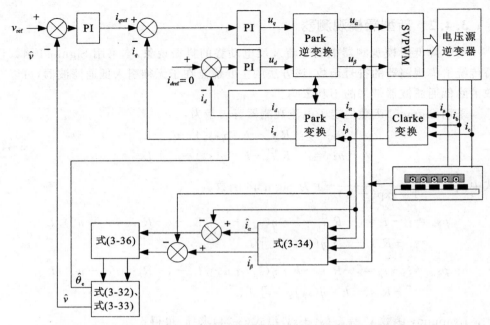

图 3-19   基于新型滑模观测器的 PMLSM 矢量控制系统框图

由图 3-20 可以看出,采用传统滑模观测器时,其观测的反电动势 e_α 和 e_β 存在明显的波动现象,同时速度和位置估计也存在较大的波动,尤其是在启动和速度突变时,其误差比较大,低通滤波器的引入也增加了速度和位置的跟踪误差,影响系统的估计精度;而采用本书基于 Sigmoid 函数的新型滑模观测器方法,无须引入低通滤波器,从根本上消除了低通滤波器引起估计反电动势的势幅值及相位误差,不仅在稳态,出现速度突变时,本书的方法仍能实现速度和位置的高精度估计。

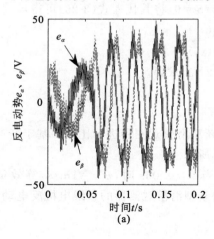

(a)

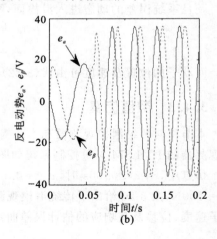

(b)

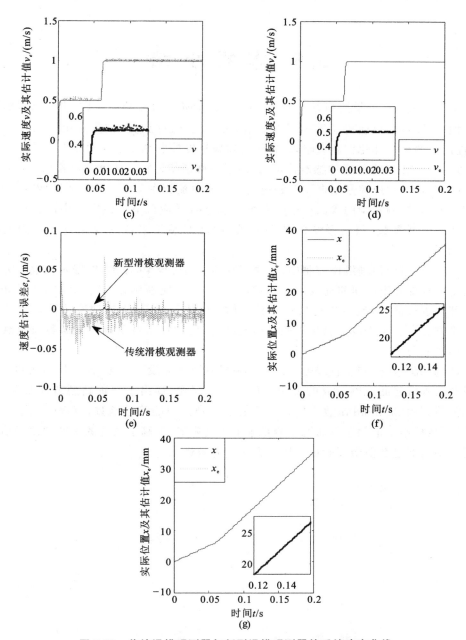

图 3-20　传统滑模观测器与新型滑模观测器的系统响应曲线

(a)传统滑模观测器的反电动势；(b)新型滑模观测器的反电动势；(c)传统滑模观测器的速度曲线；

(d)新型滑模观测器的速度曲线；(e)速度估计误差曲线；

(f)传统滑模观测器的位移曲线；(g)新型滑模观测器的位移曲线

3.5 本章小结

本章在 $i_d=0$ 矢量控制方式下,同时考虑了 PMLSM 中机械参数、电气参数的不确定性以及摩擦、负载扰动等因素的影响,将电气子系统和机械子系统作为一个整体,提出了两种一体化控制策略,即鲁棒自适应速度控制和自适应模糊滑模控制。同时,研究了 PMLSM 的无传感器技术,提出了一种新型的滑模速度和位置估计策略。

(1)鲁棒自适应控制根据期望的速度指令和电流指令 $i_d=0$ 设计 SVPWM 所需的控制电压,控制器中的参数可根据系统的状态自适应调节。该方法中的自适应律不含任何模型参数,只与系统的状态有关,因此对系统参数的变化具有很强的鲁棒性。

(2)在自适应模糊滑模控制中,d 轴电流环采用传统 PI 控制,根据 q 轴电压方程与速度方程推导出电压与速度的关系式,再利用自适应模糊方法对系统的非线性不确定部分进行估计,然后进行反馈补偿,并根据 Lyapunov 稳定理论选择控制器参数。该方法在一定程度上简化了控制器的结构,也增强了对系统时变参数及负载的鲁棒抑制能力。

(3)研究了永磁同步直线电机的传统滑模观测器的设计方法,针对其存在的抖振现象及引入低通滤波器造成的观测精度不高等问题,提出了一种新型滑模观测器。该观测器利用 Sigmoid 函数来代替传统滑模观测器中的符号函数,有效降低了系统的抖振,从根本上消除了低通滤波器带来的不利影响,提高了系统的速度和位置估计精度。最后通过数值仿真验证了所提方法的有效性。

4　永磁同步直线电机的高精度定位控制

4.1　引　　言

直线电机作为数控机床进给系统的重要部件,能够很好地满足系统高速度、高精度加工的性能要求。在一定程度上,直线电机伺服系统的运动精度和定位精度决定了数控机床的加工精度、表面质量和生产效率。摩擦力和定位力是影响直线电机伺服系统运动精度和定位精度的两个重要因素。在直线电机伺服系统中,摩擦力的存在主要表现在以下几个方面:①在低速运行时,摩擦力将表现出强烈的非线性,从而使其输出的速度不平稳,甚至出现爬行现象;②在稳态时,会使系统产生难以消除的稳态误差,甚至产生极限环或混沌,降低系统的定位精度;③在正反向运动时,由于摩擦力在零速处不连续,致使在换向处呈现较大的跟踪误差,降低系统的跟踪精度。直线电机的定位力主要由齿槽力、磁滞力及端部力三部分构成。定位力的存在严重影响系统的精确定位,它可能引起振荡,并产生稳定问题,尤其是在低速或轻载(低动量)的场合。因此,有效进行直线电机的摩擦和推力波动补偿成为实现直线电机伺服系统高精度定位控制的关键。下面将分别给出系统中的摩擦和推力波动的数学模型,介绍现有的补偿方法,为新补偿方法的提出奠定基础。

4.2 摩擦与推力波动的模型

4.2.1 摩擦模型及其补偿方法

摩擦存在于所有的运动中,但对高性能伺服系统的影响尤为突出。在机械运动伺服系统中,摩擦通常由接触面弹性形变阶段、边界润滑阶段、部分液体润滑阶段及完全液体润滑阶段等四个阶段组成,见图 4-1。

准确的摩擦模型不仅能够使我们更好地掌握摩擦的特性,而且有利于采用有效的措施进行摩擦补偿与控制。国内外学者已经提出了 30 余种摩擦模型。对于直线电机伺服系统来说,主要的两种摩擦模型是 Stribeck 模型和 LuGre 模型。

(1)Stribeck 模型。

Stribeck 模型又称指数型摩擦模型,是伺服中最常用的模型,该模型能够很好地反映出摩擦力随速度变化的特性(图 4-2),其数学模型表示如下。

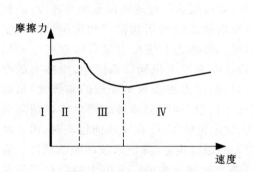

图 4-1 摩擦力与速度的变化曲线

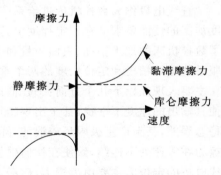

图 4-2 Stribeck 摩擦模型

当 $|\dot{x}| < \alpha$ 时,静摩擦力为

$$F_f(t) = \begin{cases} F_m, & F(t) \geqslant F_m \\ F(t), & -F_m \leqslant F(t) < F_m \\ -1F_m, & F(t) < F_m \end{cases} \tag{4-1}$$

当 $|\dot{x}| \geqslant \alpha$ 时,动摩擦力为

$$F_f(t) = [F_c + (F_m - F_c)\exp(-|\dot{x}/\dot{x}_s|^\delta)]\mathrm{sgn}(\dot{x}) + k_v\dot{x} \tag{4-2}$$

式中,F_m 为最大静摩擦力;$F(t)$ 为电磁驱动力;F_c 为库仑摩擦力;$\dot{x}_s$ 为 Stribeck 摩擦的特征速度;k_v 为摩擦系数,$\dot{x}$ 为动子的速度;δ 为形变系数。

（2）LuGre 模型。

LuGre 模型是一种复杂动态摩擦模型。该模型认为摩擦力是由相对运动的摩擦表面的微小凸起的弹性形变产生的，且表现为相对运动速度和摩擦状态的非线性函数，其具体表达式为：

$$\dot{z} = v - |v|/g(v) \cdot z \tag{4-3}$$

$$\sigma_0 g(v) = [F_c + (F_s - F_c)\exp(-|v/v_s|^\delta)]\mathrm{sgn}v \tag{4-4}$$

$$F_f = \sigma_0 z + \sigma_1 \dot{z} + \sigma_2 v \tag{4-5}$$

式中，F_c 为库仑摩擦力；F_s 为最大静摩擦力；σ_0 表示摩擦刚度系数；σ_1 表示摩擦阻尼系数；σ_2 表示黏性摩擦系数；v 为相对运动速度；v_s 为 Stribeck 速度；z 为一个表征运动表面间接触点的平均变形的内部状态变量；$\dot{z}$ 为内部状态变量 z 的变化率；δ 为形变系数。

非线性摩擦是影响直线电机伺服系统性能的重要因素之一。要实现系统的高性能控制，必须对摩擦进行有效的补偿。纵观国内外的研究成果，有关直线电机的摩擦补偿大部分是基于 Stribeck 模型。Li Xu、Bin Yao 等人通过对摩擦模型的简化，利用自适应理论在线估计系统中的不确定参数，进而设计出具有强鲁棒性的自适应鲁棒控制器，并通过仿真与实验验证了所提出控制策略的有效性。张国柱等人在此基础上，提出了一种基于复合自适应律的自适应鲁棒控制策略，提高了系统参数的估计精度，增强了系统的跟踪性能。Faa-Jeng Lin 等人将摩擦等效为系统的外部干扰，通过模糊神经网络对系统的扰动进行补偿，再通过反步控制实现直线电机的高精度控制。他们还将小波神经网络应用于 PMLSM 伺服系统，实现了系统的智能控制。然而其控制器结构比较复杂，在实际应用中较为困难。Kok Kiong Tan 等针对含有摩擦的 PMLSM 伺服系统，提出一种基于干扰观测器的鲁棒控制策略。在文献[60]中，Kok Kiong Tan 又将滑模理论应用于直线电机中，为了降低滑模控制中存在的抖振现象，该文利用自适应方法在线估计系统中的摩擦系数。

LuGre 模型能够精确地描述伺服系统中的摩擦现象，然而该模型中含有多个模型参数，内部状态参数 z 无法测量，且模型复杂，难以用于工程实际。在直线电机伺服系统中，LuGre 模型的摩擦补偿方法主要基于摩擦参数辨识的方法，主要包括自适应参数估计方法、群智能优化辨识方法和状态观测器方法三种。这些参数辨识方法均需对系统的每个摩擦参数或状态进行辨识，大大增加了系统的复杂程度。LuGre 模型在应用中最大的困难就是参数辨识问题，比如无法直接测量的内部状态变量 z。

4.2.2 定位力的模型

定位力具有沿永磁体磁极的周期性变化特性，其数学模型通常采用以永磁体磁极距为基频的傅里叶级数的形式来描述。例如，文献[100]通过设定恒定速度使直线

电机运行,测得直线电机 q 轴电流,再利用快速傅里叶变换求得其基频频率,简化定位力的数学模型为:

$$f_{\text{ripple}}(\theta_r)=A\sin(2\pi\times w_n x+\varphi)=A_1\sin(2\pi\times w_n x)+A_2\cos(2\pi\times w_n x) \quad (4\text{-}6)$$

最后通过递推最小二乘法求得系统中的参数 A、A_1、A_2 和 θ_r,从而得到定位力的数学模型,为进行定位力的补偿奠定基础。

4.3 滑模自适应高精度定位控制

滑模变结构控制对系统参数摄动、外界扰动等不确定性具有很强的鲁棒性,在机器人、航空航天和伺服系统等领域有着广泛的应用。本章将滑模变结构控制与自适应技术相结合,提出一种基于 LuGre 摩擦模型的直线电机高精度定位控制策略。该策略将系统中的摩擦力和定位力均看作外部扰动,采用自适应方法在线估计系统中的不确定参数,进而利用滑模理论设计位置控制器,针对滑模控制中存在的抖振现象,采用 Sigmoid 连续函数代替切换函数,从而实现非连续切换控制的连续化,有效地消除了扰动对系统造成的抖振。

4.3.1 直线电机的机械动态模型

由第 2 章的分析,直线电机的机械动态模型可表示为:

$$M_n\ddot{x}+F_{\text{fric}}+F_{\text{rip}}+F_{\text{load}}=F_e=k_F i_q \quad (4\text{-}7)$$

又由 4.2 节中的摩擦模型式(4-3)~式(4-5)和定位力模型式(4-6),直线电机的模型可表示为:

$$m\ddot{x}=u-\sigma\dot{x}+\Delta \quad (4\text{-}8)$$

式中,$\Delta=\sigma_1(|\dot{x}|/g(\dot{x}))\cdot z-\sigma_0 z-F_{\text{rip}}-F_{\text{load}}$ 为系统的等效外部扰动;$u=F_e$ 为待设计的控制输入;$m=M_n$ 和 $\sigma=\sigma_1+\sigma_2$ 为系统中的不确定参数,并且满足以下假设条件:

①系统的不确定参数满足:

$$m\in\Sigma_1\xrightarrow{\text{def}}\{m:0\leqslant m\leqslant m_{\max}\},\ \sigma\in\Sigma_2\xrightarrow{\text{def}}\{\sigma:0\leqslant\sigma\leqslant\sigma_{\max}\} \quad (4\text{-}9)$$

②系统的扰动有界,即:

$$|\Delta|\leqslant d \quad (4\text{-}10)$$

4.3.2 控制器设计

该控制器设计的目标是考虑系统中存在的参数不确定性,在摩擦力、定位力及外部负载等扰动的情况下,设计出能够精确跟踪期望动子位置指令 x_{1d} 的高精度滑模控制器。下面给出设计的详细过程。

为了控制器设计的方便,系统模型[式(4-8)]可重新表示为:

$$\begin{cases} \dot{x}_1 = x_2 \\ m\dot{x}_2 = u - \sigma\dot{x} + \Delta \end{cases} \tag{4-11}$$

定义位置跟踪误差为:

$$e_1 = x_1 - x_{1d} \tag{4-12}$$

系统的滑模面为:

$$\begin{cases} s = \dot{e}_1 + k_P e_1 + k_1\chi = x_2 - q \\ q = \dot{x}_{1d} - k_P e_1 - k_1\chi \end{cases} \tag{4-13}$$

式中,k_P 和 k_1 分别为比例增益和积分增益;$\chi = \int_0^t e_1(\tau)\mathrm{d}\tau$ 为积分项。

定理 4.1 对于系统[式(4-11)],采用控制律式(4-14)和自适应律式(4-15),则由式(4-11)所确定的闭环系统是渐进稳定的。

$$\begin{cases} u = u_a + u_s \\ u_a = \hat{m}\dot{q} + \hat{\sigma}x_2, k > 0, \varepsilon > d \\ u_s = -ks - \varepsilon h(s) \end{cases} \tag{4-14}$$

$$\begin{cases} \dot{\hat{m}} = -\gamma_1\dot{q}s \\ \dot{\hat{\sigma}} = -\gamma_2 x_2 s \end{cases}, \gamma_1 > 0, \gamma_2 > 0 \tag{4-15}$$

式中,u_a 和 u_s 分别为自适应控制项和滑模切换项;k 和 ε 为指数趋近律的增益系数;γ_1 和 γ_2 为自适应增益系数;$h(*)$ 为 Sigmoid 函数,其表示式为:

$$h(s) = \frac{2}{1 + \exp(-\rho \cdot s)} - 1 \tag{4-16}$$

证明:

取 Lyapunov 函数为:

$$V = \frac{1}{2}\left(ms^2 + \frac{1}{\gamma_1}\tilde{m}^2 + \frac{1}{\gamma_2}\tilde{\sigma}^2\right) \tag{4-17}$$

式中,$\tilde{m} = \hat{m} - m$ 和 $\tilde{\sigma} = \hat{\sigma} - \sigma$ 分别为不确定参数 m 和 σ 的估计误差。

沿着系统[式(4-11)]对 V 进行求导可得:

$$\begin{aligned} \dot{V} &= sm\dot{s} + \frac{1}{\gamma_1}\tilde{m}\dot{\hat{m}} + \frac{1}{\gamma_2}\tilde{\sigma}\dot{\hat{\sigma}} \\ &= s(u - \sigma x_2 + \Delta - m\dot{q}) + \frac{1}{\gamma_1}\tilde{m}\dot{\hat{m}} + \frac{1}{\gamma_2}\tilde{\sigma}\dot{\hat{\sigma}} \\ &= s[\hat{m}\dot{q} + \hat{\sigma}x_2 - ks - \varepsilon h(s) - \sigma x_2 + \Delta - m\dot{q}] + \frac{1}{\gamma_1}\tilde{m}\dot{\hat{m}} + \frac{1}{\gamma_2}\tilde{\sigma}\dot{\hat{\sigma}} \end{aligned}$$

$$=ks^2-\varepsilon\,|\,s\,|+\Delta s+\tilde{m}\left(sq+\frac{1}{\gamma_1}\dot{\hat{m}}\right)+\tilde{\sigma}\left(sx_2\hat{m}+\frac{1}{\gamma_2}\dot{\hat{\sigma}}\right)$$

把自适应律式(4-15)代入上式,且注意到假设条件式(4-9)和式(4-10)可得:

$$\dot{V}=-ks^2-\varepsilon\,|\,s\,|-\Delta s\leqslant-ks^2-(\varepsilon-\Delta)\,|\,s\,|\leqslant0 \tag{4-18}$$

根据 Lyapunov 稳定理论可知:采用控制率式(4-14)和自适应律式(4-15)可使闭环控制系统式(4-11)全局一致稳定,结论得证。

4.4　数　值　仿　真

为了分析本书提出的自适应滑模控制系统的控制效果,分别对 PID 控制、传统滑模控制及本书的自适应滑模控制系统进行仿真。其控制结构见图 4-3。

仿真中电机的摩擦参数为:$F_c=10\mathrm{N}$,$F_s=20\mathrm{N}$,$v_s=0.1\mathrm{m/s}$,$\sigma_0=12\mathrm{N\cdot m/rad}$,$\sigma_1=0.1\mathrm{N\cdot m/rad}$,$\sigma_2=0.1\mathrm{N\cdot m/rad}$;采用文献[100]中的方法确定的定位力模型参数为:$C=8.5\mathrm{N}$,$w_n=1\ \mathrm{rad/s}$,$\varphi=0.005\pi\ \mathrm{rad}$。

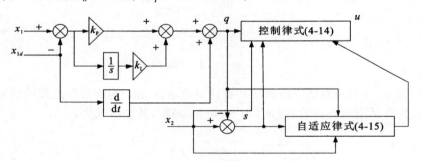

图 4-3　鲁棒自适应控制器框图

设系统期望的位置跟踪信号为:$x_{1d}=0.25\sin\left(2\pi/T_s-\dfrac{\pi}{2}\right)+0.25\ \mathrm{m}$,$T_s=4\ \mathrm{s}$

为采样时间;期望的动子速度为:$x_2=0.5\cos\left(2\pi/T_s-\dfrac{\pi}{2}\right)/T_s\ \mathrm{m/s}$;自适应滑模控制器的控制参数分别为:$k_P=8.5$,$k_I=0.01$,$\varepsilon=1000$,$k=500$。$\gamma_1=\gamma_2=500$,仿真结果如图 4-4～图 4-9 所示。

由图 4-4 和图 4-5 可知,三种控制策略中,由于系统中非线性摩擦和定位力等因素的存在,PID 控制存在较大的位置误差;传统滑模控制能够在一定程度上减小其跟踪误差,但是存在较大的波动;本书所提出的自适应滑模控制能够快速地收敛到系统期望的位置指令,且具有很好的稳定性能和对参数的鲁棒性能。

从图 4-6 和图 4-7 可以看出,传统滑模控制为了提高系统的鲁棒性和响应能力,

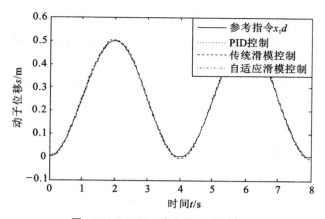

图 4-4 PMLSM 动子位置响应曲线

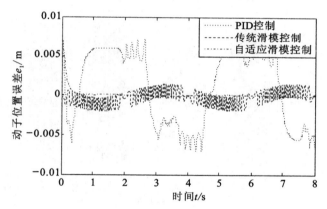

图 4-5 PMLSM 位置跟踪误差曲线

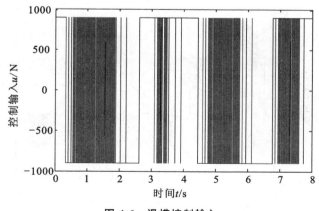

图 4-6 滑模控制输入

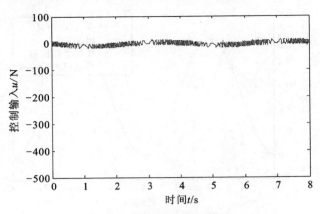

图 4-7　自适应滑模控制输入

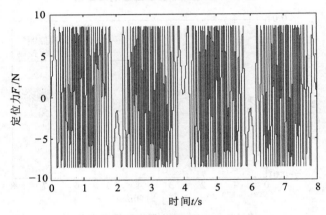

图 4-8　定位力曲线

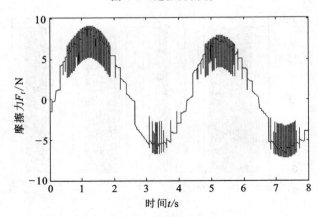

图 4-9　摩擦力曲线

需要大的控制增益,这会使控制出现饱和,在位置和速度响应曲线中表现为大的波动。自适应估计和 Sigmoid 函数的引入有效改善传统滑模控制带来的这些不利影响,实现系统的高性能跟踪控制。定位力和摩擦力如图 4-8 和图 4-9 所示,定位力为一种周期波动力,摩擦力存在明显的迟滞现象和复杂的非线性特性。

4.5　本章小结

　　本章首先通过对直线电机伺服系统中的摩擦力及定位力等不确定因素进行分析,结合自适应技术和滑模理论,设计出一种具有强鲁棒性的高精度定位控制策略。该策略通过参数的自适应辨识和 Sigmoid 函数的引入,改善了传统滑模控制中固有的抖振现象,有效地克服了参数的不确定性和外部扰动对系统性能的影响,实现了直线电机的高精度位置跟踪控制。最后,通过仿真实例,对该方法与 PID 控制和传统滑模控制进行比较,验证了本书方法的有效性。

5 永磁同步直线电机的
直接推力控制

5.1 引　言

　　直接推力控制是直接转矩控制在永磁同步直线电机应用中的延伸,是继矢量控制之后一种最重要的控制方式。自该控制方式被提出以来,已经在异步电动机、永磁同步电动机、电励磁式同步电动机、异步发电机、无刷直流电动机、开关磁阻电动机等驱动系统中得到广大学者的广泛关注和研究。

　　与矢量控制相比,直接推力控制具有一些无法比拟的优点。首先,直接推力控制没有电流环,以电磁推力和磁链为控制目标,以空间电压矢量为控制手段,有效地消除了电流环时间常数对系统快速响应性能的影响;其次,直接推力控制系统的设计思想是逆变器和电机的一体化设计,而初期的矢量控制没有考虑逆变器的影响,在具体实现时,矢量控制系统的性能受到逆变器断续控制的影响;最后,直接推力控制对电机参数的依赖程度小,不需要进行旋转坐标和静止坐标之间的转换,且有利于无传感器技术的实现。

　　与此同时,直接推力控制也存在一些不足,限制了它在实际中的应用和推广。一方面,虽然直接推力控制系统具有良好的动态性能,但是它不是对电流直接控制,会产生较大的电流脉动,特别是在启动时,会产生较大的冲击电流。如果电机定子的电感很小,电流冲击甚至会使电机无法启动。另一方面,直接推力控制中的两个滞环使定子磁链和电磁推力的控制在理论上都是不准确的,都有一个误差带,从而导致该系统存在较大的电流、推力和磁链脉动。这种脉动不仅表现在动态时,而且在稳态时,定子磁链和电磁推力也都永远处于比较和升降之中,它们一直在给定值附近不停地波动。

因此,如何在保留直接推力控制动态响应速度快的优点的同时,降低系统中存在的推力、磁链和电流脉动成为本章研究的重点。本章将反步技术和空间电压矢量调制技术相结合,将速度、推力和磁链环节综合考虑,提出一种一体化直接推力控制策略,在减小系统推力、磁链和电流脉动的同时,保证系统具有良好的鲁棒性。

本章先介绍传统直接推力控制的基本原理及其相关技术,再通过仿真说明传统控制中存在的问题;然后,根据直线电机的数学模型,依据反步控制方法,详细给出反步直接推力控制器的设计过程,并通过仿真实验来验证所提出的控制策略的优越性。

5.2　传统直接推力控制

5.2.1　直接推力控制基本原理

设定子磁链 ψ_s 与永磁体磁链(d 轴)夹角为 δ,该角称为推力角(类似直接转矩控制中的转矩角),见图 5-1。

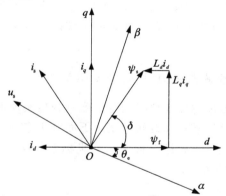

图 5-1　定子磁链在 dq 坐标系中对应关系

$$\begin{cases} \psi_d = |\psi_s| \cos\delta \\ \psi_q = |\psi_s| \sin\delta \end{cases} \tag{5-1}$$

由式(5-1)和 2.2 节中直线电机的数学模型中式(2-12)可得 dq 坐标系下定子电流分量为:

$$\begin{cases} i_d = \dfrac{\psi_d - \psi_f}{L_d} = \dfrac{|\psi_s| \cos\delta - \psi_f}{L_d} \\ i_q = \dfrac{\psi_q}{L_q} = \dfrac{|\psi_s| \sin\delta}{L_d} \end{cases} \tag{5-2}$$

将式(5-1)和式(5-2)代入推力表达式(2-18)得：

$$F_e = \frac{3}{2} n_p \frac{\pi}{\tau} (\psi_d i_q - \psi_q i_d) = \frac{3}{2} \cdot \frac{\pi}{\tau} \frac{n_p}{L_d} |\psi_s| \psi_f \sin\delta + \frac{3}{4} \cdot \frac{\pi}{\tau} n_p |\psi_s|^2 \left(\frac{1}{L_d} - \frac{1}{L_q}\right) \sin 2\delta$$

$$(5-3)$$

式(5-3)中前一项是由定子磁场和动子磁场通过气隙相互作用引起的电磁推力，后一项为电动机 d 轴、q 轴磁路不对称引起的磁阻力。

对于隐极式 PMLSM 来说，由于磁路沿径向各向对称，则 $L_d = L_q = L_s$，所以其产生的磁阻力为零，推力可简化为：

$$F_e = \frac{3}{2} \cdot \frac{\pi}{\tau} \cdot \frac{n_p}{L_d} |\psi_s| \psi_f \sin\delta \qquad (5-4)$$

由式(5-4)可知，在保证定子磁链幅值 $|\psi_s|$ 不变的情况下，由于永磁体磁链 ψ_f 为恒值，当推力角 δ 在 $\left[-\frac{\pi}{2}, \frac{\pi}{2}\right]$ 范围内变化时，电磁推力与推力角具有相同的变化趋势，即可以利用 δ 的变化来实现电磁推力的控制，这就是直接推力控制的基本原理。

推力角 δ 是定子磁链与永磁体磁链之间的夹角，永磁体磁链是恒定不变的，且随着 dq 坐标系一起旋转，因此可以通过改变定子磁链矢量的旋转速度间接实现电磁推力的控制。

5.2.1.1 定子磁链与电压矢量的关系

由前可知，直接推力控制可通过控制定子磁链间接实现电磁推力的控制，对定子磁链的控制包括磁链幅值、方向和旋转速度。下面分析定子磁链与电压矢量的关系。

为了便于分析，建立定子磁链坐标系(xy 坐标系)，图 5-2 给出了定子磁链与电压矢量在 xy 坐标系下的关系。

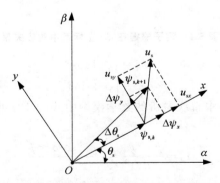

图 5-2　定子磁链在 xy 坐标系中对应关系

根据电机学理论,合成电压矢量 u_s 与磁场磁链矢量 ψ_s 的关系满足:

$$u_s = R_s i_s + p\psi_s \tag{5-5}$$

式中,u_s 为直线电机的电压矢量;ψ_s 为磁链矢量;i_s 为电流矢量;R_s 为定子电阻。

忽略定子电阻的影响,可得:

$$u_s \approx p\psi_s \tag{5-6}$$

由式(5-6)可知,定子磁链矢量端点的运动方向与端电压矢量方向完全一致,因此,通过对电压矢量的控制就可以实现对定子磁链矢量的控制。

在图 5-2 中,$\psi_{s,k}$ 为 k 时刻定子磁链矢量,θ_s 为 k 时刻定子磁链(在静止 $\alpha\beta$ 坐标系中)的位置,$\psi_{s,k+1}$ 为电压矢量 u_s 作用一个周期 T_s 得到的 $k+1$ 时刻定子磁链矢量,$\Delta\psi_x$、$\Delta\psi_y$ 和 u_{sx}、u_{sy} 分别为定子磁链矢量和电压矢量在 xy 坐标系下的分量,$\Delta\theta_s$ 为一个周期内定子磁链转过的角度。从图 5-2 中可以看出,通过控制 u_{sx}、u_{sy} 的大小可以分别实现对定子磁链幅值和旋转的控制。

在一个周期内,定子磁链幅值的均值为:

$$\bar{V}_{\psi x} = \frac{\Delta\psi_x}{T_s} = u_{sx} \tag{5-7}$$

在一个周期内,定子磁链旋转的平均速度为:

$$\bar{V}_{\psi y} = \frac{\Delta\psi_y}{T_s} = u_{sy} \tag{5-8}$$

如果控制周期很短,即 $\Delta\theta_s \approx \sin\theta_s$,在一个控制周期内定子磁链矢量旋转的平均电角速度为:

$$\omega_s = \frac{\Delta\theta_s}{T_s} \approx \frac{\Delta\psi_y}{|\psi_{s,k+1}|} \cdot \frac{1}{T_s} = \frac{u_{sy}}{|\psi_{s,k+1}|} \tag{5-9}$$

在直接推力控制中需保证定子磁链幅值恒定,即任意时刻的磁链幅值相等,$|\psi_{s,k}| = |\psi_s^*| =$ 常值,则定子磁链矢量的电角速度可简化为:

$$\omega_s \approx \frac{u_{sy}}{|\psi_s^*|} \tag{5-10}$$

5.2.1.2 电压矢量与电磁推力的关系

在一个控制周期 T_s 内,推力角的变化满足下面的表达式:

$$\Delta\delta = \Delta\theta_s - \Delta\theta_r \approx \pm \left|\frac{u_{sy}}{\psi_s^*}\right| T_s - w_r T_s \tag{5-11}$$

式中,$\Delta\theta_r$ 为永磁体磁链由 k 时刻到 $k+1$ 时刻转过的角度。

从式(5-11)可以看出,推力角的变化由 y 轴电压矢量作用下定子磁链转过的电角度与永磁体磁链转过的电角度之差表示。而永磁体固定在动子上,电机的机械时间常数远大于其电气时间常数,故可认为在很短的控制周期 T_s 内,永磁体磁链的速度是不变的。

因此,在定子磁链幅值恒定的情况下,推力角的变化与 y 轴电压矢量呈近似线性化关系,通过选择合适的电压矢量就可以实现电磁推力的控制。

5.2.2 直接推力控制调速系统组成

PMLSM 直接推力控制调速系统如图 5-3 所示。

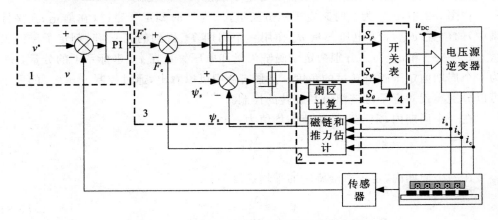

图 5-3 PMLSM 直接推力控制调速系统框图

由图 5-3 可知,该系统主要由 4 个模块组成。

(1)速度调节模块:主要实现对速度的调节,其输出为推力控制的给定推力。

(2)推力和磁链估计及扇区判断模块:根据直线电机的磁链方程式(2-14)和电磁推力表达式(2-17)来实现磁链及电磁推力的估计,并根据估计的磁链值判断其扇区信息,为在开关表中正确选择逆变器所需的开关电压奠定基础,将在后文详述。

(3)推力和磁链控制模块:传统直接推力控制采用滞环调节,根据给定推力和磁链值与实际值之间的差值,产生选择电压矢量开关信号所需要的推力和磁链变化信息。

(4)开关表模块:根据推力和磁链控制提供的推力、磁链和扇区信息来正确选择系统所需的电压开关信号,以驱动逆变器给电机输送电压。

此外,有关电压逆变器的数学模型及输出的空间电压矢量已在 2.4.3 节中给出,这里不再赘述。

5.2.2.1 扇区划分与电压矢量选择原则

扇区的划分是进行电压矢量选择的基础,图 5-4 给出了定子磁链矢量在平面空间的各个扇形区域,每个扇形区域均为 60°。

以逆时针运行的直线电机为例,定子磁链作用在扇区 Ⅰ 内,来说明电压矢量的选择原则。在扇区 Ⅰ 内,能够增加定子磁链幅值的电压矢量为 U_1、U_2 和 U_6,使定子磁链幅值减小的电压矢量为 U_3、U_4 和 U_5。当选择电压矢量 U_1 或 U_4 时,定子磁链相位角 θ_s 的变化不是单调增加或减少的,譬如在图示位置,在 U_1 作用下,θ_s 先减小后增大,当定子磁链 ψ_s 与 α 轴重合时,θ_s 为零,达到最小。而定子磁链相位角的变化与推力角变化密切相关,从而难以确定推力的变化,不利于推力的控制。因此,在该区域内,用 U_2 和 U_3 的合矢量来增加电磁推力,利用 U_5 和 U_6 的合矢量来减小电磁推力,这就确定了电压矢量与电磁推力和磁链的对应关系。其余扇区的分析方法与扇区 Ⅰ 相同,此处不再赘述。

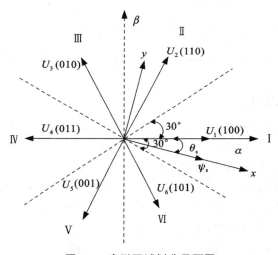

图 5-4　扇形区域划分平面图

5.2.2.2　开关表矢量选择

前文对各扇区内空间电压矢量的选择原则进行了分析,本节将根据上述原则以及磁链和推力的滞环调节信号来确定开关表。

设滞环调节中磁链和推力的容许误差分别为 ε_ψ 和 ε_F。根据两点式滞环调节器的工作原理,磁链和推力控制输出信号可分别表示为:

$$S_\psi = \begin{cases} 1, & \psi_s^* - \psi_s \geqslant \varepsilon_\psi \\ 0, & \psi_s^* - \psi_s \leqslant -\varepsilon_\psi \\ \text{保持不变,} & \text{其他} \end{cases} \tag{5-12}$$

$$S_F = \begin{cases} 1, & \psi_F^* - \psi_F \geqslant \varepsilon_F \\ 0, & \psi_F^* - \psi_F \leqslant -\varepsilon_F \\ \text{保持不变}, & \text{其他} \end{cases} \tag{5-13}$$

根据定子磁链所在的扇区以及推力和磁链滞环控制输出信号就可以得到一种开关电压矢量选择的可行方案，即电压矢量开关表，见表5-1。

表 5-1   **电压矢量选择的开关表**

S_ψ	S_F	扇区号 S_θ					
		I	II	III	IV	V	VI
0	0	$U_5(001)$	$U_6(101)$	$U_1(100)$	$U_2(110)$	$U_3(010)$	$U_4(011)$
	1	$U_3(010)$	$U_4(011)$	$U_5(001)$	$U_6(101)$	$U_1(100)$	$U_2(110)$
1	0	$U_6(101)$	$U_1(100)$	$U_2(110)$	$U_3(010)$	$U_4(011)$	$U_5(001)$
	1	$U_2(110)$	$U_3(010)$	$U_4(011)$	$U_5(001)$	$U_6(101)$	$U_1(100)$

5.2.3   数值仿真

PMLSM 的参数与 2.4.4 节中的相同，下文对直接推力控制直线电机在不同工况下进行仿真，并分析其特性。

（1）系统空载启动、加速到稳定运行。

在实现电机伺服系统中，由于直线电机会受到非线性摩擦、推力波动等非线性不确定因素的影响，为了满足实际情况的需要，此处空载情况实际上是将摩擦力和推力波动等效为 200N 的外部负载，系统的负载推力为 0。

仿真中，速度环采用 PI 控制，磁链和推力的容许误差分别设为 $\varepsilon_\psi = 0.01\text{Wb}$，$\varepsilon_F = 20\text{N}$，其定子磁链、动子速度、电磁推力和定子电流的响应曲线如图 5-5 所示。

从图 5-5 可以看出，动态过程中速度响应为一条倾斜的直线，这说明电机是以最大推力启动的，这在推力曲线中也得到了证明。当动子速度达到指定速度 1m/s 后，电磁推力等于等效负载推力 200N，并且稳定在此值，此时定子磁链始终为圆形。

（2）系统空载启动、稳定后突加负载。

在模型负载推力的输入端加入一个阶跃信号：初值为等效负载 200N，在 0.05s 时突变为 400N。此种情况用于了解直接推力控制的抗扰动性能。

从图 5-6 可以看出，在 $t = 0.012$s 时，动子速度达到并稳定在 1m/s，同时电磁推力也稳定在 200N；当 $t = 0.05$s 时突加负载，速度有一定程度的降低，电磁推力很快由 200N 变为 500N，平稳了负载推力。由电磁推力响应曲线可知，系统具有较好的抗扰动能力。

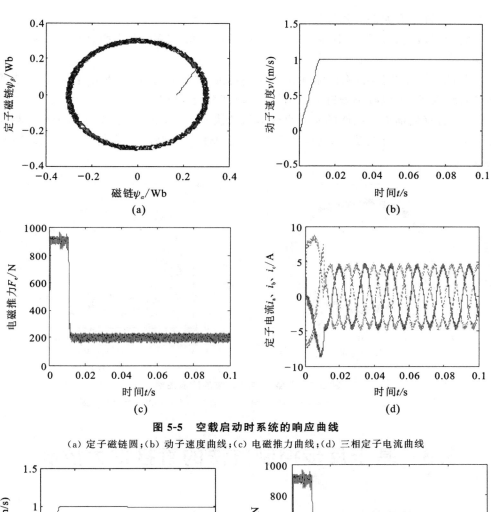

图 5-5 空载启动时系统的响应曲线

（a）定子磁链圆；（b）动子速度曲线；（c）电磁推力曲线；（d）三相定子电流曲线

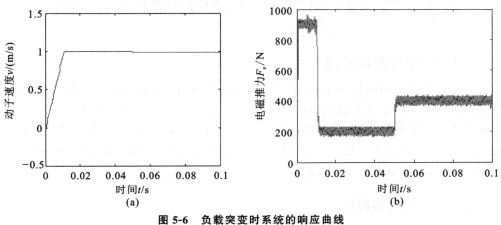

图 5-6 负载突变时系统的响应曲线

（a）动子速度曲线；（b）电磁推力曲线

(3)磁链容许误差对系统性能的影响。

将定子磁链容许误差分别设置为 0.02Wb 和 0.06Wb 来说明其对系统性能的影响。

从图 5-7 可以看出,磁链滞环容许误差越大,磁链的幅值波动也越大,合理选择磁链容许误差,可以减小磁链的幅值波动,提高系统的性能。

总之,直接推力控制能够实现直线电机的快速响应,但是该控制策略中存在较大的推力、电流和磁链波动,如何改善系统的波动性能成为直接推力控制研究的核心问题。

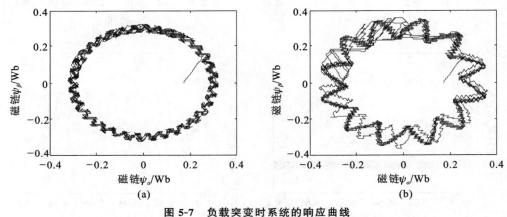

图 5-7 负载突变时系统的响应曲线

(a)容许误差为 0.02Wb 时的磁链圆;(b)容许误差为 0.06Wb 时的磁链圆

5.3 基于反步控制方法的直接推力控制

5.3.1 反步控制方法

反步控制方法(Backstepping 法)由 Ioannis Kanellakopoulos 于 1991 年首次提出。该方法是一种非常有效的设计方法,尤其对于复杂的非线性系统来说,首先将其分解为多个简单的子系统,再逐级对各个子系统进行设计,从而求得整个系统的控制律。Lyapunov 稳定理论在该方法中起着极其重要的作用,它能够保证每个子系统是指数稳定的,而且对整个系统来说也是稳定的。

5.3.2 控制器设计

由 2.2.3 节可知,PMLSM 的数学模型可重新表示为:

$$\begin{bmatrix} \dot{i}_\alpha \\ \dot{i}_\beta \end{bmatrix} = \frac{1}{L_s}\begin{bmatrix} u_\alpha \\ u_\beta \end{bmatrix} - \frac{1}{L_s}\begin{bmatrix} R_s & 0 \\ 0 & R_s \end{bmatrix}\begin{bmatrix} i_\alpha \\ i_\beta \end{bmatrix} - \frac{1}{L_s}\begin{bmatrix} E_\alpha \\ E_\beta \end{bmatrix} \tag{5-14}$$

$$\boldsymbol{E} = \begin{bmatrix} E_\alpha \\ E_\beta \end{bmatrix} = \begin{bmatrix} -\dfrac{\pi}{\tau}v\psi_f\sin(n_p\theta_m) \\ \dfrac{\pi}{\tau}v\psi_f\cos(n_p\theta_m) \end{bmatrix} \tag{5-15}$$

$$\begin{bmatrix} \dot{\psi}_\alpha \\ \dot{\psi}_\beta \end{bmatrix} = \begin{bmatrix} u_\alpha \\ u_\beta \end{bmatrix} - \begin{bmatrix} R_s & 0 \\ 0 & R_s \end{bmatrix}\begin{bmatrix} i_\alpha \\ i_\beta \end{bmatrix} \tag{5-16}$$

$$F_e = \frac{3}{2}n_p\frac{\pi}{\tau}(\psi_\alpha i_\beta - \psi_\beta i_\alpha) \tag{5-17}$$

$$\lambda = \psi_\alpha^2 + \psi_\beta^2 \tag{5-18}$$

$$F_e = M_n\dot{v} + B_nv + F_w \tag{5-19}$$

式中，$\boldsymbol{E}$ 为电机的反电动势；λ 为定子磁链幅值的平方；$F_w = F_r + F_d + F_f$ 为系统等效干扰；其他参数含义与 2.2.3 节相同。

（1）速度控制器设计。

设期望的动子速度为 v^*，则动子误差为：

$$e_v = v^* - v \tag{5-20}$$

则系统的速度动态方程可表示为：

$$M_n\dot{e}_v = M_n\dot{v}^* - M_nv = M_n\dot{v}^* + B_nv + F_w - F_e \tag{5-21}$$

定义 Lyapunov 函数 $V_1 = \dfrac{1}{2}M_ne_v^2$，并对 V_1 沿系统式（5-21）的轨迹求导，可得：

$$\dot{V}_1 = M_n\dot{e}_v e_v = (M_n\dot{v}^* - M_nv)e_v = (M_n\dot{v}^* + B_nv + F_w - F_e)e_v \tag{5-22}$$

根据 Lyapunov 稳定理论，能够实现系统速度跟踪的一种控制器设计形式为：

$$\begin{cases} \lambda^* = \lambda_{ref} \\ F_e^* = B_nv + F_w + k_ve_v + \dot{v}^* \end{cases} \tag{5-23}$$

式中，λ_{ref} 为期望的定子磁链幅值的平方；$k_v > 0$ 为速度反馈增益。

把式（5-23）代入系统式（5-22），可得 $\dot{V}_1 = -k_ve_v^2 \leqslant 0$，系统渐进稳定。

但是，应注意到控制器式（5-23）中含不确定性扰动 F_w，将在后文进行自适应估计。期望的控制输入可重新写作：

$$\begin{cases} \lambda^* = \lambda_{ref} \\ F_e^* = B_nv + \hat{F}_w + k_ve_v + \dot{v}^* \end{cases} \tag{5-24}$$

式中，$\hat{F}_w$ 为等效干扰的估计值，其估计误差记为 $\widetilde{F}_w = F_w - \hat{F}_w$。此时电机的速度动态误差方程可表示为：

$$M_n\dot{e}_v = -k_ve_v + \widetilde{F}_w \tag{5-25}$$

（2）推力和磁链控制器设计。

定义推力和磁链误差为：

$$\underline{E} = \begin{bmatrix} e_F \\ e_\lambda \end{bmatrix} = \begin{bmatrix} F_e^* - F_e \\ \lambda^* - \lambda \end{bmatrix} \tag{5-26}$$

对式（5-26）求导可得：

$$\underline{\dot{E}} = \begin{bmatrix} \dot{e}_F \\ \dot{e}_\lambda \end{bmatrix} = \begin{bmatrix} \dot{F}_e^* - \dot{F}_e \\ \dot{\lambda}^* - \dot{\lambda} \end{bmatrix} = \begin{bmatrix} \dot{F}_e^* - \dot{F}_e \\ -\dot{\lambda} \end{bmatrix} \tag{5-27}$$

把式（5-14）、式（5-16）～式（5-18）和式（5-24）代入式（5-27），可求得：

$$\underline{\dot{E}} = \underline{F} + \underline{D} \cdot \underline{u} \tag{5-28}$$

式中，$\underline{u} = \begin{bmatrix} u_\alpha & u_\beta \end{bmatrix}^T$ 为控制输入电压，并且

$$\underline{D} = \begin{bmatrix} \dfrac{3}{2} n_p \left(\dfrac{\lambda_\beta}{L_d} - i_\beta \right) & \dfrac{3}{2} n_p \left(-\dfrac{\lambda_\alpha}{L_d} + i_\alpha \right) \\ -2\lambda_\alpha & -2\lambda_\beta \end{bmatrix} \tag{5-29}$$

$$\underline{F} = \begin{bmatrix} F_1 \\ F_2 \end{bmatrix} = \begin{bmatrix} k_v (B_n - k_v) e_v + \dfrac{3}{2} \dfrac{n_p}{L_d} [\lambda_\alpha (R_s i_\beta + e_\beta) + \lambda_\beta (R_s i_\alpha + e_\alpha)] \\ 2 R_s (\lambda_\alpha i_\alpha + \lambda_\beta i_\beta) \end{bmatrix} \tag{5-30}$$

定义 Lyapunov 函数 $V = V_1 + \dfrac{1}{2} \underline{E}^T \underline{E} + \dfrac{1}{2\gamma} \widetilde{F}^2$，且对 V 沿式（5-28）求导，可得：

$$\dot{V} = \dot{V}_1 + \underline{E}^T \underline{\dot{E}} - \dfrac{1}{\gamma} \dot{\widetilde{F}}_w \widetilde{F}_w \tag{5-31}$$

$$= e_v (-k_v e_v + \widetilde{F}_w) + \underline{E}^T (\underline{F} + \underline{B} \cdot \underline{u}) - \dfrac{1}{\gamma} \dot{\widetilde{F}}_w \widetilde{F}_w$$

为了保证 $\dot{V} \leqslant 0$，选择控制律如下：

$$\underline{u} = -\underline{D}^{-1} [\underline{F} + \underline{K} \underline{E}] \tag{5-32}$$

式中，$\underline{K} = \text{diag}\{k_F, k_\lambda\}$ 为推力和磁链控制器的反馈矩阵，且 $k_F > 0, k_\lambda > 0$。系统扰动的自适应律为：

$$\dot{\widetilde{F}} = \gamma (k_v - B_n - e_v) \tag{5-33}$$

把系统的控制律式（5-32）和自适应律式（5-33）代入式（5-31），可求得：

$$\dot{V}_1 = -k_v e_v^2 - k_F e_F^2 - k_\lambda e_\lambda^2 \leqslant 0$$

根据 Lyapunov 稳定理论可知：采用控制律式（5-24）、式（5-32）和自适应律式（5-33）可使闭环控制系统全局一致稳定。

5.3.3 仿真与分析

为了验证本书所提控制策略的有效性,本节将分三种情况对传统直接推力控制(PI 速度调节及推力和磁链的滞环调节)和本书所提策略进行比较。电机的参数与5.2.3 节相同,此处不再赘述。图 5-8 给出了本书所提自适应反步直接推力控制的控制系统结构图。

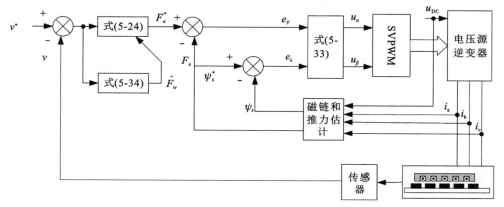

图 5-8   基于反步法的直线电机直接推力控制系统

(1)情况 1:恒速恒负载。

此种情况是为了比较两种控制策略的稳态性能。期望的动子移动速度 $v^* = 0.1\text{m/s}$,等效负载 $F_w = 200\text{N}$,仿真结果如图 5-9 所示。由图 5-9 可以看出,通过适当选择控制器的增益,两种方法都能获得很好的速度响应性能,但是传统直接推力控制具有明显的推力、磁链和电流脉动,而本书方法可以有效降低系统中的脉动,改善系统性能。

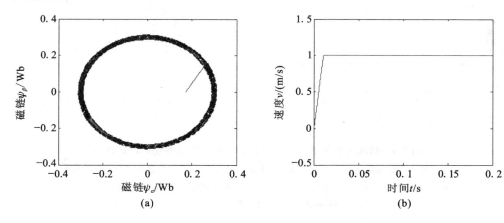

(a)   (b)

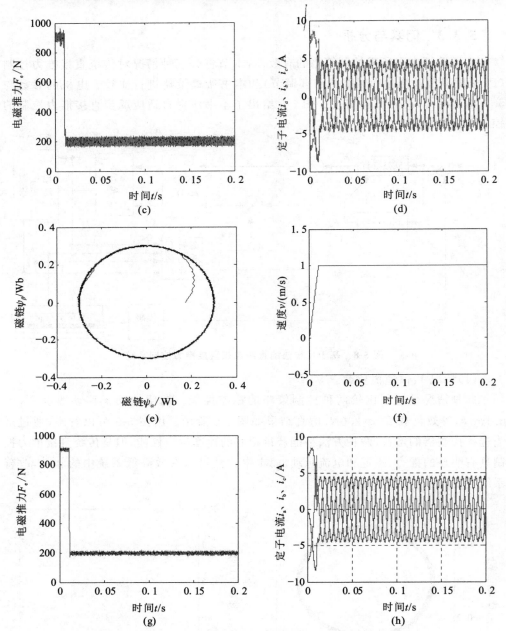

图 5-9　情况 1 时传统直接推力控制与本书方法系统的响应曲线

（a）传统直接推力控制磁链圆；（b）传统直接推力控制速度曲线；（c）传统直接推力控制电磁推力曲线；

（d）传统直接推力控制三相定子电流曲线；（e）本书方法的磁链圆；（f）本书方法的速度曲线；

（g）本文方法的电磁推力曲线；（h）本书方法的三相定子电流曲线

(2)情况 2:恒速变负载。

此种情况是为了比较两种控制策略抗负载扰动的鲁棒性。在 $0 \leqslant t < 0.05s$ 时，系统的等效负载 $F_w = 200N$；当 $0.05s \leqslant t < 0.15s$ 时，$F_w = 800N$；当 $t > 0.15s$ 时，$F_w = 0$，仿真结果如图 5-10 所示。从图 5-10 中可以看出，当 0.05s 时，系统负载由 200N 变为 800N，传统直接推力控制速度由 1m/s 变为 0.97m/s，且要经过很长时间才能恢复到指定的速度，而本书方法的速度只出现了微小的波动就快速恢复到指定速度。

(3)情况 3:变参数。

此种情况是为了比较两种控制策略对系统不确定参数的鲁棒性。动子质量分别为 M_n、$2M_n$ 和 $4M_n$ 时，两种方案的仿真结果如图 5-11 所示。从图 5-11 中可以看出，随着动子质量的增加，两种方案的动态响应速度均变慢，但是传统直接推力控制会产生静态误差，且其误差随着质量的增加而增大，而本书方法仍能保证系统的速度跟踪精度，因此，本书方法具有很强的抗参数扰动能力。

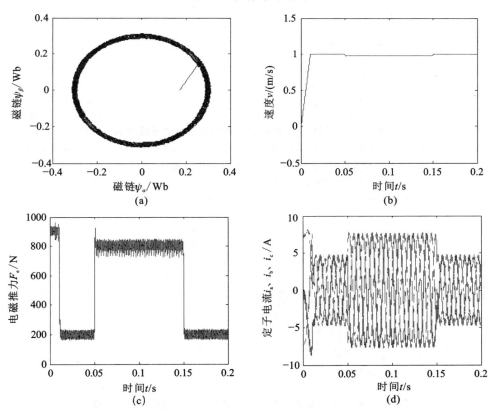

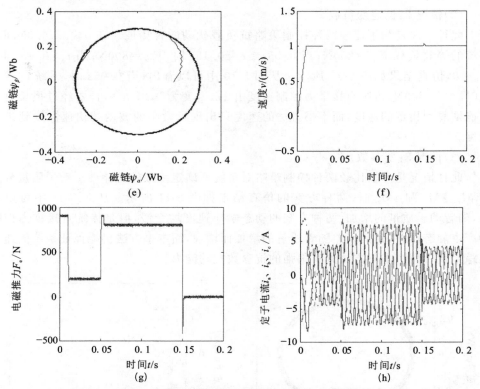

图 5-10　情况 2 时传统直接推力控制与本书方法系统的响应曲线

（a）传统直接推力控制磁链圆；（b）传统直接推力控制速度曲线；（c）传统直接推力控制电磁推力曲线；
（d）传统直接推力控制三相定子电流曲线；（e）本书方法的磁链圆；（f）本书方法的速度曲线；
（g）本书方法的电磁推力曲线；（h）本书方法的三相定子电流曲线

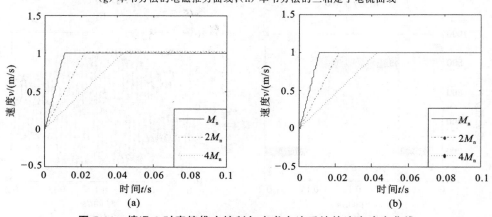

图 5-11　情况 3 时直接推力控制与本书方法系统的速度响应曲线

（a）质量变化时传统直接推力控制的速度曲线；（b）质量变化时本书方法的速度曲线

5.4　本 章 小 结

　　本章首先介绍了传统直接推力控制的原理、电压与定子磁链及电磁推力的关系、电压矢量的选择原则等,给出了传统直接推力控制系统的结构及仿真效果,并对其进行分析,指出传统直接推力控制存在的问题。其次,针对传统直接推力控制的推力和磁链波动大的问题,提出了一种将速度环、推力和磁链环进行一体化设计的反步控制策略。该策略将直线电机分为机械子系统和电气子系统,先针对机械子系统进行速度调节器设计,求得期望的虚拟电磁推力,然后根据推力和磁链误差求得逆变器所需的控制电压。最后,通过与传统直接推力控制进行仿真对比,验证了本书所提的控制策略不仅有效地改善了传统直接推力控制中的磁链和推力波动,还对系统的外部扰动及系统参数的不确定性具有很强的鲁棒性,为直接推力控制在实际中的应用奠定理论基础。

6 永磁同步电机混沌系统的
非线性控制方法

6.1 引　言

　　永磁同步直线电机可以看成是由永磁同步旋转电机沿其径向切割并展开得到的,它具有与永磁同步旋转电机一致的数学模型。这两种电机是高性能伺服系统中应用最为广泛的驱动部件。近年来,永磁同步电机伺服系统的稳定性和可靠性成为其应用于工业自动化生产中的一个关键问题,本章即研究永磁同步电机的非线性特性及其控制方法。

　　随着非线性控制理论的发展,出现了大量的混沌控制方法。目前,用于永磁同步电机混沌系统的主要方法有纳入轨道和强迫迁徙控制、解耦控制、反馈控制、无源控制、自适应控制、滑模控制、动态面控制和模糊控制等。前四种方法均依赖于系统的数学模型,当系统存在不确定参数时,系统的动态性能就无法得到保证,甚至可能失控;自适应控制需要引入参数自适应机制,这将增加系统开支,降低系统的响应能力;滑模控制虽然对系统具有很强的鲁棒性,但这需要其不确定性满足一定的参数匹配条件,且其存在固有的抖振现象;动态面控制的设计过程过于复杂,难以应用;模糊控制是建立在系统模型 T-S 模糊化的基础之上的。文献[89]提出的模糊反馈控制系统稳定的时间较长,有待进一步改善;文献[92]将最优理论与模糊控制相结合,提出了模糊最优保代价控制,虽然能够保证系统具有强鲁棒性,但是其设计过程过于复杂。

　　本章首先对永磁同步电机的混沌特性进行分析,在此基础上,针对含有参数不确定性的永磁同步电机,以有限时间稳定控制理论和控制 Lyapunov 稳定理论为基础,提出两种抑制其混沌行为的控制方法;并考虑系统同时存在参数不确定性和外部扰动的情况,基于时延观测器,提出了一种新型的混沌控制策略。

6.2 永磁同步电机的混沌特性分析

混沌运动是非线性动力系统特有的一种运动形式,它广泛存在于自然界中,如物理学、化学、经济学、生物学、气象学、技术科学以及电子科学等各种学科领域。混沌是指不需要附加任何随机因素的确定性非线性系统亦可出现的类似随机的行为,其最大特点为系统的演化对初始条件十分敏感,从长期意义上来说,系统的未来行为是不可预测的。对于强耦合的复杂非线性永磁同步电机来说,深入研究其非线性动力学特性,对于了解其本质特性、提高系统的稳定性和可靠性都是至关重要的。

6.2.1 永磁同步电机的混沌模型

6.2.1.1 单时标变换下的数学模型

永磁同步电机在 dq 坐标系下的数学模型可表示为:

$$\begin{cases} pi_d = (u_d - R_s i_d + w L_q i_q)/L_d \\ pi_q = (u_q - R_s i_q + w L_d i_d)/L_q \\ pw = \left[\dfrac{3}{2} n_p^2 \psi_f i_q + \dfrac{3}{2} n_p^2 (L_q - L_q) i_d i_q - n_p T_L - D_n w \right]/J \end{cases} \quad (6\text{-}1)$$

式中, u_d、u_q、i_d、i_q、L_d 和 L_q 分别为 d 轴、q 轴的电压、电流和电感;R_s 为定子电阻;J 为电机有效的转动惯量;D_n 为黏性摩擦系数;T_L 为外部负载;ψ_f 为永磁体磁链;n_p 为极对数。

对式(6-1)进行如下单时标时间尺度变换和线性放射性变换:

$$t = \tau \tilde{t} , \quad x = \lambda \tilde{x} \quad (6\text{-}2)$$

永磁同步电机的模型可写为:

$$\begin{cases} \tilde{p} \tilde{i}_d = -b \tilde{i}_d + \tilde{w} \tilde{i}_q + \tilde{u}_d \\ \tilde{p} \tilde{i}_q = \tilde{i}_q - \tilde{w} \tilde{i}_d - \gamma \tilde{w} + \tilde{u}_q \\ \tilde{p} \tilde{w} = \sigma(i_q - \tilde{w}) + \varepsilon \tilde{i}_d \tilde{i}_q - \tilde{T}_L \end{cases} \quad (6\text{-}3)$$

式中, $\tau = L_q/R_s$, $\boldsymbol{x} = [i_d, i_q, w]^T$, $\tilde{\boldsymbol{x}} = [\tilde{i}_d, \tilde{i}_q, \tilde{w}]^T$, $\lambda = \mathrm{diag}(\lambda_d, \lambda_q, \lambda_w) = \mathrm{diag}\left(bk, k, \dfrac{1}{\tau}\right)$, $b = L_q/L_d$, $k = 2D_n/(3n_p^2 \tau \psi_f)$, $\gamma = -\psi_f/(kL_q)$, $\sigma = D_n \tau/J$, $\varepsilon = \dfrac{3}{2} n_p^2 \tau^2 k^2 (L_d - L_q)/J$, $\tilde{u}_d = u_d/(R_s k)$, $\tilde{T}_L = \tau^2 T_L/J$, $\tilde{p} = \mathrm{d}/\mathrm{d}\tilde{t}$。

对于均匀气隙永磁同步电机来说, $L_d = L_q = L_s$,此时电机模型可简化为:

$$\begin{cases} \tilde{p}\tilde{i}_d = -\tilde{i}_d + \tilde{w}\tilde{i}_q + \tilde{u}_d \\ \tilde{p}\tilde{i}_q = \tilde{i}_q - \tilde{w}\tilde{i}_d + \gamma\tilde{w} + \tilde{u}_q \\ \tilde{p}\tilde{w} = \sigma(i_q - \tilde{w}) - \tilde{T}_L \end{cases} \tag{6-4}$$

从式(6-4)可以看出,当 $\tilde{u}_d = \tilde{u}_q = \tilde{T}_L = 0$ 时,永磁同步电机混沌模型与注明的 Lorenz 混沌模型具有相同的结构形式,即:

$$\begin{cases} \tilde{p}\tilde{i}_d = -\tilde{i}_d + \tilde{w}\tilde{i}_q \\ \tilde{p}\tilde{i}_q = \tilde{i}_q - \tilde{w}\tilde{i}_d + \gamma\tilde{w} \\ \tilde{p}\tilde{w} = \sigma(i_q - \tilde{w}) \end{cases} \tag{6-5}$$

为了方便以后控制器设计,电机模型中的变量 $(\tilde{i}_d, \tilde{i}_q, \tilde{w})$ 仍记为 (i_d, i_q, w),如不作特殊说明,后面的变量均为变换后的对应量。

6.2.1.2 三时标变换下的数学模型

文献[75]采用三个时标对模型式(6-1)进行坐标变换,可求得:

$$\begin{cases} \tau_1 p x_1 = x_2 x_3 - x_1 + v_d \\ \tau_2 p x_2 = -x_1 x_3 - x_2 - x_3 + v_q \\ \tau_3 p x_3 = a x_1 x_2 + b x_2 - c x_2 - \tilde{T}_L \end{cases} \tag{6-6}$$

式中,$(x_1, x_2, x_3) = (i_d, i_q, w)$,$v_d$、$v_q$ 和 $\tilde{T}_L$ 分别为变换后的电压和负载;a、b、c、τ_1、τ_2 和 τ_3 分别为变换后的模型参数,其具体的变换关系为:$\tau_1 = L_d/R_s$,$\tau_2 = L_q/R_s$,$\tau_3 = JR_s/\psi_f^2$,$x_1 = L_d i_d/\psi_f$,$x_2 = L_q i_q/(\psi_f \sqrt{\delta})$,$x_3 = n_p L_q w_r/(R_s \sqrt{\delta})$,$v_d = L_d u_d/(R_s \psi_f \delta)$,$\delta = L_q/L_d$,$a = (1-\delta)n_p^2$,$b = n_p^2$,$c = R_s b/\psi_f^2$。其余各电机的参数含义同上,此处不赘述。

6.2.2 混沌的重要特征

混沌运动只能出现在非线性动力系统中,它是一种始终局限于有界区域且轨道永不重复、状态复杂的运动。对于非线性动力系统,如果其解对应的轨迹相对初始状态是指数型发散的,该极限集就是混沌的。通常,用奇异吸引子描述混沌极限集的形状。混沌运动具有确定性运动没有的几何特征和数值特征,譬如混沌吸引子、正的 Lyapunov 函数、连续功率谱等。下面针对永磁同步电机混沌系统,给出其混沌吸引子、分岔图、功率谱等重要特征,以验证系统中混沌现象的存在。对于均匀气隙永磁同步电机,系统参数如表6-1所示。

表6-1   永磁同步主要参数

电动机参数	参数值
转动惯量 $J/(\text{kg} \cdot \text{m})$	4.7×10^{-5}

续表 6-1

电动机参数	参数值
定子相电阻 R_s/Ω	0.9
电感 L_d 和 L_q/mH	14.25
极对数 n_p	1
摩擦系数 $D_n/(\mathrm{N \cdot rad/s})$	0.0162
永磁体磁链 ψ_f/Wb	0.031

根据坐标变换关系,可求得 $\sigma = 5.46$。图 6-1 给出了永磁同步电机混沌系统的几个重要特征,电机混沌系统的初始状态为 $(x_1, x_2, x_3) = (i_d, i_q, w) = (0.01, 0.01, 0.01)$, $\tilde{u}_d = \tilde{u}_q = \tilde{T}_L = 0$,这种情况相当于电机空载运行一段时间后突然断电。本书只给出了这种情形下的电机混沌特征,有关其他情形的研究可以参考文献[79]。

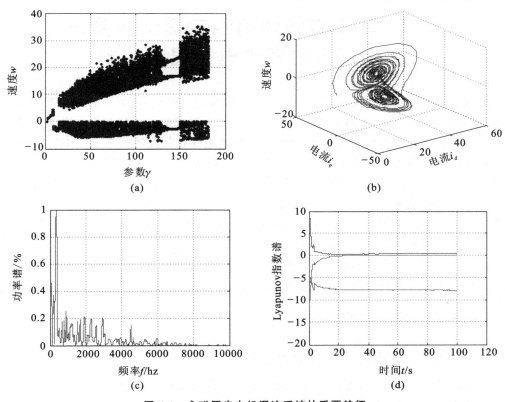

图 6-1　永磁同步电机混沌系统的重要特征

(a) 速度 w 随参数 γ 变化的分岔图;(b) 典型的混沌吸引子;(c) 速度的功率谱;(d) Lyapunov 指数谱

由图 6-1 可以看出,随着系统参数 γ 的变化,电机的速度将经历稳定—周期运动—混沌—周期运动—混沌等复杂的动态行为。图 6-1(b)～(d)给出了 $\gamma=25$ 时的典型混沌吸引子、速度的功率谱及 Lyapunov 指数谱曲线。图 6-1(b)表明永磁同步电机的运动轨迹是有界的,且从任一点出发其轨迹均不重合。图 6-1(c)显示永磁同步电机混沌系统具有宽阔而连续的功率谱,且其功率谱上有多处峰值,这可以成为判定系统混沌的主要特征。因为对于平衡点,其功率谱上的频率零处有峰值分量;对于周期行为,功率谱在其基频和倍频处有峰值分量;对于随机行为,功率谱是连续的,没有峰值。从图 6-1(d)可以看出,永磁同步电机是三维系统,其三个 Lyapunov 指数中存在正的 Lyapunov 指数,它对吸引子起支撑作用;而负的 Lyapunov 指数对应吸引子的收缩方向。稳定系统的 Lyapunov 指数全为负,将收敛于其平衡点。

当 $\gamma=25$ 时,其三个 Lyapunov 函数分别为:$L_{E1}=0.479453$,$L_{E2}=-0.024905$,$L_{E3}=-7.914548$。因此可求得其 Lyapunov 维数 $D_L=2.057432<3$。

6.3 基于有限时间稳定理论的参数不确定永磁同步电机混沌控制

现有的控制策略只保证了系统经历一定的时间达到稳定,而不能保证系统的调整时间最优,即属于非有限时间稳定控制问题。有限时间稳定控制是一种兼顾系统稳定性和快速响应性的控制方法。此外,该控制中含有分数幂次项,使其比非有限时间稳定控制具有更强的鲁棒性和抗扰动能力。该方法已经被广泛应用于航空飞行器、伺服电机系统、混沌系统及机器人系统等。文献[148]针对统一混沌系统提出了一种有限时间混沌稳定策略,但其稳定时间较长,有待进一步改善;文献[149]首次将其应用于永磁同步电机(permanent magnet synchronous motor,PMSM)混沌系统,然而该系统没有考虑系统参数不确定性的影响。

本节针对含有参数不确定的永磁同步电机混沌系统,提出一种能够使系统快速稳定到系统平衡点的有限时间稳定控制策略。

6.3.1 有限时间稳定控制

6.3.1.1 有限时间稳定的理论基础

在设计控制器之前,先给出有限时间稳定的定义及相关定理。

定义 6.1 对于如下动态不确定系统:

$$pX=f(X) \tag{6-7}$$

如果存在某一时刻 $T>0$(T 可能与初始状态的选择有关),使得其满足式(6-8)和式(6-9)的条件,则该系统是有限时间稳定的。其中 $X \in R^n$ 为 n 维状态变量,$p = \mathrm{d}/\mathrm{d}t$ 代表微分算子,$f(X)$ 为连续光滑的非线性函数。

$$\lim_{t \to T} |X(t)| = 0 \tag{6-8}$$

$$|X(t)| = 0, \quad t \geqslant T \tag{6-9}$$

引理 6.1 如果存在连续、正定函数 $V(t)$ 和实数 $m>0$ 及 $0<\xi<1$ 满足下列条件:

$$pV(t) \leqslant -mV^{\xi}(t), \quad \forall t \geqslant t_0, \quad V(t_0) \geqslant 0 \tag{6-10}$$

则对于任意初始时刻 t_0,下面的不等式成立:

$$V^{1-\xi}(t) \leqslant V^{1-\xi}(t_0) - m(1-\xi)(t-t_0), \quad t_0 \leqslant t \leqslant t_1 \tag{6-11}$$

$$V(t_0) \equiv 0, t \geqslant t_1 \tag{6-12}$$

式中,$t_1 = t_0 + \dfrac{V^{1-\xi}}{m(1-\xi)}$ 即为系统稳定所需要的时间。

证明:

对于下述动力系统:

$$pX(t) = -cX^{\xi}(t), \quad X(t_0) = V(t_0) \tag{6-13}$$

根据微分方式理论可知,该系统存在唯一解:

$$X^{1-\xi}(t) = X^{1-\xi}(t_0) - c(1-\xi)(t-t_0) \tag{6-14}$$

根据比较原理很容易证明上述两不等式成立。

6.3.1.2 有限时间稳定控制器设计

当系统中存在参数不确定时,永磁同步电机的模型可表示为:

$$\begin{cases} pi_d = -i_d + wi_q \\ pi_q = i_q - wi_d + (\gamma + \Delta\gamma)w \\ pw = (\sigma + \Delta\sigma)(i_q - w) \end{cases} \tag{6-15}$$

式中,$\Delta\gamma$ 和 $\Delta\sigma$ 分别为系统对应参数 γ 和 σ 的参数摄动,且二者均有界。

根据实际情况,系统参数一般会在一定范围内变化,本书假设系统存在 30% 的参数摄动,即 $|\Delta\gamma| \leqslant 0.3\gamma$ 和 $|\Delta\sigma| \leqslant 0.3\sigma$。

由系统式(6-5)可知,该系统有三个平衡点:零点 $S_0(0,0,0)$ 和两个非零平衡点 $S_1(\gamma-1, \sqrt{\gamma-1}, \sqrt{\gamma-1})$、$S_2(\gamma-1, -\sqrt{\gamma-1}, -\sqrt{\gamma-1})$。本书主要研究在系统存在不确定参数时如何快速有效地将其控制的零点 $S_0(0,0,0)$。非零平衡点的问题可以通过坐标变换转化成零点的控制问题。

为了使系统快速镇定到平衡点 $S_0(0,0,0)$,在系统式(6-15)右端分别加入控制

输入 u_1、u_2 和 u_3，可得：

$$\begin{cases} pi_d = -i_d + wi_q + u_1 \\ pi_q = i_q - wi_d + (\gamma + \Delta\gamma)w + u_2 \\ pw = (\sigma + \Delta\sigma)(i_q - w) + u_3 \end{cases} \tag{6-16}$$

针对不确定系统式(6-16)，基于有限时间稳定理论，可以得到如下能使系统式(6-16)有限时间稳定的定理。

定理 6.1　对于不确定混沌系统式(6-16)，若采用如式(6-17)所示的控制器，则系统是有限时间稳定的。

$$\begin{cases} u_1 = -wi_q - k_d i_d^a \\ u_2 = -\lambda w - h_q i_q - k_q i_q^a \\ u_3 = -\sigma i_q - h_w w - k_w w^a \end{cases} \tag{6-17}$$

式中，k_d、k_q、k_w 为终端吸引子权系数且均大于零，简便起见，取 $k_d = k_q = k_w = k$；$\alpha = \dfrac{p}{q}$，$0 < p < q$ 且 p、q 均为奇数；$h_q = h_w \geqslant \dfrac{1}{2}(|\Delta\gamma| + |\Delta\sigma|)$ 为系统鲁棒反馈增益。

证明：

对于系统式(6-16)中的第一个方程，代入控制输入 u_1 可得：

$$pi_d = -i_d - k_d i_d^a \tag{6-18}$$

取 Lyapunov 函数 $V_1 = \dfrac{1}{2} i_d^2$，沿式(6-18)的轨迹对 V_1 进行求导，可得：

$$\begin{aligned} pV_1 &= i_d pi_d = -i_d^2 - k_d i_d^{a+1} \leqslant -k_d i_d^{a+1} \\ &= -k_d \cdot 0.5^{-0.5(a+1)} (0.5 i_d^2)^{-0.5(a+1)} = m_1 V_1^\xi \end{aligned} \tag{6-19}$$

式中，$m_1 = k_d \cdot 0.5^{-0.5(a+1)}$；$\xi = 0.5(\alpha + 1)$。

由 $0 < \alpha = \dfrac{p}{q} < 1$ 可知，$0 < \xi = 0.5(\alpha + 1) < 1$。又因为 $m > 0$，根据引理 6.1 可知，系统状态 i_d 将在有限时间 $t_d = i_d(0)/[k_d(1-\alpha)]$ 内趋近于 $i_d = 0$。

当 $t > t_d$ 时，$i_d \equiv 0$。把 $i_d = 0$，u_2 及 u_3 代入系统式(6-16)的余下两个方程可得：

$$\begin{cases} pi_q = -i_q - wi_d + \Delta\gamma w - h_q i_q - k_q i_q^a \\ pw = \Delta\sigma i_q - (\sigma + \Delta\sigma)w - h_w w - k_w w^a \end{cases} \tag{6-20}$$

取 Lyapunov 函数 $V_2 = \dfrac{1}{2} i_d^2 + \dfrac{1}{2} w^2$，沿式(6-20)的轨迹对 V_2 进行求导，可得：

$$\begin{aligned} pV_2 &= i_q(-i_q - wi_d + \Delta\gamma w - h_q i_q - k_q i_q^a) + w[\Delta\sigma i_q - (\sigma + \Delta\sigma)w - h_w w - k_w w^a] \\ &= -[(h_q+1)i_q^2 - (\Delta\sigma + \Delta\gamma)wi_q + (h_w + \sigma + \Delta\sigma)w^2] - k_q i_q^{a+1} - k_w w^{a+1} \end{aligned}$$

若要 $(h_q+1)i_q^2 - (\Delta\sigma + \Delta\gamma)wi_q + (h_w + \sigma + \Delta\sigma)w^2 \geqslant 0$，只需

$$4(h_q+1)(L_w+\sigma+\Delta\sigma)\geqslant(\Delta\sigma+\Delta\gamma)^2$$

又因为 $h_q=h_w\geqslant0.5(|\Delta\sigma|+|\Delta\gamma|),(h_w+\sigma+\Delta\sigma)\geqslant(h_q+1)$,则

$$4(h_q+1)(L_w+\sigma+\Delta\sigma)>4(L_q+1)^2>4L_q^2\geqslant(|\Delta\sigma|+|\Delta\gamma|)^2\geqslant(\Delta\sigma+\Delta\gamma)^2$$

因此可以得到:

$$
\begin{aligned}
pV_2 &\leqslant -k_q i_q^{\alpha+1}-k_w w^{\alpha+1}\\
&=-k_q\cdot0.5^{-0.5(\alpha+1)}(0.5i_q^2)^{0.5(\alpha+1)}-k_w\cdot0.5^{-0.5(\alpha+1)}(0.5w^2)^{0.5(\alpha+1)}\\
&=-k\cdot0.5^{-0.5(\alpha+1)}\left[(0.5i_q^2)^{0.5(\alpha+1)}+(0.5w^2)^{0.5(\alpha+1)}\right]\\
&=m_1V_1^\xi
\end{aligned}
\tag{6-21}
$$

由 $0<\alpha=\dfrac{p}{q}<1$ 可知,$0<\xi=0.5(\alpha+1)<1$。又因为 $m>0$,根据引理 6.1 可知,系统状态 i_q 和 w 将在有限时间 t_m 内 $(i_q,w)\to(0,0)$。

综上所述,当 $t>t_m$ 时,在控制器式(6-17)作用下,不确定永磁同步电机混沌系统稳定到零平衡点 $S_0(0,0,0)$,即系统是有限时间稳定的,定理得证。

6.3.1.3 数值仿真

将本书所设计的控制器与文献[148]和文献[149]方案进行比较,来说明本书所提出的控制器的优越性。仿真中初始条件 $(i_{d0},i_{q0},w_0)=(0.01,0.01,0.01)$,$\gamma=20,\sigma=5.46$,其余参数同 6.2.2 节。文献[148]中的控制参数为:$H=0.9,\lambda=\dfrac{7}{9}$;文献[149]中的参数为:$k=0.9,\alpha=\dfrac{7}{9},L_2=1.3\gamma=26,L_3\geqslant1.3\sigma=6.838$;本书控制参数为:$k_d=k_q=k_w=50,\alpha=\dfrac{7}{9},h_q=h_w=50$,仿真结果如图 6-2~图 6-6 所示。

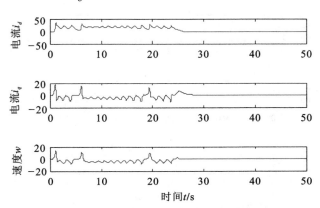

图 6-2　无参数不确定性时文献[148]的系统响应曲线

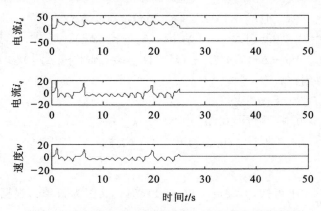

图 6-3　无参数不确定性时本书方法的系统响应曲线

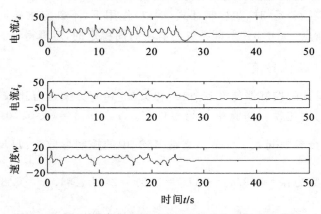

图 6-4　含 30% 参数摄动时文献[148]的系统响应曲线

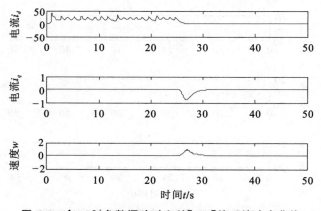

图 6-5　含 30% 参数摄动时文献[149]的系统响应曲线

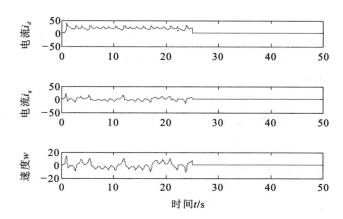

图 6-6 含 30% 参数摄动时本书方法的系统响应曲线

图 6-2 和图 6-3 为无参数不确定性时永磁同步电机混沌系统的响应曲线,图 6-4~图 6-6 为含 30% 参数摄动时永磁同步电机混沌系统的响应曲线。

仿真结果分析:由图 6-2 和图 6-3 可知,当系统中不存在参数不确定性时,文献 [148] 的方案能够在一定时间内控制到系统的平衡点,但是与本书方案相比,其所需时间较长,尤其状态电流 i_q 的整定时间达到了 4s,本书方案则可以迅速且几乎无超调地达到系统指定的平衡点;图 6-4~图 6-6 表明,当系统含有参数不确定性时,文献 [148] 方案的响应曲线与平衡点有较大的偏差,无法保证系统的性能,这正是参数不确定性作用的结果;文献 [149] 的方案虽然最终也能满足系统的平衡点的要求,但是其产生了巨大的超调,造成系统性能的下降甚至使系统产生故障,这是系统所不允许的;本书方案在保证系统不确定参数的鲁棒性的同时,还具有较好的响应能力。因此,本书所提出的混沌控制方法具有明显的优越性。

6.3.2 部分状态有限时间稳定控制

随着非线性科学和混沌理论的发展,已经出现大量有关永磁同步电机混沌控制的方法。近来,文献 [150] 指出,在永磁同步电机混沌系统的速度微分方程中,可以改变的外部变量只有负载转矩,而负载转矩不是任意可控的。因此,许多文献中提出的方法,譬如文献 [80] 的纳入轨道和强迫迁徙控制、文献 [151] 的无源控制、文献 [149] 的有限时间控制在实际应用中都是很难实现的。

本书针对永磁同步电机有限时间稳定混沌控制中存在的负载转矩不可控问题,根据其模型特点,提出了一种部分状态有限时间混沌稳定方法。

在设计控制器之前,先给出部分状态有限时间稳定的定义。

定义 6.2 对于 n 维不确定动态系统

$$pX = f(X) \tag{6-22}$$

如果存在控制律 $u(t) = (u_1, u_2, \cdots, u_m)$，$m < n$，使得系统的部分状态是有限时间稳定的，而其余状态是渐进稳定的，就称该系统在控制作用 $u(t) = (u_1, u_2, \cdots, u_m)$ 下是部分有限时间稳定的。

由定义 6.2 可知，通常所说的系统有限时间稳定是指系统的全部状态均有限时间稳定，是部分状态有限时间稳定的一种特例。现实中并不能保证系统有限时间稳定。

6.3.2.1 部分状态有限时间稳定控制器设计

设 (i_{dr}, i_{qr}, w_r) 为系统式 (6-5) 的一个平衡点，则其满足：

$$\begin{cases} pi_{dr} = -i_{dr} + w_r i_{qr} = 0 \\ pi_{qr} = -i_{qr} - w_r i_{dr} + \gamma w_r = 0 \\ pw_r = \sigma(i_{qr} - w_r) = 0 \end{cases} \tag{6-23}$$

为了使不确定永磁同步电机混沌系统式 (6-15) 快速镇定到期望的平衡点 (i_{dr}, i_{qr}, w_r)，在系统中加入控制律 $u(t) = (u_1, u_2)$，使其变为受控系统：

$$\begin{cases} pi_d = -i_d + wi_q + u_1 \\ pi_q = -i_q - wi_d + \gamma w + u_2 \\ pw = \sigma(i_q - w) \end{cases} \tag{6-24}$$

设系统跟踪误差为：$e_1 = i_d - i_{dr}$，$e_2 = i_q - i_{qr}$，$e_3 = w - w_r$，可得相对应的误差动态系统为：

$$\begin{cases} pe_1 = -e_1 + e_2 e_3 + e_2 w_r + e_3 i_{qr} + u_1 \\ pe_2 = -e_2 - e_1 e_3 - e_1 w_r - e_3 i_{dr} + \gamma e_3 + \Delta \gamma w + u_2 \\ pe_3 = (\sigma + \Delta \sigma)(e_2 - e_3) \end{cases} \tag{6-25}$$

由式 (6-25) 可知，只要设计控制输入 $u(t) = (u_1, u_2)$ 使得系统的状态 (i_d, i_q) 有限时间稳定，设其稳定时间为 t_n。

则当 $t > t_n$ 时，$e_1 = e_2 \equiv 0$。误差系统式 (6-25) 的速度误差方程变为：

$$pw = -(\sigma + \Delta \sigma)e_3 \tag{6-26}$$

又因为系统的参数 $(\sigma + \Delta \sigma)$ 恒大于零，故其速度误差将趋近于零，即该子系统是渐进稳定的。

因此，只要设计控制律 $u(t) = (u_1, u_2)$ 使系统状态 (i_d, i_q) 有限时间稳定，根据定义 6.2 就可使系统部分状态有限时间稳定，这就有效地避免了速度状态方程中状态不可控的问题。接下来详细设计控制律 $u(t) = (u_1, u_2)$，并给出稳定性证明。

定理 6.2 考虑永磁同步电机的误差动态系统式 (6-25)，如果采用形如式 (6-27)

的控制律,则系统式(6-25)是部分状态有限时间稳定的。

$$\begin{cases} u_1 = -e_3 i_{qr} - k_1 e_1^{\alpha} \\ u_2 = e_3 i_{dr} - \gamma e_3 - L|w|\operatorname{sgn}(e_2) - k_2 e_2^{\alpha} \end{cases} \tag{6-27}$$

式中,k_1、k_2 为终端吸引子权系数且均大于零,简便起见,取 $k_1 = k_2 = k$;$\alpha = \dfrac{p}{q}$,$0 < p < q$ 且 p、q 均为奇数;$L \geqslant 0.3\gamma$,为系统鲁棒反馈增益。

证明:

把控制律 $u(t) = (u_1, u_2)$ 代入误差系统式(6-25)的前两个方程,可得:

$$\begin{cases} pe_1 = -e_1 + e_2 e_3 + e_2 w_r - k_1 e_1^{\alpha} \\ pe_2 = -e_2 - e_1 e_3 - e_1 w_r + \Delta \gamma w - L|w|\operatorname{sgn}(e_2) - k_2 e_2^{\alpha} \end{cases} \tag{6-28}$$

取 Lyapunov 函数为 $V_1 = \dfrac{1}{2}(e_1^2 + e_2^2)$,并对其沿系统式(6-28)轨迹求导,可得:

$$\begin{aligned}
pV_1 &= e_1 pe_1 + e_2 pe_2 \\
&= e_1(-e_1 + e_2 e_3 + e_2 w_r - k_1 e_1^{\alpha}) + e_2(-e_2 - e_1 e_3 - e_1 w_r + \Delta \gamma w - \\
& \quad L|w|\operatorname{sgn}(e_2) - k_2 e_2^{\alpha}) \\
&= -e_1^2 - e_2^2 - k_1 e_1^{\alpha+1} - k_2 e_2^{\alpha} - (L|we_2| - \Delta\gamma we_2) \\
&\leqslant -k_1 e_1^{\alpha+1} - k_2 e_2^{\alpha} \\
&= -k_1\left(\frac{1}{2}\right)^{-0.5(\alpha+1)}\left(\frac{1}{2}e_1^2\right)^{0.5(\alpha+1)} - k_2\left(\frac{1}{2}\right)^{-0.5(\alpha+1)}\left(\frac{1}{2}e_2^2\right)^{0.5(\alpha+1)} \\
&\leqslant -m\left[\left(\frac{1}{2}e_1^2\right)^{0.5(\alpha+1)} + \left(\frac{1}{2}e_1^2\right)^{0.5(\alpha+1)}\right] \\
&\leqslant -mV_1^{\xi}
\end{aligned} \tag{6-29}$$

式中,$m = \min\left\{-k_1\left(\dfrac{1}{2}\right)^{-0.5(\alpha+1)}, -k_2\left(\dfrac{1}{2}\right)^{-0.5(\alpha+1)}\right\}$,$\xi = \dfrac{1}{2}(1+\alpha)$。

由 $0 < \alpha = \dfrac{p}{q} < 1$ 可知,$0 < \xi = 0.5(\alpha+1) < 1$。又因为 $m > 0$,根据引理 6.1 可知,系统状态 i_d 和 i_q 将在有限时间 t_n 内 $(i_d, i_q) \rightarrow (i_{dr}, i_{qr})$。

当 $t > t_n$ 时,$e_1 = e_2 \equiv 0$,则由 $pw = -(\sigma + \Delta\sigma)e_3$ 可知该状态渐进稳定于 w_r。根据定义 6.2 可知,误差动态系统式(6-25)是部分状态稳定的,即不确定永磁同步电机混沌系统式(6-15)的状态 i_d 和 i_q 有限时间稳定,而状态 w 是渐进稳定的,结论得证。

6.3.2.2　数值仿真

本节通过数值仿真来验证本书提出的部分状态有限时间混沌控制策略在永磁同步电机混沌控制中的有效性。当参数 $\gamma = 20$ 时,系统式(6-5)的三个平衡点分别为

$S_0(0,0,0)$、$S_1(19,\sqrt{19},\sqrt{19})$ 和 $S_2(19,-\sqrt{19},-\sqrt{19})$。控制器增益选择如下：
$k=50$，$\alpha=\dfrac{7}{9}$，$L=50$。仿真结果如图 6-7 和图 6-8 所示。

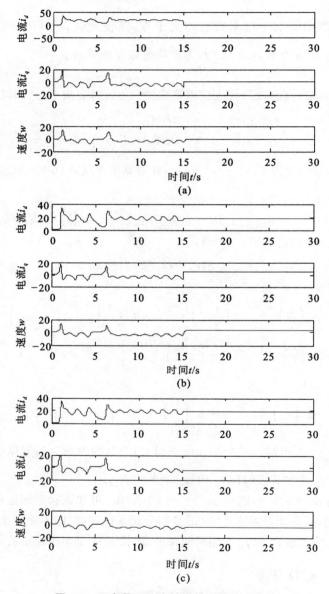

图 6-7　无参数不确定性时的系统响应曲线

(a) 镇定到平衡点 $S_0(0,0,0)$；(b) 镇定到平衡点 $S_1(19,\sqrt{19},\sqrt{19})$；(c) 镇定到平衡点 $S_2(19,-\sqrt{19},-\sqrt{19})$

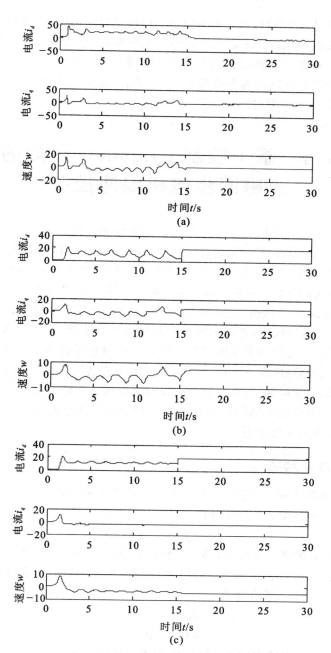

图 6-8 含参数不确定性时的系统响应曲线

(a) 镇定到平衡点 $S_0(0,0,0)$；(b) 镇定到平衡点 $S_1(19,\sqrt{19},\sqrt{19})$；(c) 镇定到平衡点 $S_2(19,-\sqrt{19},-\sqrt{19})$

由图 6-7 和图 6-8 可知,无论系统中是否存在参数不确定性,采用本书提出的稳定控制策略均能有效地将其镇定到期望的各个平衡点。而且从两图中可以看出,无论系统中是否含有参数不确定性,还是镇定到平衡点 S_0 或 S_1、S_2,其速度状态 w 所需要的镇定时间明显比其他两个状态 i_d 和 i_q 的长,这正是由于状态 w 是渐进稳定的,而状态 i_d 和 i_q 是有限时间稳定的。

6.4　基于控制 Lyapunov 函数的永磁同步电机混沌控制

Lyapunov 函数是分析动态非线性系统稳定性的一种强有力的工具。1983 年,Artsein 和 Sontag 在研究控制系统稳定性的基础上,提出了控制 Lyapunov 函数的概念,成功将其应用到非线性系统的稳定控制中。控制 Lyapunov 函数(control lyapunov function,CLF)方法是将 Lyapunov 函数的导函数的约束条件引入系统的控制,从而使 Lyapunov 方法由经典的验证和判定方法变成一种有效的控制系统设计工具。自 CLF 方法被提出,许多学者已将其应用到各个领域,如机械手、逆变器、高压直流输电系统、非线性开关系统以及一些非线性时延系统等。王华等首次将该方法应用于统一混沌系统,实现了两个同构混沌系统的渐进同步。但是该方法使系统同步需要较长的过渡时间,且该控制器中没有可以用于调整系统响应速度的参数,有待进一步改善。本节的关键问题就是提出一种永磁同步电机混沌控制的改进 CLF 方法,以提高系统的响应能力。

6.4.1　理论基础

在设计控制器之前,先给出一些 CLF 相关的概念和定理。

定义 6.3　考虑如下受控非线性系统

$$px = f(x) + g(x)u \tag{6-30}$$

式中,$x \in R^n$ 为 n 维状态变量;$u \in R^m$ 为控制向量;$f(x) \in R^n \rightarrow R^m$ 为光滑的非线性函数,且满足 $f(0) = 0$;$g(x) \in R^n \rightarrow R^m$ 为光滑的矢量函数。如果存在一正定、径向无界的函数 $V(x)$,且其满足条件

$$L_g V(x) = 0 \tag{6-31}$$

$$L_f V(x) < 0, x \neq 0$$

则称该函数 $V(x)$ 为系统式(6-30)的一个 CLF。其定义为:

$$\inf_u \left\{ \frac{\partial V}{\partial x} [f(x) + g(x)u] \right\} < 0 \tag{6-32}$$

注：$V(x)$ 正定意味着 $V(0)=0$ 且当 $x \neq 0$ 时，$V(x)>0$；$V(x)$ 径向无界意味着当 $\|x\| \rightarrow \infty$ 时，$V(x) \rightarrow \infty$；$L_f V(x)=\dfrac{\partial V}{\partial x} f(x)$；$L_g V(x)=\dfrac{\partial V}{\partial x} g(x)$。

定义 6.4 如果函数 $k(x) \in R^n \rightarrow R^+$ 且满足 $k(x)=0$，则称 $u=k(x)$ 在 R^n 上是几乎光滑的；如果 $u=k(x)$ 除原点外均是光滑的，则称其在原点是连续的。

引理 6.2 如果 $V(x)$ 是系统式(6-30)的一个 CLF，则该系统存在一个几乎光滑的反馈控制 $u=k(x)$，其具体形式为：

$$u=k(x)=-p(x)\beta(x)^{\mathrm{T}} \tag{6-33}$$

$$p(x)=\begin{cases}\left[\boldsymbol{\alpha}(x)+\sqrt{\|\boldsymbol{\alpha}(x)\|^2+\|\boldsymbol{\beta}(x)\|^4}\right] / \|\boldsymbol{\beta}(x)\|^2, & \boldsymbol{\beta}(x) \neq \mathbf{0} \\ 0, & \boldsymbol{\beta}(x)=\mathbf{0}\end{cases} \tag{6-34}$$

式中，$\boldsymbol{\alpha}(x)=L_f V(x)$，$\boldsymbol{\beta}(x)=L_g V(x)$。

证明：

如果 $\boldsymbol{\beta}(x)=\mathbf{0}$，因 $V(x)$ 是系统式(6-30)的一个 CLF，故 $p V(x)=\boldsymbol{\alpha}(x)=L_f V(x)<\mathbf{0}$。

如果 $\boldsymbol{\beta}(x) \neq \mathbf{0}$，则 $p V(x)=\boldsymbol{\alpha}(x)+\boldsymbol{\beta}(x) k(x)=-\sqrt{\|\boldsymbol{\alpha}(x)\|^2+\|\boldsymbol{\beta}(x)\|^4} \leqslant -\|\boldsymbol{\alpha}(x)\|<\mathbf{0}$。由此可知，对任意 x 均有 $p V(x)<\mathbf{0}$。

又因为 $\boldsymbol{\alpha}(x)=L_f V(x)$ 是连续的，且 $\|\boldsymbol{\beta}(x)\|^4=o(\|\boldsymbol{\beta}(x)\|^2)$，则 $u=k(x)$ 在原点是连续的。由定义 6.4 可知，$u=k(x)$ 是几乎光滑的且其在原点是渐进稳定的，定理得证。

6.4.2 控制器设计

在 6.3.2 节中已经给出了永磁同步电机的误差动态系统式(6-25)，为了控制器设计方便，将其表示成如下矩阵形式：

$$p e=f(e)+g(e)\boldsymbol{\Delta}+\boldsymbol{B}u \tag{6-35}$$

式中，$e=(e_1, e_2, e_3)^{\mathrm{T}}$，$\boldsymbol{\Delta}=(\Delta \gamma, \Delta \sigma)$ 且 $\|\boldsymbol{\Delta}\| \leqslant \delta$，$u=(u_1, u_2)$，$\boldsymbol{B}=[1,0;0,1;0,0]$ 为控制矩阵，且

$$f(e)=\begin{bmatrix} -e_1+e_2 e_3+e_2 w_r+e_3 i_{qr} \\ -e_2-e_1 e_3-e_1 w_r-e_3 i_{dr}+\gamma e_3 \\ \sigma(e_2-e_3) \end{bmatrix} \tag{6-36}$$

$$g(e)=\begin{bmatrix} 0 & 0 \\ e_3+w_r & 0 \\ 0 & e_2-e_3 \end{bmatrix} \tag{6-37}$$

因此，可将永磁同步电机不确定混沌系统式(6-15)的镇定问题转化为误差系统式

(6-35)的稳定问题。根据 CLF 稳定理论,给出误差系统式(6-35)稳定的一个定理。

定理 6.3 考虑误差系统式(6-35),如果正定函数 $V(x)$ 采用下式

$$V(e)=\frac{1}{2}(e_1^2+e_2^2+e_3^2) \tag{6-38}$$

那么存在一个能使系统式(6-35)渐进稳定且几乎光滑的反馈控制 $\boldsymbol{u}=\boldsymbol{k}(x)$,其具体形式为:

$$\boldsymbol{u}=\boldsymbol{k}(e,\mu)=-p(e,\mu)\boldsymbol{\beta}(e)^{\mathrm{T}} \tag{6-39}$$

$$p(e,\mu)=\begin{cases}[\boldsymbol{\alpha}(e)+\delta\parallel\boldsymbol{\eta}(e)\parallel+\sqrt{(\boldsymbol{\alpha}(e)+\delta\parallel\boldsymbol{\eta}(e)\parallel)^2+(\mu\parallel\boldsymbol{\beta}(e)\parallel)^4}]/\parallel\boldsymbol{\beta}(e)\parallel^2, & \boldsymbol{\beta}(e)\neq\boldsymbol{0}\\0, & \boldsymbol{\beta}(e)=\boldsymbol{0}\end{cases}$$

$$\tag{6-40}$$

式中,$\boldsymbol{\alpha}(e)=\boldsymbol{L}_f\boldsymbol{V}(e)$,$\boldsymbol{\beta}(e)=\boldsymbol{L}_B\boldsymbol{V}(e)$,$\boldsymbol{\eta}(e)=\boldsymbol{L}_g\boldsymbol{V}(e)$。

证明:

$$\boldsymbol{\alpha}(e)=\boldsymbol{L}_f\boldsymbol{V}(e)=\begin{bmatrix}e_1 & e_2 & e_3\end{bmatrix}\cdot\boldsymbol{f}(e)$$

$$\boldsymbol{\beta}(e)=\boldsymbol{L}_B\boldsymbol{V}(e)=\begin{bmatrix}e_1 & e_2 & e_3\end{bmatrix}\cdot\boldsymbol{B}=\begin{bmatrix}e_1 & e_2 & 0\end{bmatrix}$$

$$\boldsymbol{\eta}(e)=\boldsymbol{L}_g\boldsymbol{V}(e)=\begin{bmatrix}e_1 & e_2 & e_3\end{bmatrix}\cdot\begin{bmatrix}0 & 0\\e_3+w_r & 0\\0 & e_2-e_3\end{bmatrix}$$

(1)由 $\boldsymbol{\beta}(e)=\boldsymbol{L}_B\boldsymbol{V}(e)=\begin{bmatrix}e_1 & e_2 & 0\end{bmatrix}=\boldsymbol{0}$ 且 $e\neq0$ 可得,$e_1=e_2=0$ 且 $e_3\neq0$,则

$$\frac{\partial V}{\partial e}[\boldsymbol{f}(e)+\boldsymbol{g}(e)\boldsymbol{\Delta}]=\boldsymbol{L}_f\boldsymbol{V}(e)+\boldsymbol{\eta}(e)\boldsymbol{\Delta}=-(\sigma+\Delta\sigma)e_3^2<0$$

因此,$V(e)$ 为系统式(6-35)的一个 CLF。

$$p\boldsymbol{V}(e)=\frac{\partial V}{\partial e}[\boldsymbol{f}(e)+\boldsymbol{g}(e)\boldsymbol{\Delta}+\boldsymbol{B}\boldsymbol{u}]=\boldsymbol{\alpha}(e)+\boldsymbol{\eta}(e)\boldsymbol{\Delta}=-(\sigma+\Delta\sigma)e_3^2<0$$

(2)如果 $\boldsymbol{\beta}(e)\neq\boldsymbol{0}$,则

$$pV(e)=\frac{\partial V}{\partial e}[\boldsymbol{f}(e)+\boldsymbol{g}(e)\boldsymbol{\Delta}+\boldsymbol{B}\boldsymbol{u}]$$

$$=\boldsymbol{\alpha}(e)+\boldsymbol{\eta}(e)\boldsymbol{\Delta}+\boldsymbol{\beta}(e)\boldsymbol{k}(e,\mu)$$

$$=\boldsymbol{\eta}(e)\boldsymbol{\Delta}-\delta\parallel\boldsymbol{\eta}(e)\parallel-\sqrt{[\boldsymbol{\alpha}(e)+\delta\parallel\boldsymbol{\eta}(e)\parallel]^2+[\mu\parallel\boldsymbol{\beta}(e)\parallel]^4}$$

$$\leqslant-\sqrt{[\boldsymbol{\alpha}(e)+\delta\parallel\boldsymbol{\eta}(e)\parallel]^2+[\mu\parallel\boldsymbol{\beta}(e)\parallel]^4}<0$$

由上述两种情形的分析可知,对任意的 (e,μ),正定且径向无界函数 $V(e)$ 沿着系统式(6-35)的轨迹是递减的。根据引理 6.2,在 $\boldsymbol{u}=\boldsymbol{k}(x)$ 的控制作用下,系统式(6-35)是渐进稳定的。

又因为 $\boldsymbol{\alpha}(e)=\boldsymbol{L}_f\boldsymbol{V}(e)$ 和 $\boldsymbol{\eta}(e)=\boldsymbol{L}_g\boldsymbol{V}(e)$ 均是连续的,且 $(\mu\parallel\boldsymbol{\beta}(e)\parallel)^4=o(\parallel\boldsymbol{\beta}(e)\parallel^2)$,则 $\boldsymbol{u}=\boldsymbol{k}(x)$ 在原点是连续的。由定义 6.3 可知 $\boldsymbol{u}=\boldsymbol{k}(x)$ 是几乎光滑

的,定理得证。

6.4.3 仿真分析

在 MATLAB 平台下,对所设计的控制器进行仿真与分析。在仿真中,电机的参数为:$\sigma = 5.46$,$\gamma = 25$。

以 $S_1(24, \sqrt{24}, \sqrt{24})$ 作为系统期望的平衡点。系统初始状态 $(i_{d0}, i_{q0}, w_0) = (0.01, 0.01, 0.01)$,系统采样时间 $T_s = 0.01$s,控制参数取 $\mu = 5$,控制输入在 $t = 20$s 时起作用,下面分不同情形来分析所提出控制策略的性能。

(1)情形一:单控制输入作用。

此时相当于控制向量 $\boldsymbol{B} = \begin{bmatrix} 0 & 1 & 0 \end{bmatrix}^T$ 或 $\boldsymbol{B} = \begin{bmatrix} 1 & 0 & 0 \end{bmatrix}^T$。不失一般性,本书取 $\boldsymbol{B} = \begin{bmatrix} 0 & 1 & 0 \end{bmatrix}^T$,其仿真结果如图 6-9 所示。

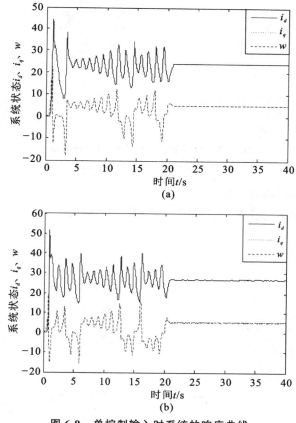

图 6-9 单控制输入时系统的响应曲线

(a)无参数不确定性时;(b)含参数不确定性时

由图 6-9 可知,对于单控制输入来说,无论系统中是否含有参数不确定性,系统都能够快速镇定到期望的平衡点。但是当存在参数不确定性时,系统的状态 i_q 和 w 稳态时存在较大的波动,而电流 i_d 基本不受影响,这是由于在该子系统中不存在不确定参数。

(2)情形二:双控制输入作用。

此时相当于控制向量 $\boldsymbol{B} = \begin{bmatrix} 1 & 1 & 0 \end{bmatrix}^{\mathrm{T}}$,其仿真结果如图 6-10 所示。

从图 6-10 可以看出,无论是否考虑系统参数的不确定性,具有双控制输入的系统均能快速、无静差地镇定到系统期望的平衡点,且其具有比单控制输入更快的动态响应能力。

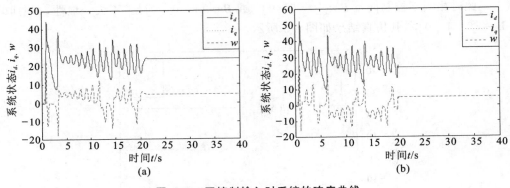

图 6-10　双控制输入时系统的响应曲线

(a) 无参数不确定性时;(b) 含参数不确定性时

(3)情形三:不同调节参数 μ。

此时相当于控制向量 $\boldsymbol{B} = \begin{bmatrix} 1 & 1 & 0 \end{bmatrix}^{\mathrm{T}}$,图 6-11 给出了电流 i_d 在不同调节参数 μ 下的响应曲线。

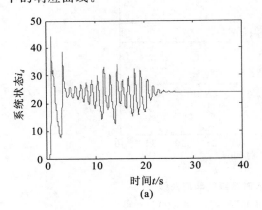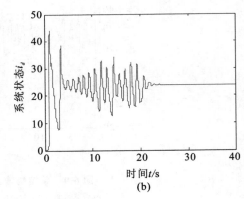

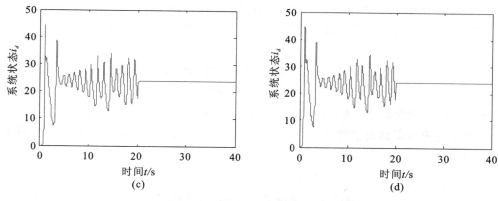

图 6-11　调节参数 μ 对系统性能的影响

(a)$\mu=0.1$;(b)$\mu=1$;(c)$\mu=5$;(d)$\mu=20$

　　该情形是为了验证本书在文献方案的基础上引入的调节参数 μ 对系统性能的影响。而文献[160]的方案相当于 $\mu=1$,且该文献设计的控制器没有给用户提供可调节的参数,这在实际应用中是不允许的。由图 6-11 可知,随着参数 μ 的增加,系统的状态 i_d 的响应时间变短,可以提高其响应能力。但是,过大的 μ 将使系统产生大的超调,会增加系统处理的时间,反而会使响应时间增加。因此,合理选择调节参数 μ 才能有效地提高系统的动态响应能力。

6.5　基于时延观测器的永磁同步电机混沌控制

　　现有的有关永磁同步电机混沌控制方法大都只考虑了系统参数不确定性,没有考虑外部扰动对系统性能的影响。实际上,系统的外部扰动是不可避免的,研究这种情况下的混沌镇定问题更加具有现实意义。文献[162]基于无源性理论,提出了一种具有抗外部扰动的鲁棒控制器,然而其没有考虑参数不确定性的影响。本节提出一种基于时延估计技术的永磁同步电机混沌控制方法。该方法将系统的参数不确定性和外部扰动作为系统总的扰动,通过时延估计器在线估计并补偿,以实现系统的稳定控制。目前,该方法已经被成功应用于机器手的控制问题。本节尝试将该方法用于永磁同步电机混沌系统的镇定问题中。

6.5.1　含参数不确定和外部扰动的电机模型

　　由前文分析可知,永磁同步电机混沌系统式(6-15)存在三个平衡点,即 $S_0(0,0,0)$、$S_1(\gamma-1,\sqrt{\gamma-1},\sqrt{\gamma-1})$ 和 $S_2(\gamma-1,-\sqrt{\gamma-1},-\sqrt{\gamma-1})$,本节取 $\gamma=26$,则

$S_0(0,0,0)$ 为局部稳定的平衡点，$S_1(25,5,5)$ 和 $S_2(25,-5,-5)$ 为不稳定的平衡点。

同时考虑系统参数不确定性和外部扰动的永磁同步电机动态模型可表示为：

$$\begin{cases} pi_d = -i_d + wi_q + d_1 \\ pi_q = i_q - wi_d + (\gamma + \Delta\gamma)w + d_2 \\ pw = (\sigma + \Delta\sigma)(i_q - w) \end{cases} \tag{6-41}$$

式中，d_1 和 d_2 包含系统的未建模动态和外部扰动，且均有界，即 $\parallel d_1 \parallel \leqslant \varepsilon_1$，$\parallel d_2 \parallel \leqslant \varepsilon_2$。

为了快速镇定到期望的平衡点 (i_{dr}, i_{qr}, w_r)，受控的永磁同步电机混沌系统模型可表示为：

$$\begin{cases} pi_d = -i_d + wi_q + d_1 + u_1 \\ pi_q = i_q - wi_d + (\gamma + \Delta\gamma)w + d_2 + u_2 \\ pw = (\sigma + \Delta\sigma)(i_q - w) \end{cases} \tag{6-42}$$

设系统的跟踪误差为：$e_1 = i_d - i_{dr}$，$e_2 = i_q - i_{qr}$，$e_3 = w - w_r$，则其对应的误差动态系统为：

$$\begin{cases} pe_1 = -e_1 + e_2e_3 + e_2w_r + e_3i_{qr} + d_1 + u_1 \\ pe_2 = -e_2 - e_1e_3 - e_1w_r - e_3i_{dr} + \gamma e_3 + \Delta\gamma w + d_2 + u_2 \\ pe_3 = (\sigma + \Delta\sigma)(e_2 - e_3) \end{cases} \tag{6-43}$$

由系统式(6-43)的速度误差子系统可知，只要能保证系统的误差 e_1 和 e_2 趋近于零，则误差 e_3 也将以指数形式趋近于零。因此，下面的主要任务就是设计控制器 $u = (u_1, u_2)$，使误差 e_1 和 e_2 趋近于零。

6.5.2 控制器设计

误差系统式(6-43)的前两个方程可重新表示为：

$$\begin{cases} pe_1 = f_1(e_1, e_2, e_3) + u_1 \\ pe_2 = f_2(e_1, e_2, e_3) + u_2 \end{cases} \tag{6-44}$$

式中，

$$\begin{cases} f_1(e_1, e_2, e_3) = -e_1 + e_2e_3 + e_2w_r + e_3i_{qr} + d_1 \\ f_2(e_1, e_2, e_3) = -e_2 - e_1e_3 - e_1w_r - e_3i_{dr} + \gamma e_3 + \Delta\gamma w + d_2 \end{cases} \tag{6-45}$$

由于 $f_1(e_1, e_2, e_3)$ 和 $f_2(e_1, e_2, e_3)$ 均是连续函数，根据时延估计方法，如果时延常数 τ 充分小，则：

$$\begin{cases} f_1(e_1, e_2, e_3)_t \cong f_1(e_1, e_2, e_3)_{t-\tau} \\ f_2(e_1, e_2, e_3)_t \cong f_2(e_1, e_2, e_3)_{t-\tau} \end{cases} \tag{6-46}$$

也就是说，可以用 $f_1(e_1, e_2, e_3)_{t-\tau}$ 和 $f_2(e_1, e_2, e_3)_{t-\tau}$ 来估计 $f_1(e_1, e_2, e_3)$ 和 $f_2(e_1, e_2, e_3)$，即

$$\begin{cases} \hat{f}_1 f_1(e_1,e_2,e_3)_t = f_1(e_1,e_2,e_3)_{t-\tau} \\ \hat{f}_2(e_1,e_2,e_3)_t = f_2(e_1,e_2,e_3)_{t-\tau} \end{cases} \tag{6-47}$$

把式(6-44)代入式(6-47),可得:

$$\begin{cases} \hat{f}_1(e_1,e_2,e_3)_t = (pe_1)_{t-\tau} - (u_1)_{t-\tau} \\ \hat{f}_2(e_1,e_2,e_3)_t = (pe_2)_{t-\tau} - (u_2)_{t-\tau} \end{cases} \tag{6-48}$$

定理 6.4 对于误差动态系统式(6-44),如果采用如下形式的控制器:

$$\begin{cases} u_1 = -(pe_1)_{t-\tau} + (u_1)_{t-\tau} - k_1 e_1 \\ u_2 = -(pe_2)_{t-\tau} + (u_2)_{t-\tau} - k_1 e_2 \end{cases} \tag{6-49}$$

式中,$k_1 > 0, k_2 > 0$,那么误差系统式(6-44)是全局渐进稳定的,这等同于系统式(6-42)的状态(i_d, i_q, w)将稳定于其期望的平衡点(i_{dr}, i_{qr}, w_r)。

注:由控制器式(6-49)的构成可以看出,该控制器不仅包含了系统的误差信息,同时也充分利用了控制器自身的信息,这是一般控制器所不具备的。

证明:

把控制输入$u = (u_1, u_2)$代入误差系统式(6-44),可得:

$$\begin{cases} pe_1 = f_1(e_1,e_2,e_3) - \hat{f}_1(e_1 - k_1 e_1)_{t-\tau} - k_1 e_1 \\ pe_2 = f_2(e_1,e_2,e_3) - \hat{f}_2(e_1 - k_2 e_2)_{t-\tau} - k_2 e_2 \end{cases} \tag{6-50}$$

取 Lyapunov 函数$V = \dfrac{1}{2}(e_1^2 + e_2^2)$,将其沿式(6-50)的轨迹求导,可得:

$$\begin{aligned} pV &= e_1 pe_1 + e_2 pe_2 \\ &= e_1 [f_1(e_1,e_2,e_3) - \hat{f}_1(e_1,e_2,e_3)_{t-\tau} - k_1 e_1] + \\ &\quad e_2 [f_2(e_1,e_2,e_3) - \hat{f}_2(e_1,e_2,e_3)_{t-\tau} - k_2 e_2] \\ &= -k_1 e_1^2 - k_2 e_2^2 - e_1 \zeta_1 - e_2 \zeta_2 \\ &\leqslant -k_1(e_1^2 - |\zeta_1 e_1| / k_1) - k_2(e_2^2 - |\zeta_2 e_2| / k_2) \end{aligned} \tag{6-51}$$

式中,ζ_1和ζ_2为时延估计误差,其表达式为:

$$\begin{cases} \zeta_1 = f_1(e_1,e_2,e_3)_t - \hat{f}_1(e_1,e_2,e_3)_{t-\tau} \\ \zeta_2 = f_2(e_1,e_2,e_3)_t - \hat{f}_2(e_1,e_2,e_3)_{t-\tau} \end{cases} \tag{6-52}$$

当在集合$\{|e_1| \leqslant |\zeta_1| / k_1\} \bigcup \{|e_2| \leqslant |\zeta_2| / k_2\}$之外时,$pV \leqslant 0$。因此,系统的误差$e_1$和$e_2$最终收敛于集合$\{|e_1| \leqslant |\zeta_1| / k_1\} \bigcup \{|e_2| \leqslant |\zeta_2| / k_2\}$。系统的收敛精度与其时延估计误差$\zeta_1$、$\zeta_2$和反馈增益$k_1$、$k_2$有关。在理想情况下,即当$\tau \to 0$时,误差$e_1 \to 0, e_2 \to 0$。这就表明受控的误差子系统式(6-44)是全局渐进稳定的。

设误差e_1和e_2的过渡时间分别为t_1和t_2,则当$t > t_m (t_m = \max\{t_1, t_2\})$时,$e_1 \equiv 0, e_2 \equiv 0$。此时的速度误差子系统方程变为:

$$pe_3 = -e_3(\sigma + \Delta\sigma) \tag{6-53}$$

由于参数 $\sigma+\Delta\sigma$ 恒为正,故系统式(6-53)是渐进指数稳定的。

综上所述,误差动态系统式(6-44)在控制律式(6-49)的作用下是渐进稳定的,定理得证。

6.5.3 仿真分析

在仿真中,电机的参数为:$\sigma=5.46$,$\gamma=26$。其三个平衡点分别为:$S_0(0,0,0)$、$S_1(25,5,5)$和$S_2(25,-5,-5)$。系统初始状态 $S_s=(i_{d0},i_{q0},w_0)=(0.01,0.01,0.01)$,系统采样时间 $T_s=0.01\text{s}$,控制参数取 $k_1=30$,$k_2=60$,时延参数 $\tau=0.001$。不确定负载扰动为 $d_1=d_2=0.5\sin(5\pi t)$。期望的平衡点设置如下:当 $10\leqslant t<20$ 时,$S_d=S_1(25,5,5)$;当 $t\geqslant20$ 时,$S_d=S_2(25,-5,-5)$。

图6-12给出了采用时延估计方法的永磁同步电机混沌控制系统的性能曲线,其中包括系统状态轨迹、不确定项的估计及控制输入等。从图6-12可以看出,采用时延估计方法能够很好地实现系统的轨迹跟踪控制,但是在系统的不确定项估计以及控制器输出中均存在很大的波动,这将严重影响系统的性能。

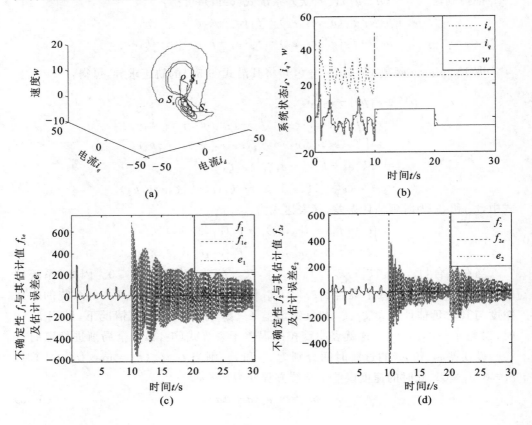

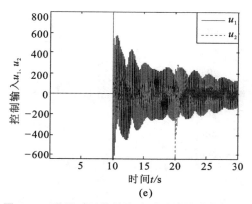

(e)

图 6-12 采用时延估计方法时系统的响应曲线

(a)轨迹跟踪曲线;(b)系统状态轨迹;(c)不确定性 f_1 及其估计值 f_{1e} 和误差 e_1;

(d)不确定性 f_2 及其估计值 f_{2e} 和误差 e_2;(e)控制输入

针对时延估计方法在永磁同步电机混沌系统控制中存在的波动等问题,本书在时延估计输出中引入了低通滤波器(其频率为 $w_c = 100\text{rad/s}$),再将其应用于控制器输出,以改善系统的系能,仿真结果如图 6-13 所示。

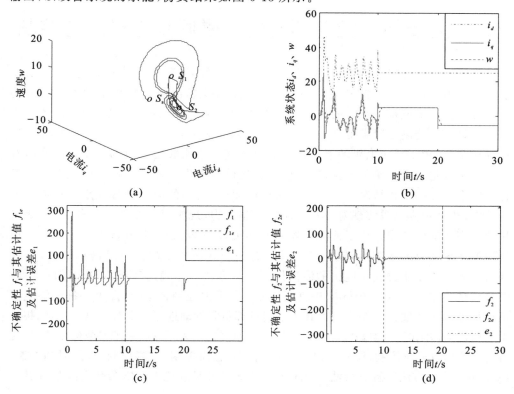

(a)

(b)

(c)

(d)

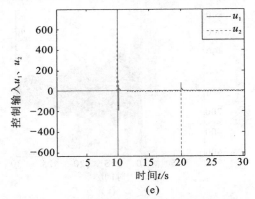

图 6-13　采用改进的时延估计方法时系统的响应曲线

(a)轨迹跟踪曲线;(b)系统状态轨迹;(c)不确定性 f_1 及其估计值 f_{1e} 和误差 e_1;
(d)不确定性 f_2 及其估计值 f_{2e} 和误差 e_2;(e)控制输入

从图 6-13 可以看出,低通滤波器的引入大大降低了系统中存在的波动现象,提高了系统的估计精度,实现了系统的高性能控制。

6.6　基于最优控制理论的永磁同步电机混沌控制

由于 PID 控制结构简单,物理实现容易,在线性系统控制中得到广泛应用。Tahir Fadhil Rahma 等将 PI 控制应用于永磁直流电机混沌系统中,在系统参数确定和外部无扰动下取得了良好的控制性能。然而电机参数会随着环境温度等因素发生时变,因此 PI 控制难以满足高性能控制的要求。为此,Ranjbar 等将模糊控制与 PI 控制相结合,用于感应电机的混沌镇定。虽然该方法能够通过模糊控制在线实时补偿系统不确定因素带来的干扰,但是该方法的模糊输出要依据于速度的误差及其变化率两个变量的变化情况,形成了 49 条模糊规则,规则的数目直接决定了控制系统的性能,规则过少难以实现对参数摄动的抑制能力,规则过多则耗时较长,难以满足快速动态响应的要求。为了使控制器便于实现,Liu Ding 等在分析永磁无刷直流电机混沌系统特点的基础上,提出了一种只有一个状态变量的简单反馈控制器,Iqbal 等将该方法用于永磁同步电机的混沌控制。该方法对于确定系统具有较好的性能,但鲁棒性不足。Loria Antonio 将负载观测器与反馈控制相结合,提出一种能够克服负载扰动的鲁棒线性控制方法。该方法对外部负载扰动进行了实时观测与反馈,提高了负载扰动抑制能力,但是没有考虑系统参数的变化。为了克服系统参数的变化,研究者提出诸如自适应控制、滑模控制、反演控制、动态面控制、预测控制、有限时间控制、Lyapunov 指数方法等解决办法。Han Ho Choi 通过对系统不确定参数在线估计并进行补偿,能够克服参数摄动带来的影响,但在线估计耗时较长,影响系统的动态响应能力。滑模控制具有对系统参数变化不敏感的特性,为抑制参数摄动的有效手段。Li Chun-Lai 等和 Ali Nihad 等分别将终端滑模控制用于永磁同步电机的控制和同步,利用终端吸引子来改善滑模控制带来的固有抖振现象,但是抖振无法消除,且与系统不确定因素影响息息相关。Karthikeyan 等结合滑模控制与自适应控制,充分利用滑模控制的参数不敏感性和自适应控制的实时估计能力,系统的抖振得到有效改善,但与此同时也增加了系统的复杂性,降低了系统的响应能力。Ye Jianghao 等针对参数不确定性对永磁同步直线电机混沌系统的影响,提出了一种反演非线性控制方法,并利用粒子群进行控制参数优化。该方法需要多次求取状态变量的微分,会导致"计算爆炸"现象,同时控制器结构复杂,难以用于工程实践。Karthikeyan Rajagopal 等将滑模控制与反演控制相结合,充分利用两者的优点,提出一种鲁棒反演滑模控制方法。该方法仍然无法避免反演控制带来的"计算爆炸"现象。为此,Luo Shaohua 等将低通滤波引入反演控制,以克服微分带来的"计算爆炸"问题,同时又利用自适应方法进行参数的在线估计与补偿,控制器结构复杂,工程实现难度较大。M. Messadi 团队和 Ataei Mohammad 团队分别提出的预测控制和 Lyapunov 指数方法均未考虑系统参数不确定性因素的影响;汪慕峰等将终端吸引子引入反馈控制,能够保证系统在有限时间内达到期望的平衡点,且对系统参数变化具有较强抗干扰能力。该方法中引述了分数阶积分算子,在电路实现时比较复杂,不利于实际场合中的应用。

另外,上述方法没有考虑实际过程中控制能量的限制。在实际的物理系统中,控制器的输出能力是有限的,并希望所需的控制能量尽量小。近年来,有关混沌系统的最优控制得到人们的重视。朱少平等将线性矩阵不等式方法和最优控制理论相结合,针对统一混沌系统,提出了一种简单的最优控制器设计方法,避免了 Marat 等所提出的方法中求解非线性 Hamilton-Jacbobi-Bellman 偏微分方程的困难。Wei Qiang 等又将其推广到永磁同步电机的混沌控制。上述方法虽然考虑了系统的二次性能指标,但是没有考虑系统参数不确定性的影响。实际上,参数的不确定性广泛存在于实际系统中,研究具有参数不确定性的混沌系统最优控制更加具有实际意义。

上述研究只注重控制系统的动态性能,缺少对控制能量的限制或系统模型参数不确定性因素的考虑,而对控制增益的不确定性鲜有研究。本节采用鲁棒最优控制理论,在分析系统模型中非线性项的基础上,结合二次最优性能指标,设计一种既能满足二次最优性能指标,又能对系统模型参数和增益参数不确定性具有较强干扰抑制能力的控制方法,为完善电机混沌控制理论、使设计更加符合实际需要奠定基础。

基于上述研究,在文献[176]的基础上,同时考虑系统参数的变化,结合最优控制理论,分别提出了鲁棒最优控制(ROC)、鲁棒保代价控制(RGCC)和鲁棒最优保代价控制(ROGCC)三种 PMSM 混沌控制方法。

6.6.1　控制器设计

考虑系统参数的不确定性,受控的 PMSM 驱动系统的模型可以表示为:

$$(x_1,x_2,x_3)=(i_d,i_q,w) \tag{6-54}$$

系统存在三个平衡点:$S_1(0,0,0)$、$S_2(\gamma-1,\sqrt{\gamma-1},\sqrt{\gamma-1})$ 和 $S_3(\gamma-1,$
$-\sqrt{\gamma-1},-\sqrt{\gamma-1})$,其中 $S_1(0,0,0)$、$S_2(\gamma-1,\sqrt{\gamma-1},\sqrt{\gamma-1})$ 和 $S_3(\gamma-1,$
$-\sqrt{\gamma-1},-\sqrt{\gamma-1})$,分别为不稳定的鞍点和焦点。不失一般性,选择 $S_1(0,0,0)$ 作
为期望的平衡点,非零平衡点 $S_2(\gamma-1,\sqrt{\gamma-1},\sqrt{\gamma-1})$ 和 $S_3(\gamma-1,-\sqrt{\gamma-1},$
$-\sqrt{\gamma-1})$ 可以通过坐标变换转换为零平衡点。

为了便于控制器的设计,将系统式(6-54)表示为矢量形式为:

$$\dot{x}=(A_0+\Delta A)x+g(x)+(B_0+\Delta B)u \tag{6-55}$$

其中 $x=(x_1,x_2,x_3)^{\mathrm{T}}=(i_d,i_q,\omega)^{\mathrm{T}}$,$u=(u_1,u_2)^{\mathrm{T}}$,$A_0=\begin{bmatrix} -1 & 0 & 0 \\ 0 & -1 & \gamma \\ 0 & \sigma & -\sigma \end{bmatrix}$,$\Delta A=$

$\begin{bmatrix} 0 & 0 & 0 \\ 0 & 0 & \Delta_\gamma \\ 0 & \Delta_\sigma & \Delta_\sigma \end{bmatrix}$,$B_0=\begin{bmatrix} 1 & 0 \\ 0 & 1 \\ 0 & 0 \end{bmatrix}$,$\Delta B=\begin{bmatrix} \Delta_1 & 0 \\ 0 & \Delta_2 \\ 0 & 0 \end{bmatrix}$,$g(x)=\begin{bmatrix} x_2 x_3 \\ -x_1 x_3 \\ 0 \end{bmatrix}$。

式中,Δ_γ、Δ_σ、Δ_1、Δ_2 分别代表系统参数和控制输入的不确定性,均有界;u_1 和 u_2 为
控制输入。根据系统实际运行情况,本书假设系统参数的波动范围均为 30%,即
$\|\Delta_\gamma\|\leqslant\delta_1=0.3\gamma$,$\|\Delta_\sigma\|\leqslant\delta_2=0.3\sigma$,$\|\Delta_1\|\leqslant0.3$,$\|\Delta_2\|\leqslant0.3$。

系统式(6-55)对应的二次性能指标为

$$J(x(t),u(t))=\int_0^\infty (x(t)Qx(t)+u(r)Ru(t))\mathrm{d}t \tag{6-56}$$

式中,Q 和 R 为给定的正定加权矩阵。

控制的目标是设计控制器 u,使系统式(6-55)从任意初始状态出发均能快速镇
定到期望的平衡点 S_0,并且满足给定性能指标式(6-56)最小化。

为了使设计的控制器具有更广泛的应用对象,首先考虑一类具有与系统
式(6-56)相同结构的非线性系统:

$$\dot{x}=(A_0+\Delta A)x+g(x)+(B_0+\Delta B)u,x(0)=x_0 \tag{6-57}$$

式中,$x\in R^n$、$u\in R^m$ 分别为系统的状态向量和控制输入向量;$A_0\in R^{n\times n}$、$B\in R^{n\times m}$
分别为系统的状态矩阵和控制矩阵,且满足 $m\leqslant n$;x_0 为初始状态;$g(x)$、ΔA、ΔB 分
别为系统的非线性项和参数不确定矩阵,且满足下面的假设条件。

假设 6.1(不确定条件)　系统参数的不确定矩阵 ΔA 满足如下条件:

$$[\Delta\boldsymbol{A} \quad \Delta\boldsymbol{B}] = \boldsymbol{DF}(t)[\boldsymbol{E}_1 \quad \boldsymbol{E}_2] \tag{6-58}$$

其中 $\boldsymbol{D}$、$\boldsymbol{E}_1$、$\boldsymbol{E}_2$ 为常数阵,且 $\boldsymbol{F}(t)$ 满足

$$\boldsymbol{F}^{\mathrm{T}}(t)\boldsymbol{F}(t) \leqslant \boldsymbol{I}, \quad \forall t \tag{6-59}$$

假设 6.2(非线性条件)　系统的非线性项 $\boldsymbol{g}(x)$ 满足:

$$\lim_{x\to 0}\frac{\|\boldsymbol{g}(x)\|}{\|\boldsymbol{x}\|} = 0 \text{ 且 } \boldsymbol{g}(x)|_{x=0} = 0 \tag{6-60}$$

事实上,许多混沌和超混沌系统均满足非线性条件,诸如 Chen、Liu、Lü、Lorenz 系统以及由这些系统衍生的超混沌系统。

定义 6.5　对系统式(6-55)和性能指标式(6-56),如果存在一个控制律 $u^*(t)$ 和一个整数 J^*,使得对于所有允许的不确定性,闭环系统是渐进稳定的,且闭环性能指标满足 $J \leqslant J^* = \mathrm{tr}(\boldsymbol{P})$(矩阵 $\boldsymbol{P}$ 的迹),则将 J^* 称为不确定系统式(6-55)的一个性能上界,$u^*(t)$ 称为不确定系统式(6-55)的一个保性能控制律。

以下定理给出了不确定非线性系统式(6-55)鲁棒保性能控制律的存在条件。

定理 6.5　对于不确定非线性系统式(6-55)和性能指标式(6-56),如果存在对称正定矩阵 $\boldsymbol{P}$、矩阵 $\boldsymbol{K}$ 和正常数 ε,使得对于所有满足不确定条件式(6-58)和非线性条件式(6-60),

$$\boldsymbol{A}^{\mathrm{T}}\boldsymbol{P} + \boldsymbol{PA} + \varepsilon\boldsymbol{PDD}^{\mathrm{T}}\boldsymbol{P} + \varepsilon^{-1}\boldsymbol{E}^{\mathrm{T}}\boldsymbol{E} + \boldsymbol{Q} + \boldsymbol{K}^{\mathrm{T}}\boldsymbol{RK} + \boldsymbol{M} < 0 \tag{6-61}$$

则 $\boldsymbol{u} = -\boldsymbol{Kx}$ 是系统式(6-55)的一个保性能控制律,其对应的一个性能上界是 $J^* = \mathrm{tr}(\boldsymbol{P})$。

证明　若存在对称正定矩阵 $\boldsymbol{P}$、矩阵 $\boldsymbol{K}$ 和正常数 ε,使得对于所有满足不确定条件式(6-55)的不确定性,矩阵不等式[式(6-61)]成立,取 $\boldsymbol{u} = -\boldsymbol{Kx}$,则相应的闭环系统为

$$\dot{\boldsymbol{x}} = [\boldsymbol{A}_0 - \boldsymbol{B}_0\boldsymbol{K} + \boldsymbol{DF}(\boldsymbol{E}_1 - \boldsymbol{E}_2\boldsymbol{K})]\boldsymbol{x} + \boldsymbol{g}(x), x(0) = x_0 \tag{6-62}$$

选取 Lyapunov 函数 $V = \boldsymbol{x}^{\mathrm{T}}\boldsymbol{Px}$,并将其沿闭环系统式(6-55)求导,可得:

$$\dot{V} = \dot{\boldsymbol{x}}^{\mathrm{T}}\boldsymbol{Px} + \boldsymbol{x}^{\mathrm{T}}\boldsymbol{P\dot{x}}$$
$$= [(\boldsymbol{A} + \Delta\boldsymbol{A} - \Delta\boldsymbol{BK})\boldsymbol{x} + \boldsymbol{g}(x)]^{\mathrm{T}}\boldsymbol{Px} + \boldsymbol{x}^{\mathrm{T}}\boldsymbol{P}[(\boldsymbol{A} + \Delta\boldsymbol{A} - \Delta\boldsymbol{BK})\boldsymbol{x} + \boldsymbol{g}(x)]$$

又因为

$$(\Delta\boldsymbol{A} - \Delta\boldsymbol{BK})^{\mathrm{T}}\boldsymbol{P} + \boldsymbol{P}(\Delta\boldsymbol{A} - \Delta\boldsymbol{BK}) = [\boldsymbol{DF}(t)(\boldsymbol{E}_1 - \boldsymbol{E}_2\boldsymbol{K})]^{\mathrm{T}}\boldsymbol{P} + \boldsymbol{PDF}(t)(\boldsymbol{E}_1 - \boldsymbol{E}_2\boldsymbol{K})$$
$$= [\boldsymbol{DF}(t)(\boldsymbol{E}_1 - \boldsymbol{E}_2\boldsymbol{K})]^{\mathrm{T}}\boldsymbol{P} + \boldsymbol{PDF}(t)(\boldsymbol{E}_1 - \boldsymbol{E}_2\boldsymbol{K})$$
$$\leqslant \varepsilon\boldsymbol{PDD}^{\mathrm{T}}\boldsymbol{P} + \varepsilon^{-1}\boldsymbol{E}^{\mathrm{T}}\boldsymbol{E}$$

所以

$$\dot{V} \leqslant \boldsymbol{x}^{\mathrm{T}}[\boldsymbol{A}^{\mathrm{T}}\boldsymbol{P} + \boldsymbol{PA}^{\mathrm{T}} + \varepsilon\boldsymbol{PDD}^{\mathrm{T}}\boldsymbol{P} + \varepsilon^{-1}\boldsymbol{E}^{\mathrm{T}}\boldsymbol{E}]\boldsymbol{x} + 2\boldsymbol{x}^{\mathrm{T}}\boldsymbol{Pg}(x)$$
$$= \boldsymbol{x}^{\mathrm{T}}[-\boldsymbol{Q} - \boldsymbol{K}^{\mathrm{T}}\boldsymbol{RK} - \boldsymbol{M}]\boldsymbol{x} + 2\boldsymbol{x}^{\mathrm{T}}\boldsymbol{Pg}(x) \tag{6-63}$$
$$= \boldsymbol{x}^{\mathrm{T}}[-\boldsymbol{Q} - \boldsymbol{K}^{\mathrm{T}}\boldsymbol{RK} - \boldsymbol{M}]\boldsymbol{x} + 2\boldsymbol{x}^{\mathrm{T}}\boldsymbol{Pg}(x)$$
$$< \boldsymbol{x}^{\mathrm{T}}[-\boldsymbol{Q} - \boldsymbol{K}^{\mathrm{T}}\boldsymbol{RK}]\boldsymbol{x} - V_1$$

其中 $\boldsymbol{V}_1 = \boldsymbol{x}^{\mathrm{T}}\boldsymbol{Mx} - 2\boldsymbol{x}^{\mathrm{T}}\boldsymbol{Pg}(x)$。

由于系统满足非线性条件式(6-58)，即 $\lim\limits_{x\to 0}\dfrac{\parallel g(x)\parallel}{\parallel x\parallel}=0$，有对 $\forall\xi$，$\exists\delta>0$，当 $\parallel x\parallel\leqslant\delta$ 时，$\dfrac{\parallel g(x)\parallel}{\parallel x\parallel}<\xi$，既 $\parallel g(x)\parallel<\xi\parallel x\parallel$。

再者，

$$2x^{\mathrm{T}}Pg(x)\leqslant 2\parallel x^{\mathrm{T}}P\parallel\parallel g(x)\parallel=2\sqrt{x^{\mathrm{T}}PPx}\parallel g(x)\parallel$$

$$\leqslant 2\sqrt{\lambda_{\max}(P^2)}\parallel x\parallel\parallel g(x)\parallel,x^{\mathrm{T}}Mx\leqslant\lambda_{\min}(M)\parallel x\parallel^2$$

其中 $\lambda_{\min}(*)$、$\lambda_{\max}(*)$ 分别表示矩阵 $*$ 的最小特征值和最大特征值。由于 P 和 M 均为对称正定矩阵，所以 $\lambda_{\min}(M)>0$，$\lambda_{\min}(P^2)>0$。

因此，当 $\parallel x\parallel\leqslant\delta$ 时，

$$V_1=x^{\mathrm{T}}Mx-2x^{\mathrm{T}}Pg(x)<-\left[\lambda_{\min}(M)-2\xi\sqrt{\lambda_{\min}(P^2)}\right]\parallel x\parallel^2$$

又因为 $\lambda_{\min}(M)$ 与 $\lambda_{\min}(P^2)$ 均为确定的量，所以存在正数 ε，当其满足 $\varepsilon<\dfrac{\lambda_{\min}(M)}{2\lambda_{\min}(P^2)}$ 时，$V_1<0$。因此，

$$\dot{V}<x^{\mathrm{T}}\left[-Q-K^{\mathrm{T}}RK\right]x<0 \tag{6-64}$$

下面证明 $J\leqslant J^*=\mathrm{tr}(P)$，式(6-64)两边对时间 t 同时从零到无穷积分，且注意到当 $t\to\infty$ 时，$V(x(t))\to 0$，因此可以求得 $J\leqslant E\{V(x(0))\}=E\{x_0^{\mathrm{T}}Px_0\}=\mathrm{tr}(P)=J^*$。

定理 6.6 对于不确定非线性系统式(6-55)和性能指标式(6-56)，如果存在对称正定矩阵 $X=X^{\mathrm{T}}=P^{-1}$、矩阵 $Y=KX$ 和正常数 ε，使得对于所有满足不确定条件式(6-58)和非线性条件式(6-60)，下面的矩阵不等式成立：

$$\begin{bmatrix} \Xi & XE_1^{\mathrm{T}}-Y^{\mathrm{T}}E_2^{\mathrm{T}} & X & Y^{\mathrm{T}} \\ * & -\varepsilon I & 0 & 0 \\ * & * & -(Q+M)^{-1} & 0 \\ * & * & * & -R^{-1} \end{bmatrix}<0 \tag{6-65}$$

其中 $\Xi=A_0X+XA_0^{\mathrm{T}}-B_0Y-Y^{\mathrm{T}}B_0^{\mathrm{T}}+\varepsilon DD^{\mathrm{T}}$，$*$ 代表矩阵中对应元素的转置。则 $u=-Kx=-YX^{-1}x$ 是系统式(6-55)的一个保性能控制律，其对应的一个性能上界是 $J^*=\mathrm{tr}(P)$。

证明：

把 $X=X^{\mathrm{T}}=P^{-1}$ 和 $Y=KX$ 代入式(6-65)，并利用 Schur 补引理可知，式(6-64)和式(6-65)实质上是等价的。因此其证明过程可以参考定理1的证明。

定理 6.6 只是将矩阵不等式(6-64)转化为易于利用线性矩阵不等式(LMI)求解的形式。

注：由定理 6.5 和定理 6.6 可以看出，系统的性能上界依赖于保性能控制律的选

取。如何选取一个适当的保性能控制律才能使得系统的性能上界最小,即为系统式(6-55)的最优保性能控制问题,使得系统式(6-55)性能上界最小的控制律称为最优保性能控制律。定理 6.7 给出了系统式(6-55)最优保性能控制律的求解问题。

定理 6.7 对于不确定非线性系统式(6-55)和性能指标式(6-56),如果下面的优化问题

$$\min_{\varepsilon, \alpha, X, Y} \text{Trace}(\alpha) \tag{6-66}$$

使式(6-65)和

$$\begin{bmatrix} \alpha & \boldsymbol{x}_0^{\mathrm{T}} \\ \boldsymbol{x}_0 & \boldsymbol{X} \end{bmatrix} > 0 \tag{6-67}$$

有解$(\varepsilon, \alpha, X, Y)$,则$\boldsymbol{u} = -\boldsymbol{K}\boldsymbol{x} = -\boldsymbol{Y}\boldsymbol{X}^{-1}\boldsymbol{x}$是系统式(6-55)的最优保性能控制律,其对应的最小性能上界是α。

证明:

由定理 6.6 可知,条件式(6-65)可保证$\boldsymbol{u} = -\boldsymbol{K}\boldsymbol{x} = -\boldsymbol{Y}\boldsymbol{X}^{-1}\boldsymbol{x}$是系统式(6-55)的一个保性能控制律,其对应的一个性能上界是$J^* = \text{tr}(\boldsymbol{P})$。

又根据 Schur 补引理可知,条件式(6-67)等价于$\alpha > \boldsymbol{x}_0^{\mathrm{T}}\boldsymbol{X}^{-1}\boldsymbol{x}_0 = \boldsymbol{x}_0^{\mathrm{T}}\boldsymbol{P}\boldsymbol{x}_0$,$\text{Trace}(\alpha)$的最小化将保证$\text{Trace}(\boldsymbol{P})$的最小化,及系统性能上界的最小化。由于问题式(6-66)中的目标函数和约束函数均为变量的凸函数,因此,问题式(6-66)是一个凸优化问题,从而具有全局最小值。定理得证。

6.6.2 仿真分析

该部分将对 PMSM 混沌系统通过数字仿真来验证提出定理的有效性。首先,验证 PMSM 混沌系统式(6-3)满足不确定性条件式(6-6)和非线性条件式(6-8)。

由前文假设可知:

$\forall t, [\Delta \boldsymbol{A} \quad \Delta \boldsymbol{B}] = \boldsymbol{D}\boldsymbol{F}(t)[\boldsymbol{E}_1 \quad \boldsymbol{E}_2]$ 且 $\boldsymbol{F}^{\mathrm{T}}(t)\boldsymbol{F}(t) \leqslant \boldsymbol{I}$。其中 $\boldsymbol{F}(t) = \text{diag}(\text{rand}(1),$

$\text{rand}(1), \text{rand}(1)), \boldsymbol{D} = \text{diag}(0, 0.3, 0.3), \boldsymbol{E}_1 = \begin{bmatrix} 0 & 0 & 0 \\ 0 & 0 & \gamma \\ 0 & \sigma & -\sigma \end{bmatrix}, \boldsymbol{E}_2 = \begin{bmatrix} 1 & 0 \\ 0 & 1 \\ 0 & 0 \end{bmatrix}$,显然,其

满足不确定性条件式(6-6)。

$$\lim_{x \to 0} \frac{\|\boldsymbol{g}(x)\|}{\|\boldsymbol{x}\|} = \lim_{e \to 0} \frac{\sqrt{x_2^2 x_3^2 + x_1^2 x_3^2}}{\sqrt{x_1^2 + x_2^2 + x_3^2}} \leqslant \lim_{x \to 0} \frac{\sqrt{x_2^2 x_3^2 + x_1^2 x_3^2}}{\sqrt{x_1^2}} = \lim_{x \to 0} \sqrt{x_3^2 + x_3^2} = 0$$

且$g(x)|_{x=0} = 0$,即非线性条件式(6-7)亦满足,因此可以利用本节中的定理 6.1~6.3 来求解控制器增益。

下面基于 MATLAB 平台分三种情况对 PMSM 混沌系统进行仿真研究,系统的

初始状态为 $S_0 = (0.01, 0.01, 0.01)$，当 $t \geq 20s$ 时，期望平衡点 $S_d = S_2(25, 5, 5)$；当 $t \geq 20s$ 时，期望平衡点 $S_d = S_2(25, -5, -5)$；

（1）情况一：系统模型确定，无参数不确定性鲁棒时最优控制（LOC）、保性能控制（GCC）和最优保性能控制（ROGCC）得到的仿真结果如图 6-14 所示。

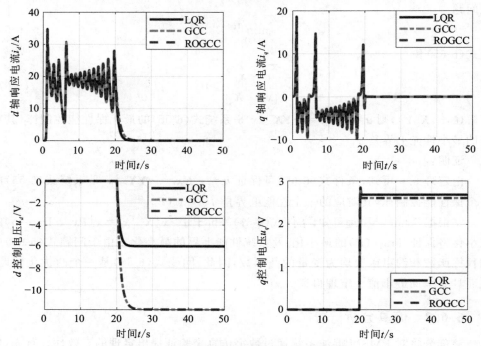

图 6-14　无参数不确定时系统的响应曲线

（a）d 轴电流响应曲线；（b）q 轴电流响应曲线；（c）d 轴电压控制曲线；（d）q 轴电压控制曲线

在情况一中，系统中的参数变化和控制增益摄动均为零，即 $\begin{bmatrix} \Delta A & \Delta B \end{bmatrix} = \begin{bmatrix} 0 & 0 \end{bmatrix}$。采用最优控制、保性能控制和最优保性能控制时分别求得：

$$\boldsymbol{P}_1 = \begin{bmatrix} 0.4142 & 0 & 0 \\ 0 & 15.1612 & 23.4602 \\ 0 & 23.4602 & 37.3651 \end{bmatrix}, \quad \boldsymbol{P}_2 = \begin{bmatrix} 1.3599 & 0 & 0 \\ 0 & 51.2436 & 51.8733 \\ 0 & 51.8733 & 78.7125 \end{bmatrix}$$

$$\boldsymbol{P}_3 = \begin{bmatrix} 0.8425 & -0.0005 & 0.0001 \\ -0.0005 & 23.4373 & 23.0301 \\ 0.0001 & 23.0301 & 39.8521 \end{bmatrix}$$

由图 6-14 可知：一方面，在系统中模型参数都确定的情况下，三种方法均能较快趋近于期望的平衡点；另一方面，采用最优控制、保性能控制和最优保性能控制时对应的性能指标分别为 $J_1^* = 0.0192, J_2^* = 0.0235, J_3^* = 0.0110$，采用最优保性能控制时具有最好的性能指标。

（2）情况二：系统模型中仅存在系统参数和控制增益不确定性时，鲁棒最优控制、保性能控制和最优保性能控制的仿真结果如图 6-15 所示。

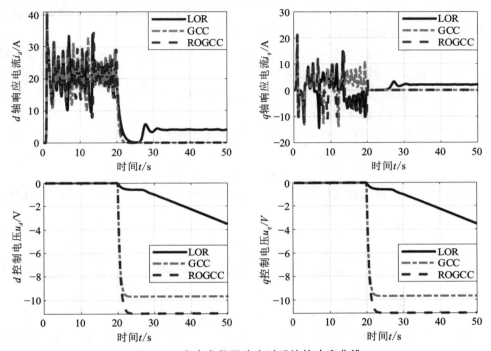

图 6-15　存在参数不确定时系统的响应曲线

(a)d 轴电流响应曲线；(b)q 轴电流响应曲线；(c)d 轴电压控制曲线；(d)q 轴电压控制曲线

在情况二中，系统中的参数变化和控制增益摄动均含 30% 参数摄动。采用最优控制、保性能控制和最优保性能控制时分别求得：

$$\boldsymbol{P}_1 = \begin{bmatrix} 0.4142 & 0 & 0 \\ 0 & 15.1612 & 23.4602 \\ 0 & 23.4602 & 37.3651 \end{bmatrix}, \quad \boldsymbol{P}_2 = \begin{bmatrix} 1.2254 & 0 & 0 \\ 0 & 37.0011 & 60.2247 \\ 0 & 60.2247 & 136.1788 \end{bmatrix}$$

$$\boldsymbol{P}_3 = \begin{bmatrix} 0.7441 & -0.0001 & -0.0003 \\ -0.0001 & 27.0656 & 48.2589 \\ -0.0003 & 48.2589 & 114.1418 \end{bmatrix}$$

由图 6-15 可知，当系统中含有模型参数和控制增益摄动时：一方面，保性能控制和最优保性能控制仍能保证系统快速镇定到期望平衡点 $S_1(0,0,0)$，保性能控制方法在 1.5s 左右，最优保性能控制在 1s 以内，而最优控制由于无法补偿不确定性带来的影响，致使系统偏离平衡点；另一方面，采用保性能控制和最优保性能控制时对应

的性能指标分别为 $J_2^* = 0.0295$，$J_3^* = 0.0238$，模型参数和控制增益摄动造成性能指标增大，但最优保性能控制仍比保性能控制具有更小的指标值。

（3）情况三：在不同平衡点切换的仿真结果如图 6-16 所示。

接下来，将根据定理 6.6 和定理 6.7 分别求出 PMSM 混沌系统式（6-3）的保性能控制律和最优保性能控制律，系统初始点为（1,0,−1）。

在应用定理 6.6 和定理 6.7 求解时，为了便于比较保性能控制与最优保性能控制的两种控制策略的性能，选取控制参数如下：

$$\varepsilon = 0.8, \quad R = I^{2 \times 2}, \quad Q = M = I^{3 \times 3}$$

①将其镇定到平衡点 $S_1(0,0,0)$。

根据定理 6.6 可求得系统的保性能控制律的反馈增益和性能指标分别为：

$$K_1^1 = \begin{bmatrix} 0.5804 & 0 & 0 \\ 0 & 29.4649 & 49.5145 \end{bmatrix}, \alpha_1^1 = 133.8245$$

根据定理 6.7 可求得系统的最优保性能控制律的反馈增益和性能指标分别为：

$$K_1^2 = \begin{bmatrix} 0.3831 & 0 & 0 \\ 0 & 22.5474 & 43.4810 \end{bmatrix}, \alpha_1^2 = 109.8266$$

②将其镇定到平衡点 $S_2(25,5,5)$。

根据定理 6.6 可求得系统的保性能控制律的反馈增益和性能指标分别为：

$$K_2^1 = \begin{bmatrix} 2.9749 & -0.4448 & 2.9980 \\ -0.4242 & 7.7908 & 17.5754 \end{bmatrix}, \alpha_2^1 = 51.7338$$

根据定理 6.7 可求得系统的最优保性能控制律的反馈增益和性能指标分别为：

$$K_2^2 = \begin{bmatrix} 2.0402 & -0.6473 & 1.8547 \\ -0.6473 & 5.2357 & 16.4728 \end{bmatrix}, \alpha_2^2 = 35.8572$$

③将其镇定到平衡点 $S_3(25,-5,-5)$。

根据定理 6.6 可求得系统的保性能控制律的反馈增益和性能指标分别为：

$$K_3^1 = \begin{bmatrix} 2.9749 & 0.4448 & -2.9980 \\ 0.4242 & 7.7908 & 17.5754 \end{bmatrix}, \alpha_3^1 = 114.8852$$

根据定理 6.7 可求得系统的最优保性能控制律的反馈增益和性能指标分别为：

$$K_3^2 = \begin{bmatrix} 2.0455 & 0.6464 & -1.8495 \\ 0.6464 & 5.2358 & 16.4720 \end{bmatrix}, \alpha_3^2 = 52.5494$$

由上述求解结果及图 6-16 的仿真可以看出，保性能控制和最优保性能控制均能快速地将系统镇定到期望的平衡点，且对系统中参数的变化具有很强的鲁棒性。与最优保性能控制相比，虽然保性能控制能够保证控制系统满足一定的性能指标，但是不能保证其性能指标的上界最小，而且其控制增益的值比前者大，需要较多的控制能量才能达到控制的效果。因此，最优保性能控制具有更高的应用价值。

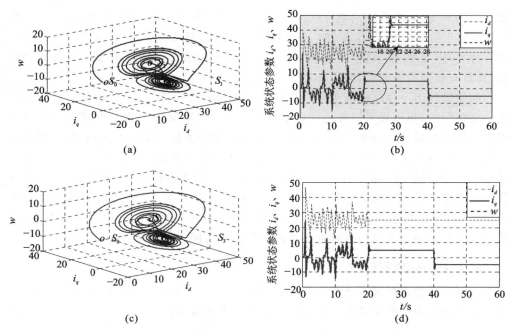

图 6-16   情况三时不同切换点切换时系统的状态响应曲线

（a）保性能控制时系统的相图；（b）保性能控制时系统的状态响应曲线；
（c）最优保性能控制时系统的相图；（d）最优保性能控制时系统的状态响应曲线

6.7   永磁同步电机单输入状态反馈控制

针对含有参数不确定性的永磁同步电机混沌系统，基于串接系统理论，提出了一种新型的鲁棒状态反馈控制方法。该方法首先将永磁同步电机混沌系统看作由两个子系统组成，即电气子系统和机械子系统。其次，通过对电气子系统设计状态反馈控制器来实现闭环系统的全局渐进稳定。该控制器仅通过控制交轴电压即可实现整个系统的稳定控制，结构简单，具有一定的可实现性。基于 Lyapunov 稳定理论证明了系统的全局渐进稳定性。仿真结果证实了该方法的有效性。

纳入轨道和强迫迁徙控制方法要求控制目标不允许在收敛系统的任一轨道或状态，并且需要系统轨道处于吸引域中才能施加控制，因而有一定的实现难度；利用状态延时反馈难以确定控制的周期目标轨道与延时时间的关系；状态反馈控制、动态面控制、无源控制等，均依赖于系统的数学模型，当系统参数发生变化时，无法保证系统的动态性能，甚至可能导致失控；滑模控制要求系统参数不确定性满足一定的匹配条件，且控制器存在固有的抖振现象；自适应控制则需要引入参数自适应机制，必然增加系统的开支,影响系统的响应性能;模糊控制方法的模糊控制则是建立在系统模型T-S模糊化的基础之上,文献[89]提出的模糊反馈控制系统稳定的时间较长,响应性能有待提高,文献[92]将模糊控制与鲁棒最优控制相结合,提出了模糊最优保代价控制,其具有较强的鲁棒性,但设计过程过于复杂。

如何设计出一种结构简单且具有抗参数扰动能力的控制器,是本书研究的出发点。文献[184]将串接系统理论应用于混沌系统的同步控制,成功实现了驱动系统与相应系统的全局渐进同步。文献[185]将其推广到解决混沌系统的抑制问题,针对统一混沌系统,提出了一种统一的混沌控制与同步方法。然而,文献[184]和[185]没有考虑系统中不确定性的影响。实际上,不确定性广泛存在于各种实际系统之中,研究具有不确定性的混沌系统控制与同步问题,更具有实际意义。本书针对含有参数不确定性的 PMSM 混沌系统,基于串接系统理论,提出一种鲁棒反馈混沌控制策略。通过仿真结果验证了所提出的控制策略的快速响应能力和鲁棒性。

6.7.1　控制器设计

级联系统稳定性理论已经在非线性微分几何控制理论中得到比较完善的发展,下面给出级联系统的定义及其稳定性理论的一个重要定理。

对于系统

$$\begin{cases} \dot{x} = f(x, z) \\ \dot{z} = g(z) \end{cases} \tag{6-68}$$

式中,$x \in R^n$,$z \in R^m$ 为系统的状态;$f(x,z) \in R^{n \times m}$ 和 $g(z) \in R^{n \times m}$ 均是局部 Lipschitz 的,且满足 $f(0,0) = 0$,$g(0) = 0$,这类系统被称为级联系统。

引理 6.3　对于系统式(6-68),若满足以下两个条件:①$\dot{x} = f(x,0)$ 在其平衡点 $x = 0$ 和 $\dot{z} = g(z)$ 在其平衡点 $z = 0$ 分别是全局渐进稳定的;②系统的状态轨迹 $(x(t), z(t))$ 是有界的,则系统式(6-68)的平衡点 $(x, z) = (0, 0)$ 是全局渐进稳定的。

注:由引理 6.3 可知,对于混沌系统,由于其状态均有界,因此只要满足引理 6.3 中的条件①即可保证系统是全局渐进稳定的。

由系统式(6-3)可知,该系统有三个平衡点:$S_0(0,0,0)$、$S_2(\gamma-1, \sqrt{\gamma-1}, \sqrt{\gamma-1})$ 和 $S_3(\gamma-1, -\sqrt{\gamma-1}, -\sqrt{\gamma-1})$。其中 $S_0(0,0,0)$ 和 $S_2(\gamma-1, \sqrt{\gamma-1}, \sqrt{\gamma-1})$、$S_3(\gamma-1, -\sqrt{\gamma-1}, -\sqrt{\gamma-1})$ 分别为不稳定的鞍点和焦点。不失一般性,取原点 $S_0(0,0,0)$ 作为期望镇定的平衡点。为了使系统快速镇定到平衡点 S_0,在系统式(6-3)的第二个方程中加入控制作用 u,得到其受控系统为:

$$\begin{cases} \dot{i}_d = -i_d + w i_q \\ \dot{i}_q = -i_q - w i_d + (\gamma + \Delta_\gamma) w + u \\ \dot{w} = (\sigma + \Delta_\sigma)(i_q - w) \end{cases} \tag{6-69}$$

其中，$\begin{cases} \overset{\cdot}{i}_d = -i_d + wi_q \\ \overset{\cdot}{i}_q = -i_q - wi_d + (\gamma + \Delta_\gamma)w \end{cases}$ 为电气子系统，$\overset{\cdot}{w} = (\sigma + \Delta_\sigma)(i_q - w)$ 为机械子系统。

由机械子系统可知，系统参数 $\sigma + \Delta_\sigma$ 恒为正。当系统的状态 i_q 趋近于零时，机械子系统将全局渐进指数稳定。根据串接系统引理 6.3，只要能够设计控制器 u，使系统的电气子系统全局渐进稳定，那么整个系统将全局渐进稳定。

因此，控制目标是：设计状态反馈控制 u，使受控的参数不确定系统式(6-69)快速镇定到期望的平衡点 $S_0(0,0,0)$。

针对受控不确定系统(6-69)，控制器的设计如下所述。

定理 6.8 对于不确定性系统式(6-69)，如果采用如下形式的控制器：

$$u = ki_q - L|w|\operatorname{sgn} i_q \tag{6-70}$$

式中，k 和 L 为反馈系数，且均为正实数，且满足 $L \geqslant (1+\delta_1)\gamma$；则系统式(6-69)在平衡点 $(i_d, i_q, w) = (0,0,0)$ 是全局渐进稳定的。

证明：

对于系统式(6-69)中的电气子系统，把控制器 u 代入可得：

$$\begin{cases} \overset{\cdot}{i}_d = -i_d + wi_q \\ \overset{\cdot}{i}_q = -i_q - wi_d + (\gamma + \Delta_\gamma)w - L|w|\operatorname{sgn}(i_q) - ki_q \end{cases} \tag{6-71}$$

取 Lyapunov 函数 $V = 0.5(i_d^2 + i_q^2)$，则其沿式(6-71)的轨迹的导数可表示为：

$$\begin{aligned}
\overset{\cdot}{V} &= i_d \overset{\cdot}{i}_d + i_q \overset{\cdot}{i}_q \\
&= i_d(-i_d + wi_q) + i_q[-i_q - wi_d + (\gamma + \Delta_\gamma)w - L|w|\operatorname{sgn}(i_q) - ki_q] \\
&= -i_d^2 - (k+1)i_q^2 - L|w|i_q\operatorname{sgn}(i_q) + (\gamma + \Delta_\gamma)wi_q \\
&= -i_d^2 - (k+1)i_q^2 - L|w||i_q| + (\gamma + \Delta_\gamma)wi_q \\
&\leqslant -i_d^2 - (k+1)i_q^2 - L|w||i_q| + (\gamma + \Delta_\gamma)|w||i_q| \\
&= -i_d^2 - (k+1)i_q^2 - (L - \gamma - \Delta_\gamma)|w||i_q|
\end{aligned}$$

由前面的不确定性假设 $\|\Delta_\gamma\| \leqslant \delta_1 = 0.3\gamma$ 及定理中的条件 $L \geqslant (1+\delta_1)\gamma$，可得

$$\overset{\cdot}{V} \leqslant -i_d^2 - (k+1)i_q^2 \leqslant 0$$

故电气子系统在平衡点 $(i_d, i_q) = (0,0)$ 是全局渐进稳定的。

若状态 (i_d, i_q) 达到其平衡点 $(i_d, i_q) = (0,0)$ 所需的时间为 T_1，则当 $t > T_1$ 时，$(i_d, i_q) \equiv (0,0)$。将 $(i_d, i_q) = (0,0)$ 代入式(6-69)中的机械子系统，可得：

$$\overset{\cdot}{w} = -\sigma w \tag{6-72}$$

显然平衡点 $w = 0$ 亦是响应子系统全局渐进稳定的，故引理 6.3 中的条件①得到满足；系统式(6-3)是混沌系统，因此其各个状态是有界的，条件②亦得到满足，从而由引理 6.3 可知，系统式(6-69)在平衡点 $(i_d, i_q, w) = (0,0,0)$ 是全局渐进稳定的。定理得证。

注：从控制器的表达式[式(6-70)]可以看出，该控制器相当于一种变结构控制，滑模面即为 $s = i_q$，当 $i_q > 0$ 时，采用的控制器为 $u_1 = -L|w|$；当 $i_q < 0$ 时，采用的控制器为 $u_1 = L|w|$。即当系统的状态 i_q 不在其滑模面 $s = i_q = 0$ 上时，通过控制作用 u 使其快速到达指定的滑模面；当系统的状态 i_q 在其滑模面 $s = i_q = 0$ 上时，控制作用 $u = 0$，也就是实现了系统的镇定。另外，从控制器结构看，形式相当简单，只需要一个控制输入即可实现系统的快速镇定，具有较高的可操作性。

6.7.2 仿真分析

由系统式(6-3)可知：原点 $S(0,0,0)$ 是系统的一个平衡点，为了使系统快速镇定至系统平衡点 S，在式(6-3)的左边加入控制作用 u，得到其受控系统的级联形式为式(6-69)。

本节主要是通过仿真实验来验证本书方案的有效性。仿真中均采用四阶 Runge-Kutta 法，采样时间 $T_s = 0.01\text{s}$，初始条件 $(i_{d0}, i_{q0}, w_0) = (0.01, 0.01, 0.01)$，$\gamma = 20$，$\sigma = 5.46$。下面对含有参数不确定性和不含参数不确定性两种情况分别进行仿真研究。

（1）不含参数不确定性时，即 $\delta_1 = \delta_2 = 0$，取 $L = 30 > \gamma = 20$，$k = 1$，则控制器为 $u = 5i_q - 20|w| \operatorname{sgn} i_q$，此时得到的仿真结果如图 6-17 所示。

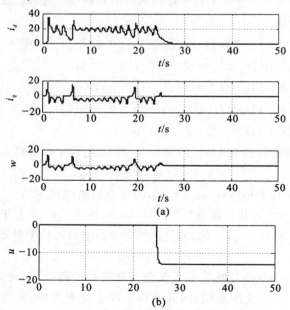

图 6-17　不含参数不确定性时受控 PMSM 混沌系统响应

（a）状态轨迹；（b）控制输入

仿真结果分析：由图 6-17(a)可知，系统不含参数不确定性时，电流 i_d、i_q 和速度都能趋近于平衡点(0,0,0)，然而 i_d 的趋近速度明显低于 i_q 和 w，这是由于三者均是以指数形式趋近于平衡点，但 w 和 i_q 对应的系数分别为 $\sigma=5.46$ 和 $k+1=2$，均大于 i_d 对应的系数 1，因此状态 i_q 和 w 明显比 i_d 的响应速度快。图 6-17(b)为控制器输出曲线，可以看出控制器输出光滑，且能够快速稳定到某一常值。

(2)含 30% 参数正摄动即 $\Delta_\gamma=0.3 \cdot \mathrm{rand}(1)\gamma$ 时，仍取 $L=30>\gamma+\delta_1=26$，$k=1$，则控制器 $u=5i_q-30|w| \ \mathrm{sgn} \ i_q$，此时得到的仿真结果如图 6-18 所示。

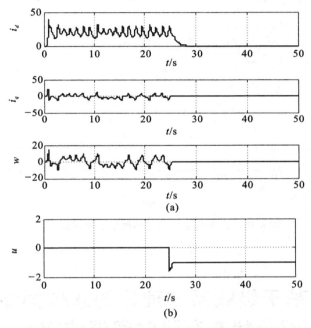

图 6-18　含 30% 参数正摄动时系统的响应曲线

(a)系统状态；(b)控制器输出

(3)含 30% 参数负摄动(即 $\Delta_\gamma=-0.3 \cdot \mathrm{rand}(1)\gamma$ 时，仍取 $L=30>\gamma+\delta_1=26$，$k=1$，则控制器 $u=5i_q-30|w| \ \mathrm{sgn} \ i_q$，此时得到的仿真结果如图 6-19 所示。

仿真结果分析：由图 6-18 和图 6-19 可知，系统无论存在参数正摄动还是负摄动，其各个状态电流 i_d、i_q 和速度 w 均能趋近于系统的平衡点(0,0,0)，然而 i_d 的趋近速度仍明显低于 i_q 和 w，原因同上。与不含参数不确定性时的最大区别在于：系统参数不确定的存在，致使系统的状态变化范围增大，控制器的输出也随之变化，系统达到平衡时控制器输出保持恒定，即相当于给系统施加恒定的电压。

总之，无论系统是否存在参数不确定性，本书的方案都能有效地使系统的状态趋近于其平衡点，控制过程平稳光滑，具有很好的控制效果。

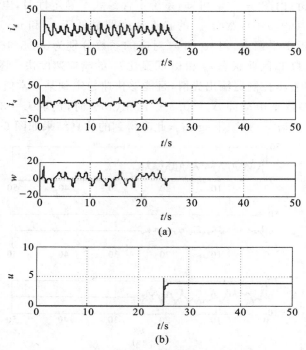

图 6-19　含 30％参数负摄动时系统的响应曲线

(a)系统状态；(b)控制器输出

6.8　基于级联系统理论的永磁同步电机部分状态有限时间混沌控制

　　常规的线性控制理论已无法满足 PMSM 混沌系统控制性能的要求。控制策略均保证了系统的指数稳定性，不能保证其调整时间最短，即属于非有限时间稳定控制。有限时间稳定控制除能兼顾二者性能外，由于其含有分数幂次项，与非有限时间稳定控制相比，具有更强的鲁棒性和抗扰动能力。因此，有关混沌系统的有限时间稳定控制与同步的研究得到学者的关注。文献[186]提出了统一混沌系统的有限时间稳定控制，但其稳定时间较长，有待进一步改进；文献[187]在文献[186]的基础上首次将有限时间稳定控制用于 PMSM 混沌系统，然而没有考虑系统参数不确定性的影响，且在速度状态方程中加入控制，而速度状态方程中可以改变的外部变量只有负载转矩(一般不是任意可控的)，故在实际中难以实现。本书在文献[186]和[187]的基础上,通过引入终端吸引子比例因子,提出一种考虑系统参数不确定性 PMSM 的改进型鲁棒稳定控制器,来进一步提高系统的性能。

6.8.1 控制器设计

针对系统式(6-69),基于级联系统理论,设计的控制器如下所述。

定理 6.9 对于不确定性系统式(6-69),如果采用如下形式的控制器:

$$\begin{cases} u_1 = -k_d i_d^\alpha \\ u_2 = -L\,|w|\,\mathrm{sgn}(i_q) - k_q i_q^\alpha \end{cases} \tag{6-73}$$

式中,k_d、k_q 为终端吸引子比例系数,且均为正实数;$0 < \alpha < 1, L \geqslant (\gamma + \delta_1) = 1.3\gamma$,则系统式(6-69)在平衡点 $(i_d, i_q, w) = (0,0,0)$ 是部分有限时间稳定的。

证明:

对于系统式(6-69)中的前两个方程,把控制器 u_1、u_2 代入,可得:

$$\begin{cases} si_d = -i_d + wi_q - k_d i_d^\alpha \\ si_q = -i_q - wi_d + (\gamma + \Delta_\gamma)w - L\,|w|\,\mathrm{sgn}(i_q) - k_q i_q^\alpha \end{cases} \tag{6-74}$$

取 Lyapunov 函数 $V_1 = \dfrac{1}{2}(i_d^2 + i_q^2)$,则其沿式(6-69)的轨迹的导数可表示为:

$$\begin{aligned}
sV_1 &= i_d si_d + i_q si_q \\
&= i_d(-i_d + wi_q - k_d i_d^\alpha) + i_q\left[-i_q - wi_d + (\gamma + \Delta_\gamma)w - L\,|w|\,\mathrm{sgn}(i_q) - k_q i_q^\alpha\right] \\
&= -i_d^2 - i_q^2 - k_d i_d^{\alpha+1} - k_q i_q^{\alpha+1} - (L - 1 - \Delta_\gamma)\,|wi_q| \\
&\leqslant -k_d i_d^{\alpha+1} - k_q i_q^{\alpha+1} \\
&= -k_d\left(\frac{1}{2}\right)^{-0.5(\alpha+1)}\left(\frac{1}{2}i_d^2\right)^{0.5(\alpha+1)} - k_q\left(\frac{1}{2}\right)^{-0.5(\alpha+1)}\left(\frac{1}{2}i_q^2\right)^{0.5(\alpha+1)} \\
&\leqslant -m\left[\left(\frac{1}{2}i_d^2\right)^{0.5(\alpha+1)} + \left(\frac{1}{2}i_q^2\right)^{0.5(\alpha+1)}\right] \leqslant -mV_1^\xi
\end{aligned} \tag{6-75}$$

其中,$m = \min\left[\left(\dfrac{1}{2}\right)^{-0.5(\alpha+1)} k_d, \left(\dfrac{1}{2}\right)^{-0.5(\alpha+1)} k_q\right] > 0, \xi = \dfrac{1}{2}(\alpha+1)$,又 $0 < \alpha < 1$,则 $0 < \xi < 1$,故根据引理 6.2 可知,系统状态 i_d、i_q 将分别在有限时间 t_m 内趋近于零。

将 $i_d = 0, i_q = 0$ 代入系统式(6-69)的第三个方程,可得:

$$sw = -\sigma w \tag{6-76}$$

显然,平衡点 $w = 0$ 亦是全局渐进指数稳定的,定理 1 中的条件①得到满足,又因为 PMSM 混沌系统的状态均有界,即定理 1 中的条件②仍得到满足,则系统式(6-69)是全局渐进稳定的。而状态 i_d、i_q 是部分有限时间稳定的,则系统式(6-69)是部分有限时间稳定的,定理得证。

注:从本书控制器结构看,形式相当简单,且只需对输入端施加式(6-70)控制电压,即可使系统快速稳定到平衡点,具有较高的可操作性。

6.8.2 仿真分析

本节主要是将本书方案与文献[186]的方案进行仿真分析比较,来说明本书方案的优越性。为了便于比较,仿真中均采用四阶龙格库塔法,采样时间 $T_s = 0.01$s,初始条件$(i_{d0}, i_{q0}, w_0) = (0.01, 0.01, 0.01)$,其余参数设置与 6.1 节相同。

本书中的控制器参数为:$k_d = k_q = k = 50, \alpha = 7/9, L = 50$;文献[186]中的参数为:$H = 0.9, \lambda = 7/9$,仿真结果如图 6-20 和图 6-21 所示,图 6-20 为无参数不确定性时系统的响应曲线,图 6-21 为含 30% 参数摄动时系统的响应曲线。

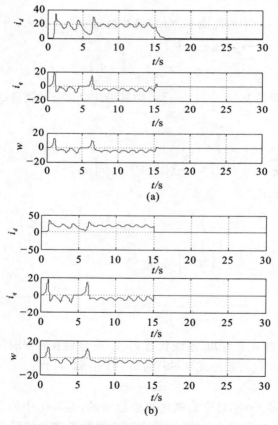

图 6-20 无参数不确定性时系统的响应曲线

(a)文献[186]的系统响应曲线;(b)本书方案的系统响应曲线

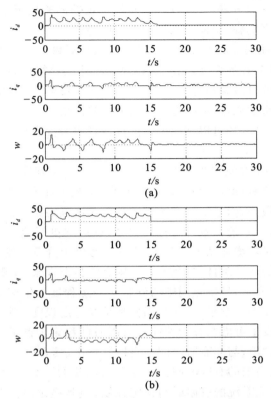

图 6-21 含 30％参数摄动时系统的响应曲线

(a)文献[186]的系统响应曲线；(b)本书方案的系统响应曲线

从图 6-20 可以看出,文献[186]能够在一定时间内控制到系统的平衡点,但是与本书方案相比,其所需时间较长,尤其是 i_d 的整定时间达到了 2s,本书方案则迅速且几乎无超调地达到系统的平衡点。图 6-21 表明,当系统含有参数不确定性时,文献[186]方案的响应曲线在平衡点处存在较大的波动,无法保证系统的性能,这正是参数不确定性作用的结果。本书方案保证了对系统参数的鲁棒性,具有迅速的响应能力,因此具有明显的优越性。

6.9 非均匀气隙永磁同步电机有限时间混沌同步

针对非均匀气隙 PMSM 混沌系统,结合主动控制与有限时间稳定控制理论,提出一种改进的主动有限时间同步控制器。该控制器首先利用主动控制来实现系统非线性项和线性项的近似解耦,再通过有限时间稳定控制来增强系统的鲁棒性和快速响应能力。通过仿真实验,验证了该控制器的优越性。

PMSM 混沌系统是一种复杂的多变量、强耦合高维非线性系统,其混沌特性主要表现为:随着电机参数的变化,系统将呈现出转速或转矩的剧烈振荡、控制性能不稳定及系统不规则的电磁噪声等混沌现象,这将严重影响系统的动态性能。因此,如何抑制这种现象带来的危害,成为近年来研究的热点之一。另外,电机的混沌行为在某些特殊场合是有益的,如可以利用电机的混沌现象来提高研磨与搅拌的效率等,即电机的混沌化问题。

目前关于 PMSM 混沌同步问题的研究较少,处于初步阶段。现有的 PMSM 混沌同步控制策略主要有:反馈同步、自适应同步、滑模同步和模糊同步等。反馈同步依赖于系统的数学模型,当系统存在不确定性时无法满足系统的要求;自适应同步通过引入自适应机制,对系统参数进行在线估计,以达到更好地控制系统的性能,但是自适应机制的引入必然增加系统的开支,在一定程度上降低系统的响应能力;滑模同步则需要满足一定的匹配条件,且系统存在固有的抖振现象;模糊同步虽具有较强的鲁棒性,但是其结构复杂,且模糊规则的确定在一定程度上依赖于经验,有一定的实现难度。另一个重要的问题是:以上控制器都是在一定程度上强调系统的鲁棒性,没有从时间最优的角度来考虑系统的性能。有限时间稳定控制除能兼顾二者性能外,由于其含有分数幂次项,与非有限时间稳定控制相比,具有更强的鲁棒性和抗扰动能力。因此,有关混沌系统的有限时间稳定控制与同步的研究得到学者的关注。文献[198]提出了统一混沌系统的有限时间稳定控制,但其稳定时间较长,有待进一步改进。本书在文献[192]和文献[198]的基础上,通过引入终端吸引子比例因子,提出一种 PMSM 的新型的鲁棒同步控制器,来进一步提高系统的性能。

6.9.1　控制器设计

经过变换后的永磁同步电动机无量纲数学模型为:

$$\begin{cases} \tau_1 s x_1 = -x_2 x_3 - x_1 + v_d \\ \tau_2 s x_2 = -x_2 - x_1 x_3 - x_3 + v_q \\ \tau_3 s x_3 = a x_1 x_2 + b x_2 - c x_3 - T_L \end{cases} \tag{6-77}$$

式中,$(x_1, x_2, x_3) = (i_d, i_q, w)$;$v_d$、$v_q$ 和 i_d、i_q 分别为变换后 d 轴、q 轴的电压和电流;w、T_L 分别为变换后的速度和负载;a、b、c 为电机参数;$s = \mathrm{d}/\mathrm{d}t$ 为微分算子,具体变换步骤可参考文献[192]。

同文献[192]一样,当 $v_d = -12.70$,$v_q = 2.34$,$T_L = 0.525$,$\tau_1 = 7.125$,$\tau_2 = 6.45$,$\tau_3 = 1$,$a = 1.516$,$b = 16$,c 分别取 2.8、2.5、1.8 时,系统将会依次呈现周期 1 的运动、周期 2 的运动和混沌现象。基于 MATLAB 平台,采用四阶 Runge-Kutta

法,采样时间 $T_s=0.01\mathrm{s}$,初始状态为 $(i_d,i_q,w)=(1,1,1)$,仿真结果如图 6-22 所示 (图中的 i_d、i_q、w 均以标幺值表示,下面不再赘述)。

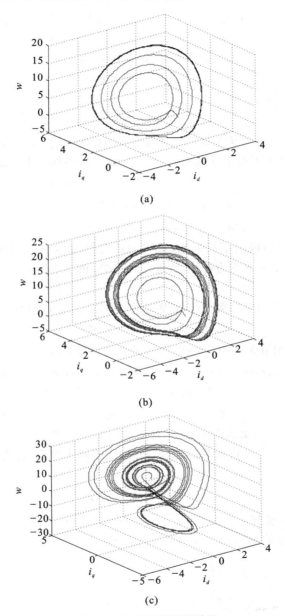

(a)

(b)

(c)

图 6-22　PMSM 混沌吸引子

(a)$c=2.8$;(b)$c=2.5$;(c)$c=1.8$

设驱动系统为系统式(6-77)，响应系统为：

$$\begin{cases} \tau_1 s y_1 = -y_2 y_3 - y_1 + v_d + u_1 \\ \tau_2 s y_2 = -y_2 - y_1 y_3 - y_3 + v_q + u_2 \\ \tau_3 s y_3 = a y_1 y_2 + b y_2 - c y_3 - T_L + u_3 \end{cases} \tag{6-78}$$

令 $e_i = y_i - x_i, i = 1, 2, 3$，则误差系统可表示为：

$$\begin{cases} \tau_1 s e_1 = e_2 e_3 + e_2 x_3 + e_3 x_2 - e_1 + u_1 \\ \tau_2 s e_2 = -e_2 - e_1 e_3 - e_1 x_3 - e_3 x_1 - e_3 + u_2 \\ \tau_3 s e_3 = a(e_1 e_2 + e_1 x_2 + e_2 x_1) + b e_2 - c e_3 + u_3 \end{cases} \tag{6-79}$$

针对系统式(6-79)，基于主动控制和有限时间稳定理论，设计的控制器如下所述：

定理 6.10 对于不确定性系统式(6-79)，如果采用如下形式的控制器：

$$\begin{cases} u_1 = -e_2 e_3 - e_2 x_3 - e_3 x_2 - k_1 e_1^\alpha \\ u_2 = e_3 x_1 + e_3 - k_2 e_2^\alpha \\ u_3 = -a e_2 x_1 - b e_2 - k_3 x^\alpha \end{cases} \tag{6-80}$$

式中，k_1、k_2、k_3 为终端吸引子权系数，且均为正实数，为简化计算取 $k_1 = k_2 = k_3 = k$；$\alpha = p/q, 0 < p < q$，且 p、q 均为奇数，则系统式(6-79)的状态误差在有限时间趋近于零。

证明：

对于系统式(6-79)中的第一个方程，把控制器 u_1 代入，可得：

$$\tau_1 s e_1 = -e_1 - k_1 e_1^\alpha \tag{6-81}$$

取 Lyapunov 函数 $V_1 = 0.5 \tau_1 e_1^2$，则其沿式(6-79)的轨迹的导数可表示为：

$$sV_1 = e_1 \tau_1 s e_1 = e_1(-e_1 - k_1 e_1^\alpha) = -e_1^2 - k_1 e_1^{\alpha+1} \leqslant -k_1 e_1^{\alpha+1}$$
$$= -k_1(0.5\tau_1)^{-0.5(\alpha+1)}(0.5\tau_1 e_1^2)^{0.5(\alpha+1)} = -m_1 V_1^\xi \tag{6-82}$$

其中，$m_1 = k_1(0.5\tau_1)^{-0.5(\alpha+1)}$，$\xi = 0.5(\alpha+1)$。由于 $0 < \alpha < 1$，则 $0 < \xi < 1$，又因为 $m > 0$，故根据引理 6.1 可知，系统误差 e_1 将在有限时间 $t_1 = e_1(0)/[k_1(1-\alpha)]$ 时趋近于 0。

再将 $e_1 = 0$ 和 u_2、u_3 代入系统式(6-79)的余下两个方程，可得：

$$\begin{cases} \tau_2 s e_2 = -e_2 - k_2 e_2^\alpha \\ \tau_3 s e_3 = -c e_3 - k_3 e_3^\alpha \end{cases} \tag{6-83}$$

取 Lyapunov 函数 $V_1 = 0.5(\tau_2 e_2^2 + \tau_3 e_3^2)$，则其沿式(6-79)的轨迹的导数可表示为：

$$sV_2 = e_2(-e_2 - k_2 e_2^\alpha) + e_3(-c e_3 - k_3 e_3^\alpha)$$
$$= -e_2^2 - e_3^2 - k_2 e_2^{\alpha+1} - k_3 e_3^{\alpha+1}$$
$$\leqslant k_2 e_2^{\alpha+1} - k_3 e_3^{\alpha+1}$$
$$= -k_2(0.5\tau_2)^{-0.5(\alpha+1)}(0.5\tau_2 e_2^2)^{0.5(\alpha+1)} - k_3(0.5\tau_3)^{-0.5(\alpha+1)}(0.5\tau_3 e_3^2)^{0.5(\alpha+1)}$$
$$\leqslant -m_2 V_2^\xi \tag{6-84}$$

其中，$m_2 = \min[k_2(0.5\tau_2)^{-0.5(\alpha+1)}, k_3(0.5\tau_3)^{-0.5(\alpha+1)}]$，由于 $0 < \alpha < 1$，则 $0 < \xi < 1$，又

因为 $m_2>0$,故根据引理 6.1 可知,系统误差 e_2、e_3 将分别在有限时间 t_2 内趋近于 0。

综上所述,当 $t>t_2$ 时,系统式(6-79)在控制器式(6-80)的作用下,状态误差将在有限时间内趋近于零,定理得证。这也就说明了驱动系统式(6-78)和响应系统式(6-79)在有限时间内达到了同步。

6.9.2 仿真分析

本节主要是将本书方案与文献[192](自适应同步)和文献[198](传统有限时间同步)方案进行仿真分析比较,来说明本书方案的优越性。为了便于比较,仿真中均采用四阶 Runge-Kutta 法,采样时间 $T_s=0.01$s,初始条件 $(x_1,x_2,x_3,y_1,y_2,y_3)=(1,1,1,5,5,5)$,$c=1.8$,其余参数设置与 6.1 节相同。

本书中的控制器参数为:$k_1=k_2=k_3=k=10$,$\alpha=7/9$;文献[198]中的参数为:$k=0.9$,$\alpha=7/9$,仿真结果如图 6-23 所示。

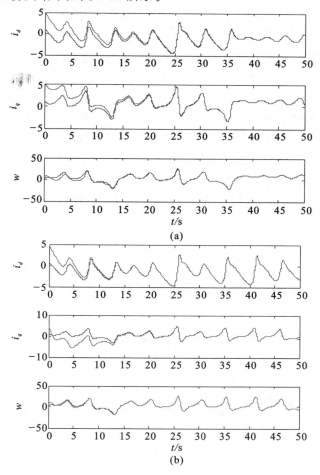

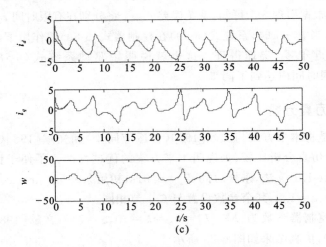

(c)

图 6-23　PMSM 混沌系统状态响应曲线

(a)文献[192]的系统状态响应曲线；(b)文献[198]的系统状态响应曲线；(c)本书方案的系统状态响应曲线

图 6-23 表明：三种控制方案都能实现响应系统和驱动系统的同步，但是与文献[192]和文献[198]的方案相比，本书所提的方案具有更快的响应能力，能够快速实现系统的同步。

为了进一步验证系统的鲁棒性，假设系统的参数 c 有 30％的摄动，可由 MATLAB中的 rand() 来实现，下面将文献[192]与本书方案进行比较，结果如图 6-24 所示。

从图 6-24 可以看出，在系统参数 c 存在 30％的摄动时，文献[192]的方案引入了自适应机制，能够很好地实现系统的补偿；本书的方案不仅能够快速地实现系统的同步，而且具有很强的鲁棒性，与文献[192]方案相比，具有明显的优越性。

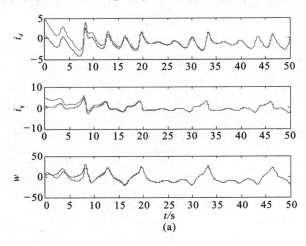

(a)

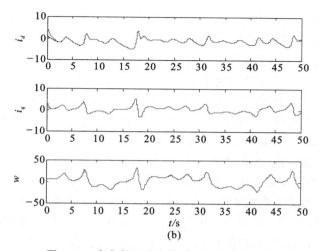

图 6-24　含参数不确定性时系统的响应曲线
（a）文献［192］的系统响应曲线；（b）本书方案的系统响应曲线

6.10　基于负载观测器的非均匀气隙永磁同步电机有限时间混沌同步

　　本书针对永磁同步电动机存在外部扰动和系统参数不确定混沌系统的同步控制问题,基于滑模理论和有限时间稳定理论对永磁同步电机动机系统控制器进行混沌同步设计,旨在更为精准地增强系统的鲁棒性、快速响应能力和稳定性,进而为电动机混沌同步理论的完善和工程实际应用提供参考。

　　目前已有大量的混沌同步控制方法,然而能够用于 PMSM 的相当有限,主要有反馈同步、模糊 PID 同步、自适应同步、滑模同步、极点配置同步、主动同步、反步同步、时滞同步、模糊同步等。尹劲松等首先对典型的多涡卷 Chua 系统和一种无刷直流电机系统出现的混沌现象进行动力学特性分析;基于李雅普诺夫稳定性原理设计了两个系统的非线性反馈同步控制器,实现了对无刷直流电机的有效控制,采用 MATLAB 软件对整个系统的控制进行仿真,验证了该同步控制方法的正确性和有效性,但是所设计的控制器没有考虑系统参数变化对系统性能的影响。Torres Felipe Jesus 等提出了一种基于感应电机驱动的机器人主从同步方法,该方法以机器人各关节的输入力矩作为感应电机的参考力矩,采用反馈控制规律实现位置同步跟踪期望轨迹,基于 Lyapunov 稳定理论分析证明了该控制器具有同步闭环误差的半全局指数收敛性,仿真结果验证了该方法的有效性。该方法设计的控制器依赖于系统的数学模型,当系统参数发生变化时,会造成系统性能的下降甚至控制器失效。为了克服参数变化对系统同步控制性能的影响,Ranjbar 等将模糊控制与 PID 控制相结合,通过模糊控制规则在线调整 PID 控制器的增益,以实现对系统模型参数的抗扰动能力,但是该系统仍然依赖于系统的数学模型,且模糊控制规则及结构难以确定,规则过多会增加响应时间,降低相应能力,规则过少则起不到抗扰动的作用。Seong 等针对含有参数不确定的永磁同步电机混沌系统,提出了一种简单的自适应同步方法,利用 Lyapunov 理论进行了闭环系统响应的稳定收敛性分析,该方法不需要永磁同步电机参数全部信息,仿真结果表明:该方法可以成功地实现不确定永磁同步电机的混沌同步,为模型参数变化下的混沌同步提供了一种有效的方法。Chau 等提出并实现了一种新的多感应电机不确定混沌系统速度同步的控制方法,该方法是一种非线性控制方法,即自适应时滞反馈控制,通过调节基于定子磁链调节的直接转矩控制装置的参考转矩;利用所提出的控制方法,多感应电机可以在可控边界内实现同步混沌速度。自适应控制对电机参数的变化又有较强的鲁棒性,但是自适应机制的引入增加了控制器结构的复杂性,同时在一定程度上增加了系统的动态调节时间。Liu 等针对具有非线性结构的永磁同步电机,提出了一种基于自适应同步的参数辨识方法,在辨识过程中,将永磁同步电动机的动态响应与另一个具有相似动态结构的系统同步,该算法对参考模型采用全局收敛的反馈控制,为了验证所提出的辨识方法,对永磁同步电机伺服系统的电机参数辨识进行了仿真和实验,结果证明了这种方法的有效性。杨晓辉等以永磁同步电机混沌运动为研究对象,提出了一种存在扰动的永磁同步电机滑模变结构混沌同步控制方法,该方法是一种具有强鲁棒性的自适应控制器,即使在外干扰和参数不确定的情况下,也可以实现滑动模态,数值仿真结果表明该方法可实现 PMSM 混沌运动的同步控制,具有较好的控制效果,但是滑模同步控制方法需要满足一定的匹配条件,且系统存在固有的抖振现象。于洋等以双馈风力发电机组为研究对象,基于主动控制思想,设计了一种主动滑模控制器,使得从任意初始条件出发均能保证系统稳定,该方法实现了系统线性项和非线性项的结构,有效地简化了控制器结构,但是仍无法消除滑模控制存在的固有抖振现象。Zaher 首先分析了永磁体同步电机的动态特性,其次利用永磁同步电机的数学模型与著名的混沌洛伦兹系统的相似性,设计了一种仅用角速度作为反馈的同步状态观测器,仿真结果验证了该控制器在单个反馈信号下消除混沌振荡的有效性,通过与常规 PID 控制器的比较,进一步验证了该控制器的优越性。Vafaei 等研究了分数阶永磁同步马达系统的混沌行为,基于分数阶系统的稳定性理论,设计了一种主动同步控制方法,该方法简单灵活,适用于设计和实际应用,仿真结果表明:该方法对分数阶永磁同步电动机系统具有较好的控制效果和鲁棒性,但该系统只研究了参数变化,且只关注系统的稳态性能,而在负载扰动和动态性能(比如调整时间)要求较高时难以满足。

Wang Xingyuan 等通过引入复电流概念和重置交叉耦合项,提出了一种新型复合永磁同步电机系统,并对其性能进行了分析,在复杂永磁同步电机系统的基础上,采用 Backstepping 方法设计控制器,实现了实部和虚部的滞后同步,数值仿真结果验证了控制器的有效性,该控制器的设计依赖于系统的模型参数,且在 Backstepping 设计中会不断对系统状态求导,引起"计算爆炸"现象。杨晓辉等利用反推 Backstepping 同步控制原理,可以使受控的混沌系统逐渐退化为稳定的系统,依据李雅普诺夫稳定性原理证明所设计的控制器可使得两个结构相同但参数不同的混沌系统逐渐达到同步,该方法同样无法消除反步控制带来的"计算爆炸"现象,且缺少对系统参数变化的抑制能力,需要与自适应控制或滑模控制结合使用。李健昌等基于 Lyapunov 稳定理论及 LaSalle 不变集定理设计自适应控制器,对两台 PMSM 混沌系统进行时滞同步控制。理论证明在控制器作用下,两系统误差趋近于零,即控制方法可实现 PMSM 混沌系统的时滞同步。数值仿真结果表明该控制方法的正确性及有效性。该方法中时滞系数对系统的性能影响较大,且对系统模型参数变化比较敏感。谢成荣等针对含有未知参数的永磁同步电机混沌系统提出了模糊自适应同步控制方法。在假设 PMSM 系统参数未知并将 PMSM 混沌模型及其响应系统模型表示成 T-S 模糊模型的基础上,利用 Lyapunov 稳定理论和自适应控制方法设计了响应系统,并导出了自适应控制律来估计驱动系统参数。此外,设计了响应系统的模糊控制器,对 PMSM 系统及其响应系统进行同步控制,并证明了同步误差动态是渐近稳定的。最后,仿真结果验证了该方法的有效性。王磊等提出了一种存在扰动的永磁同步电机混沌运动的模糊自适应同步控制方法,分析了 PMSM 混沌运动的吸引子和 Lyapunov 指数谱,使模糊控制规则满足系统的 Lyapunov 稳定条件,设计模糊自适应控制器对存在扰动的 PMSM 混沌系统进行同步控制,仿真结果表明:该方法可实现 PMSM 混沌运动的同步控制,具有较好的控制效果,该方法有效将模糊控制和自适应控制相结合,但是控制器的结构比较复杂,且模糊规则难于确定。

另外,收敛性是控制系统的一个重要性能指标。在以上方法中,闭环系统均以指数形式收敛,不能保证系统在有限的时间内收敛到系统的平衡点。有限时间稳定控制是一种时间最优控制方法,不仅具有很强的鲁棒性,而且能够保证快速收敛到平衡点。因此,有限时间稳定控制方法在控制系统中的研究得到学者的重视。Pilloni 等将该方法用于对基于孤岛逆变器的微电网的电压和频率控制,提出了一种精确有限时间恢复方法,并通过仿真验证了该方法的有效性。Tang 等将该方法用于非均匀气隙永磁同步电机的混沌同步中,对系统参数具有较强的鲁棒性,但是缺少对系统负载扰动影响的考虑。Wei 等将该方法用于永磁同步电机的混沌抑制中,存在参数变化时,该方法仍有较高的控制性能,但是对负载扰动的抑制能力较差,甚至造成系统的不稳定。Aghababa 等利用有限时间稳定控制实现分数阶混沌系统的控制与同步。

Wang Hua 等提出了统一混沌系统的有限时间稳定控制,但其稳定时间较长,有待进一步改进。同时,上述文献缺少对负载扰动因素对系统动态性能影响的考虑。

上述研究成果主要是针对 PMSM 混沌同步控制和控制系统收敛性的研究,而针对其负载扰动因素对系统动态性能的影响的研究较少,特别是非均匀气隙永磁同步电动机有限时间混沌同步控制相关研究工作。本书采用滑模理论和有限时间稳定理论,从时间最优的角度来设计符合系统需要的混沌同步控制器,通过滑模观测器实时估计驱动系统的负载,再利用有限时间稳定理论,实现系统的有限时间混沌同步,然后通过引入终端吸引子比例因子,进一步改善控制方法,提高系统的快速响应能力。

6.10.1 控制器设计

系统式(6-77)中,当 $v_d=-12.70, v_q=2.34, T_L=0.525, \tau_1=7.125, \tau_2=6.45,$ $\tau_3=1, a=1.516, b=16$ 时,以参数 c 作为分岔参数(受定子电阻及磁链影响),可以作出系统的分岔图(图 6-25)和 $c=1.8$ 时的典型混沌吸引子(图 6-26)。本书仅作出了 x_1(即 i_d)的相图,基于 MATLAB 平台仿真,采用四阶 Runge-Kutta 法,采样时间 $T_s=0.01$ s,初始状态为 $(i_{d0}, i_{q0}, w_0)=(1,1,1)$(图中的 i_d、i_q、w 均以标幺值表示)。

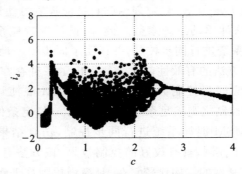

图 6-25　非均匀气隙 PMSM 状态 i_d 的分岔图

为了能够有效实现等效负载的在线估计,下面构建以速度和负载为观测对象的负载滑模观测器。根据实际情况,一般控制器频率较高,故可在控制周期内认为负载转矩为已定值,即 $sT_L=0$,由其与速度构建的状态方程可表示为:

$$\begin{cases} \tau_3 sx_3 = ax_1x_2 + bx_2 - cx_3 - T_L \\ sT_L = 0 \end{cases} \tag{6-85}$$

则由式(6-85)构建的滑模观测器为:

$$\begin{cases} \tau_3 s\hat{x}_3 = ax_1x_2 + bx_2 - c\hat{x}_3 - \hat{T}_L + Q \\ s\hat{T}_L = \gamma Q \end{cases} \tag{6-86}$$

式中,$\hat{x}_3$、$\hat{T}_L$ 分别为速度和负载估计值;$Q=\mu\,\mathrm{sgn}\,\sigma, \sigma=e_w=\hat{x}_3-x_3$ 为滑模面;e_w

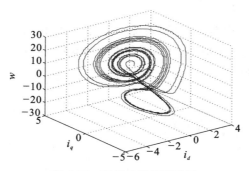

图 6-26　PMSM 混沌吸引子

为速度估计误差；$\mu=-\varepsilon\,|e_T|$ 为滑模增益，$\varepsilon\geqslant1$ 为自适应增益，e_T 为速度估计误差；γ 为反馈增益，$\gamma>0$。

定理 6.11　对于系统式(6-85)，如果采用式(6-86)所示的滑模观测器，则系统状态误差将以指数形式趋近于零。

证明：

将式(6-85)与式(6-86)相减，可得到滑模观测器的误差方程为：

$$\begin{cases} \tau_3 se_w = -ce_w - e_T + Q \\ se_T = \gamma Q \end{cases} \tag{6-87}$$

取 Lyapunov 函数 $V_0=\dfrac{1}{2}\tau_3\sigma^2$，则

$$\begin{aligned} sV_0 &= \sigma\tau_3 s\sigma = e_w\tau_3 se_w = e_w(-ce_w - e_T + \mu\,\mathrm{sgn}\,e_w) \\ &= -ce_w^2 - (e_w e_T - \mu\,|e_w|) \leqslant -ce_w^2 \leqslant 0 \end{aligned} \tag{6-88}$$

由式(6-88)可知速度估计误差以指数形式逐渐趋近于零。

当滑模观测器进入滑动模态时，满足 $\sigma=s\sigma=0$，即 $e_w=se_w=0$，将其代入式(6-87)，可得：$se_T=\gamma e_T$，又因为 $\gamma>0$，故由系统稳定性理论可知，观测误差将以指数方式趋近于零，γ 决定其趋近速度，定理得证。

滑模观测器中符号函数的存在不可避免会引起系统的抖振，因此本书通过双曲正切函数来代替符号函数，即 $Q=\mu\tanh(\sigma)$，来进一步改善系统的性能。

6.10.2　仿真分析

本节主要是分两个方面来进行仿真验证：一是验证本书滑模观测器的设计效果；二是通过与自适应同步方法(文献[192])和传统有限时间同步方法(文献[198])进行比较，来说明本书方法的优越性。为了便于比较，仿真中均采用四阶 Runge-Kutta 法，采样时间 $T_s=0.01\mathrm{s}$，初始条件 $(x_1,x_2,x_3,y_1,y_2,y_3)=(1,1,1,5,5,5)$，$c=1.8$。

（1）观测器性能验证。

为了验证观测器的性能，本书给系统施加突变负载，当 $t \leqslant 15\text{s}$ 时，$T_L = 0.525$；当 $t > 15\text{s}$ 时，T_L 突变为 10，其仿真结果分别如图 6-27 所示。

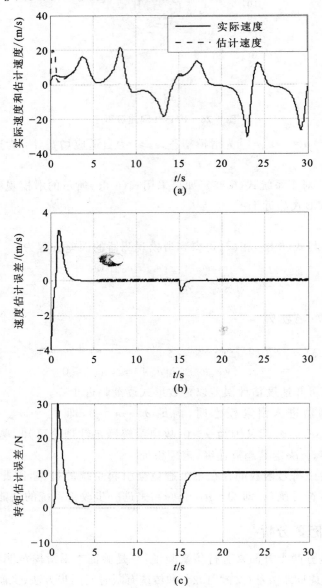

图 6-27　变负载时系统的响应曲线

（a）速度 w 同步响应曲线；（b）速度同步误差响应曲线；（c）负载在线估计

从图 6-27 可以看出,当系统在 15s 突变为 10N 时,响应系统在很短的时间内就很好地实现了系统的跟踪,具有很强的鲁棒性;从图 6-27(c)可以看出,本书所设计的滑模观测器能够准确、快速地跟踪突变负载,并且稳态时无抖振,具有很好的响应能力和稳态性能。

(2)控制器性能验证。

①无参数不确定性时系统性能比较。

本书中的控制器参数为:$k_1 = k_2 = k_3 = k = 10, \alpha = 7/9$;有限时间同步控制文献[198]中的参数为:$k = 0.9, \alpha = 7/9$,仿真结果如图 6-28 所示。

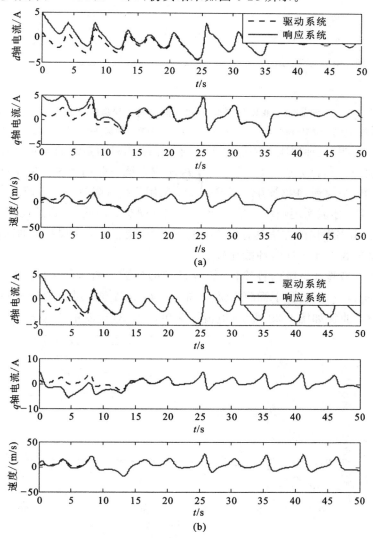

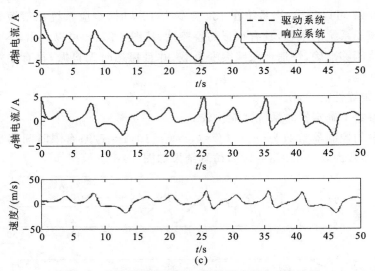

(c)

图 6-28　非均匀气隙 PMSM 混沌同步状态响应曲线

(a)自适应同步系统状态响应曲线；(b)有限时间同步系统状态响应曲线；(c)本书方法的系统状态响应曲线

图 6-28 表明,三种控制方法都能实现响应系统和驱动系统的同步,但是在相同的控制参数的作用下,该方法在 2s 内即可实现响应系统与驱动系统的完全同步,而采用自适应同步控制(文献[192])方法则需要 20s,采用传统有限时间同步控制(文献[198])方法则需要 13s 才能实现响应系统与驱动系统的同步。因此,与自适应同步和有限时间同步相比,本书提出的方法具有更快的响应能力,能够迅速实现系统的同步。

②存在参数不确定性时性能比较。

为了进一步验证系统的鲁棒性,假设系统的参数 c 有 30% 的摄动,可由 MAT-LAB 中的 rand()来实现,下面将自适应同步法与本书方法进行比较,各状态变量的同步误差响应曲线如图 6-29 所示(电流误差单位为 A,速度单位为 m/s)。

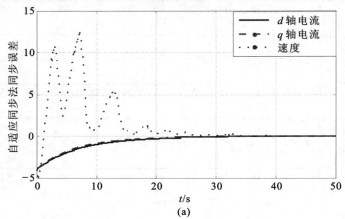

(a)

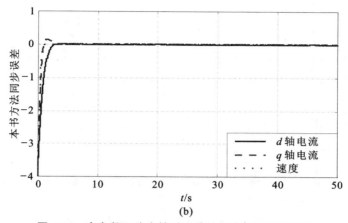

(b)

图 6-29　含参数不确定性时系统的同步误差响应曲线

(a) 自适应同步法系统误差响应曲线；(b)本书方法的系统误差响应曲线

从图 6-29 中可以看出，在系统参数 c 存在 30％的摄动时，可以得出以下结论：a. 自适应同步方法文献[192]引入了自适应机制，能够很好地实现系统的补偿，但是实现系统的完全同步需要花费 32s 左右；本书方法不仅能够快速地实现系统的同步，实现完全同步仅需要 3.5s 左右，且对参数的变化具有很强的鲁棒性。b. 文献[192]中起始阶段速度误差出现较大的波动（波动值达到 13m/s），而本书方法只有 q 轴电流有微小波动（波动值在 0.2A 左右）。因此，与文献[192]的方法相比，本书提出的方法具有明显的优越性。

③同时存在参数不确定性和负载扰动的性能比较。

为了进一步验证系统的鲁棒性，假设系统的参数 c 有 30％的摄动，同时，负载扰动在 15s 由 0.525N 突变为 10N，将文献[192]的自适应同步法与本书方法进行比较，结果如图 6-30 所示（电流误差单位为 A，速度单位为 m/s）。

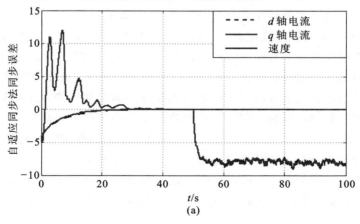

(a)

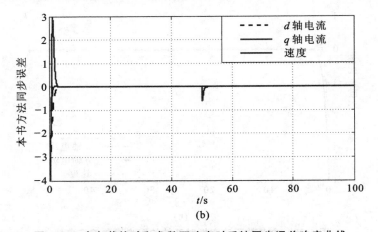

（b）

图 6-30　含负载扰动和参数不确定时系统同步误差响应曲线
（a）自适应同步法系统误差响应曲线；（b）本书方法的系统误差响应曲线

从图 6-30 中可以得出以下结论：a. 在起始阶段主要是参数不确定性在起作用。b. 在负载突变（$t \geqslant 50\text{s}$）时，由于本书方法通过滑模观测器实现了负载扰动的实时观测与补偿，因此在 $t=50\text{s}$ 时，系统的速度和电流只有较小的波动并迅速恢复到与驱动系统状态同步，而文献[192]的自适应同步法由于没有采用外部干扰反馈，致使负载作用在速度状态方程中使响应系统偏离了驱动系统的状态，无法实现速度的同步控制。因此，与自适应同步方法相比，本书方法不仅具有良好的启动和抗系统参数时变的性能，并且对负载扰动具有很强的抑制能力。

6.11　本 章 小 结

本章首先建立了永磁同步电机的混沌模型，给出了判断混沌系统的一些重要特征。其次，针对含有参数不确定的永磁同步电机混沌系统，提出了永磁同步电机混沌系统的多种控制方法——有限时间稳定控制、部分状态有限时间稳定控制、基于控制 Lyapunov 函数的混沌控制、基于负载观测器的混沌控制等。有限时间稳定控制能够保证永磁同步电机混沌系统的三个状态均能在有限的时间内趋近于期望的平衡点。部分状态有限时间稳定控制考虑到在系统的速度状态方程中，可以改变的只有负载转矩，而负载转矩一般不是任意可控的。本书的部分状态有限时间稳定控制就是设计控制器来保证 i_d 和 i_q 有限时间稳定，而速度 w 是指数稳定的。基于控制 Lyapunov 函数的混沌控制是 Lyapunov 稳定理论在非线性系统控制器设计的一种推广，非常适用于含有参数变化的永磁同步电机混沌系统控制器设计。再次，现有的有关永磁同步电机混沌控制大都没有考虑外部扰动对系统性能的影响,基于此,本书将时延估计方法用于电机系统的混沌控制,该方法充分利用了系统的误差信息和控制器信息来对系统中的非线性及扰动进行估计,并引入了低通滤波器来解决时延估计方法中的波动问题,进一步改善了系统的性能。然后,将级联系统理论与有限时间稳定控制结合,实现永磁同步电机的混沌抑制。同时,提出了两种非均匀气隙永磁同步电机的混沌同步控制策略。最后,通过仿真实例分别验证了所提出的方法的有效性。

7 电机辨识与控制新方法

7.1 高速电主轴动力学模型
参数多新息随机梯度辨识

　　针对高速电主轴转子转速、磁链和电流中存在的复杂的强耦合、时变非线性因素造成其系统模型难以精确建立等问题,结合多新息辨识理论,提出了一种高速电主轴动力模型参数的多新息辨识方法。首先,根据高速电主轴的结构和特点,建立其动力学模型;其次,对高速电主轴的动力学模型进行离散化;再次,利用多新息辨识方法对高速电主轴模型参数进行辨识;最后,通过与传统随机梯度辨识方法进行对比,验证本书方法具有较高的辨识精度和收敛速度。

7.1.1 引言

　　高速电主轴是为适应高档数控系统高速发展的要求,将主轴电机与机床主轴相结合形成的一种新型直接驱动形式。这种传动形式省去了主轴箱等中间传动环节,实现了零传动,从而有效消除了中间传动环节带来的弹性变形、摩擦、反向间隙及相应延迟等不确定非线性因素。高速电主轴凭借其结构紧凑、回转速度快、精度高、加速度大、动态性能好及传动效率高等优点,成为高速机床发展的关键技术之一。

　　然而,高速电主轴是一个应力应变场、温度场、流场、速度场、电磁场相互耦合的复杂非线性系统,其速度、电流和磁链的相互耦合使其系统模型非常复杂。而且电机模型的参数会随着外部环境的变化而变化,进一步增加了系统建模的难度,给基于模型的控制方法带来了挑战。本书就是从系统模型参数辨识的角度出发,对高速电主轴的动力学模型参数进行辨识,为基于模型的控制方法奠定基础。该方法同样适用于电机电压、磁链模型参数的辨识,具有通用性。

为了解决电机模型难以准确建立的问题,各种辨识方法被用来进行电机参数的辨识。文献[222]系统地介绍了不同电机的参数辨识方法,但缺少详细的辨识过程。文献[223]依据永磁同步电动机系统数学模型,构建系统线性回归模型,并采用遗忘因子随机梯度(FSG)算法对系统参数进行辨识。该算法在辨识电机参数过程中仅采用了当前时刻的输入和输出信息,收敛速度和精度有待进一步提高。为了提高电机系统能耗模型的计算精度与评估能力,文献[224]提出了一种基于列文伯格-马夸尔特算法(Levenberg-Marquardt algorithm,LM 算法)的参数辨识的集群电机系统能耗校正方法。该方法同样是在当前输入和输出的基础上进行参数辨识,其收敛速度和辨识精度有限。文献[225]将直线感应电动机(LIM)的模型参数离线辨识转化成一类优化问题,采用遗传算法进行辨识和优化,该方法的辨识精度取决于初始种群的规模。针对高速电主轴系统在重载下滑动轴承油膜特性系数难以直接获取的问题,文献[226]将参数识别问题转化为最优化问题,设计了一种改进的滑动轴承油膜特性系数识别方法。文献[227]研究了采用环境激励方法对电主轴的影响。通过实验数据发现,以主轴转速所引起的振动作为激振力的环境激励法能够排除环境及虚模态等复杂干扰,准确地对高速运转状态下的主轴系统进行模态参数识别。文献[228]将变步长自适应线性神经网络(Adaline)引入高速电主轴定子电阻辨识中,以减小定子电阻在运行时受到的来自定子电流、温度和运行频率的影响。

多新息辨识理论是丁锋提出的一种新辨识理论,是在传统辨识方法中引入新息长度,可以提高辨识的精度和收敛速度。该方法不但适用于单输入单输出系统,而且同样适用于多输入多输出系统。本书提出一种基于多新息辨识理论的高速电主轴动力学模型参数辨识方法,实现了模型参数的高精度辨识,为基于模型的高速电主轴控制方法提供模型基础。

7.1.2 多新息辨识

忽略铁芯损耗和互感的影响,并假定相绕组感应电势为正弦波,则高速电主轴的数学模型为:

$$
\begin{cases}
U_{sk} = R_{sk} i_{sk} + \mathrm{d}\psi_{sk}/\mathrm{d}t, & k = \mathrm{a,b,c} \\
T_{\mathrm{m}} = \displaystyle\sum_{k=1}^{3} \frac{\partial \lambda_{sk}(x,i)}{\partial \theta} i_{sk} \\
T_{\mathrm{m}} = J_{\mathrm{n}} \ddot{\theta} + B_{\mathrm{n}} \dot{\theta} + T_{\mathrm{d}} + T_{\mathrm{f}} + T_{\mathrm{r}}
\end{cases}
\tag{7-1}
$$

式中,U_{sk}、i_{sk}、ψ_{sk} 和 R_{sk} 分别表示 k 相绕组的电压、电流、磁链和电阻;T_{m} 为电磁转矩;J_{n} 表示动子质量;θ 为转子的位置,$\dot{\theta} = \omega$ 为转子的角速度;B_{n} 为线性摩擦系数;T_{r}、T_{d} 和 T_{f} 分别为系统的转矩波动、负载扰动和非线性摩擦转矩。

由式(7-1)可知系统动力学模型电磁转矩到转子位置的传递函数为:

$$G(s) = \frac{1}{J_n s^2 + B_n s} \tag{7-2}$$

对模型进行离散化：

$$y(k) = -\text{den}(2)y(k-1) - \text{den}(3)y(k-2) \tag{7-3}$$
$$+ \text{num}(2)u(k-1) + \text{num}(3)u(k-1)$$

定义参数向量

$$\boldsymbol{\theta}(k) = \begin{bmatrix} a_1(k) & a_2(k) & b_1(k) & b_2(k) \end{bmatrix}^T \tag{7-4}$$
$$= \begin{bmatrix} \text{den}(2) & \text{den}(3) & \text{num}(2) & \text{num}(3) \end{bmatrix}^T$$

定义新息向量

$$\boldsymbol{\psi}^T(k) = \begin{bmatrix} -y(k-1) & -y(k-2) & u(k-1) & u(k-2) \end{bmatrix}^T \tag{7-5}$$

则系统模型式(7-2)可转化为：

$$y(k) = \boldsymbol{\psi}^T(k)\boldsymbol{\theta}(k) \tag{7-6}$$

考虑系统中测量噪声(假定为零均值的随机噪声)的影响，则辨识模型可表示为：

$$y(k) = \boldsymbol{\psi}^T(k)\boldsymbol{\theta}(k) + v(k) \tag{7-7}$$

下面采用多新息随机梯度(MISG)算法来进行模型式(7-7)的参数在线辨识。多新息随机梯度算法由随机梯度辨识算法扩展而来，对于模型式(7-7)采用随机梯度法的参数辨识过程为：

$$\begin{cases} \hat{\boldsymbol{\theta}}(k) = \hat{\boldsymbol{\theta}}(k-1) + \dfrac{\boldsymbol{\psi}(k)}{r(k)}e(k), \quad \hat{\boldsymbol{\theta}}(0) = \dfrac{\mathbf{1}_n}{p_0} \\ e(k) = y(k) - \boldsymbol{\psi}^T(k)\hat{\boldsymbol{\theta}}(k-1) \\ r(k) = r(k-1) + \| \boldsymbol{\psi}(k) \|^2 \end{cases} \tag{7-8}$$

式中，$\mathbf{1}_n = [1,1,\cdots,1]^T$，是一个 n 维向量；p_0 为一个很大的正数，可取 $p_0 = 10^6$。从式(7-8)可以看出，该方法在进行参数估计时只使用了当前新息数据。而多新息随机梯度辨识方法引入新息长度 p，不仅使用当前辨识新息，也可使用过去的辨识新息，以提高收敛的速度和辨识的精度。其具体过程为：

$$\begin{cases} \hat{\boldsymbol{\theta}}(k) = \hat{\boldsymbol{\theta}}(k-1) + \dfrac{\boldsymbol{\Psi}(p,k)}{r(k)}\boldsymbol{E}(p,k), \quad \hat{\boldsymbol{\theta}}(0) = \dfrac{\mathbf{1}_n}{p_0} \\ \boldsymbol{E}(p,k) = \boldsymbol{Y}(p,k) - \boldsymbol{\Psi}^T(p,k)\hat{\boldsymbol{\theta}}(k-1) \\ r(k) = r(k-1) + \| \boldsymbol{\Psi}(p,k) \|^2, \quad r(0) = 1 \\ \boldsymbol{Y}(p,k) = [y(k),y(k-1),\cdots,y(k-p+1)]^T \\ \boldsymbol{\Psi}(p,k) = [\psi(k),\psi(k-1),\cdots,\psi(k-p+1)]^T \end{cases} \tag{7-9}$$

多新息梯度准则函数取：

$$J(\theta) = \| \boldsymbol{Y}(p,t) - \boldsymbol{\Psi}^T(p,t)\theta \|^2 \tag{7-10}$$

采用多新息随机梯度法进行高速电主轴参数辨识的流程如图 7-1 所示。

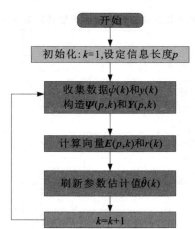

图 7-1　高速电主轴模型参数 MISG 辨识流程图

通过 MATLAB 将辨识的模型参数连续化处理,即可得高速电主轴系统式(7-2)的模型参数 J_n 和 B_n。

7.1.3　仿真分析

下面通过 MATLAB 数字仿真与传统随机梯度(SG)辨识方法对比分析和验证该方法的有效性。

高速电主轴的模型标称参数:转子转动惯量 $J_n = 0.05 \mathrm{kg \cdot m^2}$,摩擦系数 $B_n = 0.1 \mathrm{N \cdot m/s}$,则系统模型可表示为:

$$\begin{cases} \dot{x}_1 = x_2 \\ \dot{x}_2 = -2x_2 + 20u \end{cases} \tag{7-11}$$

系统采样周期 $T_s = 1\mathrm{ms}$,对系统式(7-11)进行离散化,在辨识参数时不考虑外部扰动的影响,离散化的模型为:

$$\begin{aligned} y(k) = &1.998y(k-1) - 0.998y(k-2) \\ &+ 9.9933 \times 10^{-6} u(k-1) + 9.9867 \times 10^{-6} u(k-2) \end{aligned} \tag{7-12}$$

考虑辨识时测量噪声等因素的影响,系统式(7-12)可表示为:

$$y(k) = \boldsymbol{\psi}^{\mathrm{T}} \theta + v(k) \tag{7-13}$$

其中,$\boldsymbol{\psi}^{\mathrm{T}}(k) = [-y(k-1) \quad -y(k-2) \quad u(k-1) \quad u(k-2)]^{\mathrm{T}}$ 为新息向量;$\boldsymbol{\theta}(k) = [a_1(k) \quad a_2(k) \quad b_1(k) \quad b_2(k)]^{\mathrm{T}}$ 为参数向量,且其真实值为 $\boldsymbol{\theta}_d = [-1.998 \quad 0.998 \quad 9.9933 \times 10^{-6} \quad 9.9867 \times 10^{-6}]^{\mathrm{T}}$;$v(k)$ 为零均值、方差为均匀分布的白噪声,分别采用随机梯度(SG)算法和多新息随机梯度(MISG)算法对系统参

数进行辨识,辨识结果如表 7-1、表 7-2 和图 7-2、图 7-3 所示。

表 7-1　　　　　　　　　　　高速电主轴随机梯度参数估计及其误差

k	a_1	a_2	b_1	b_2	$\delta/\%$
100	-1.28229	0.24483	-0.04359	-0.21848	47.57846
200	-1.38072	0.35057	-0.04958	-0.17272	40.85326
500	-1.51255	0.47605	-0.03087	-0.14553	32.60387
1000	-1.58902	0.55567	-0.02105	-0.12669	27.57989
2000	-1.65120	0.62124	-0.02256	-0.10419	23.41997
3000	-1.68691	0.65737	-0.02371	-0.08824	21.05669
真值	-1.99800	0.99800	0.00001	0.00001	0.00000

表 7-2　　　　　　　　　　高速电主轴多新息随机梯度参数估计及其误差

p	k	a_1	a_2	b_1	b_2	$\delta/\%$
2	100	-1.61603	0.58697	-0.00755	-0.18294	26.42748
	200	-1.70066	0.68607	-0.01985	-0.11967	20.04568
	500	-1.81481	0.79377	0.00122	-0.08764	12.89586
	1000	-1.86626	0.85233	0.01091	-0.07009	9.35029
	2000	-1.89975	0.89010	-0.00202	-0.04438	6.83029
	3000	-1.92226	0.91123	-0.00558	-0.03086	5.34477
3	100	-1.82309	0.80595	0.00244	-0.09625	12.40441
	200	-1.85556	0.85781	-0.01334	-0.05217	9.26767
	500	-1.92849	0.92099	0.01094	-0.04183	5.03246
	1000	-1.95331	0.95289	0.02094	-0.03680	3.41719
	2000	-1.96419	0.96631	-0.00096	-0.01432	2.17220
	3000	-1.97913	0.97707	-0.00528	-0.00502	1.30355
	真值	-1.99800	0.99800	0.00001	0.00001	0.00000

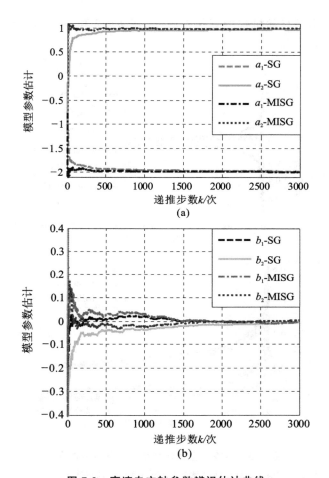

图 7-2　高速电主轴参数辨识估计曲线

(a)高速电主轴参数 a 估计曲线;(b)高速电主轴参数 b 估计曲线

　　为了比较不同动态信息长度对系统性能的影响,引入了参数估计量化误差 $\delta = \| \hat{\boldsymbol{\theta}}(k) - \boldsymbol{\theta}(k) \| / \| \boldsymbol{\theta}(k) \|$。对比表 7-1 和表 7-2 可知:①多新息长度 p 的引入可以有效提高模型参数辨识的精度,并且辨识精度随着信息长度的增加逐步提高。在相同迭代次数 $k = 3000$ 时,随机梯度算法的参数辨识量化误差高达 21.05669%,多新息随机梯度辨识算法的量化误差在 $p = 2$ 时为 5.34477%,而在 $p = 3$ 时为 1.30355%,与前两者相比,辨识精度分别提高了 15.2 倍和 2.9 倍;②多新息长度 p 的引入可以有效提高模型参数辨识的速度,并且收敛速度随着信息长度的增加逐步提高。在 $k = 500$ 时,随机梯度算法 $a_1 = -1.51255$,多新息随机梯度算法中的 a_1,在 $p = 2$ 和 $p = 3$ 时分别为 -1.81481 和 -1.92849;而在 $k = 1000$ 时,随机梯度算法

$a_1 = -1.68691$，多新息随机梯度算法中的 a_1 在 $p = 2$ 和 $p = 3$ 时分别为 -1.86626 和 -1.95331。

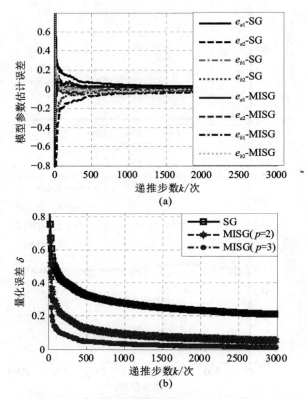

图 7-3　高速电主轴参数辨识误差响应曲线
(a)高速电主轴模型参数估计误差曲线；(b)高速电主轴参数估计量化误差曲线

　　从图 7-2 和图 7-3 可以看出，在存在噪声干扰的情况下，随机梯度算法虽然计算量小，但是辨识精度较低，这是由于该算法在进行参数估计时只使用了当前新息数据，而采用多新息梯度算法估计参数时同时使用了当前辨识新息和过去辨识新息，提高了辨识精度，在 $k = 3000$ 时，参数 a_1 已经达到 -1.97913，其估计误差只有 0.01887，而采用随机梯度算法的误差为 0.31109，是多新息随机梯度算法的 16.5 倍；随着动态信息长度 p 的增加，系统辨识收敛速度提高，随机梯度算法就是 $p = 1$ 时的一种特例。

　　图 7-4 为经过 5000 次迭代后得到的系统实际模型与辨识模型的频域特性曲线。从图 7-4 可以看出，两种方法的相频特性曲线误差都较小，而幅频特性曲线误差较大，多新息随机梯度辨识精度更高。

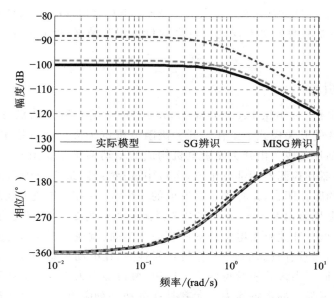

图 7-4 高速电主轴动力学模型的频域特性曲线

7.2 新息模型辨识的开关磁阻电机输出延时滑模跟踪控制

开关磁阻电机驱动系统是由多个环节构成的复杂非线性系统。在实际运行过程中,测量传感器会造成开关磁阻电机速度和位置信号的测量延迟。为了有效改善开关磁阻电机转子位置和速度信号延迟对系统性能的影响,本书提出了一种基于输出延迟观测的位置滑模跟踪方法。首先,根据开关磁阻电机的结构和特点,将其模型进行离散化处理,并采用多新息随机梯度辨识方法(multi-innovation stochastic gradient algorithm,MISG)对系统的数学参数进行辨识;其次,基于含输出延迟的开关磁阻电机系统模型,构建延迟状态观测器;再次,结合滑模控制理论提出基于延迟状态观测补偿的滑模跟踪控制方法;最后,通过数值仿真对比所设计的模型参数辨识方法、延迟状态观测方法和输出时延控制方法的有效性。研究结果表明:当系统中存在噪声等不确定因素时,与随机梯度辨识方法相比,采用多新息随机梯度辨识方法能够快速、精确地实现开关磁阻电机模型参数的辨识,其辨识精度是随机梯度辨识方法的 4 倍;基于输出延迟观测器的滑模位置跟踪控制方法能够在 0.5s 内快速无误差地实现位置和速度的跟踪,而无延迟观测补偿时,其位置和速度跟踪具有较大的稳态误差,分别为 0.2rad 和 0.233rad/s。因此,仿真结果表明,该研究成果提出的方法不仅具有较高的位置跟踪精度,而且对输出延迟具有较强的鲁棒性。

7.2.1 引言

开关磁阻电机(switched reluctance motor,SRM)是一种双凸极变磁阻电动机,必须在一种连续的开关模式下工作。开关磁阻电机定子极上绕有集中绕组,转子由高磁导率的硅钢片叠成。由开关磁阻电机构成的驱动系统主要由开关磁阻电机、功率变换器、控制器和检测器四部分组成,运行中遵循"磁阻最小原理",保证磁通总是沿着磁阻最小的路径闭合,是近来迅猛发展的一种潜力巨大、高效节能的调速电机驱动系统。跨国电机公司 Emerson 曾将开关磁阻电机视为 21 世纪调速驱动系统新的技术、经济增长点。开关磁阻电机结构极其简单坚固、调速范围宽、调速性能优异,且在整个调速范围内具有较高的效率,系统可靠性高,在电动车驱动、家用电器、通用工业、航空工业和伺服系统等领域得到广泛应用,覆盖功率为 10W～5MW 的各种高低速驱动系统,呈现强大的市场潜力。尤其是在电动汽车应用方面,开关磁阻电机转子中不含永磁体,仅由低损耗硅钢和定子绕组构成,从而降低了制造成本,并保持了良好的机械和热稳定性,使其非常适合电动汽车。

尽管开关磁阻电机的电磁原理和结构都相当简单,但是由于该电机的磁路周期性变化并且存在严重的局部饱和,又因为开关磁阻电机构成的驱动系统涉及电动机、电力电子技术、微电子技术、计算机控制和机械动力学等众多学科领域,其设计、性能分析和控制与传统电机相比难度较大。一方面,针对开关磁阻电机内部磁场的非线性及由非线性开关电源供电、相电流波形难以解析等问题,探索开关磁阻电机电磁转矩的分析与准确计算方法。另一方面,开关磁阻电机驱动系统动态模型难以准确建立,且具有非线性、强耦合、多变量、多参数的特点,给系统的控制增加了难度。

再者,开关磁阻电机驱动系统是由功率变换器、控制器和检测器等多个环节构成的复杂非线性系统。在实际运行过程中,测量传感器会造成开关磁阻电机速度和位置信号的测量延迟,这将降低系统的跟踪性能。另外,随着工作环境的复杂程度增加,开关磁阻电机系统中参数不确定性、负载扰动、推力波动及摩擦等因素,进一步使电机模型难以准确建立。

为了解决电机模型难以准确建立的问题,各种辨识方法被用来进行电机参数的辨识。Odhano 等系统地对感应电机、同步电机、同步磁阻电机等三种电机的参数辨识方法进行了综述,但没有给出具体的辨识方法和过程。徐鹏等依据永磁同步电动机系统数学模型,构建系统线性回归模型,并采用遗忘因子随机梯度(FSG)算法对系统参数进行辨识,通过仿真证明了该算法在输出非敏感参数值辨识收敛速度和精度方面比随机梯度(SG)算法具有较大优势。张立伟等将变步长自适应线性神经网络(Adaline)引入永磁同步电机参数辨识中,以提高永磁同步电机在线参数辨识的收敛速度和减小辨识稳态误差,设计了一种智能参数辨识方法。该方法的辨识精度依赖于神经网络的结构和数据规模,复杂的结构和大数据可降低辨识的收敛速度。Fagiano 等研究了利用装有工业传感器的断路器测量数据来估计感应电动机模型参数。通过断路器获取三相定子电压和电流的导数,将其用于建立基于优化的辨识问题。一方面断路器的引入会降低系统的可靠性,另一方面获取数据的延时会影响辨识的精度。针对电机中存在的延时问题,研究较少。在轨道交通牵引传动系统中,王晓帆等针对大功率永磁同步牵引电机的运行特点,分析了控制延时产生的原因及其影响,设计了一种基于高采样率观测器的延时补偿方法。实验结果证明了所设计的补偿方法可以加快电流控制的动态响应并减小稳态电流纹波。该观测器的精度依赖于系统的模型参数。针对感应电机磁链观测模型不精确和控制中存在延时加剧电流环中两电流间的交叉耦合,导致低开关频率的传动系统电流畸变、系统不稳定等严重问题,潘月斗等运用中立型理论,提出一种基于中立型的异步电机电流解耦控制方法,设计中立型电流控制器。中立型电流解耦控制方法通过建立精确的数学模型来解决数字延时问题对传动系统控制性能的影响。而精确的模型参数仍然依赖系统模型参数,对高精度系统来说难以满足性能要求。开关磁阻电机中存在的强耦合、非线性、多时变等复杂因素,成为实现开关磁阻电机驱动系统高性能动态控制亟待解决的难题之一。Jeon 等通过固定增益 PID 控制电磁铁的磁场,实现了恒定电流输出。但是在固定的控制参数下,系统内部特征变化或者外部扰动的变化幅度很大时,系统的性能会大幅度下降,甚至造成系统不稳定而崩溃。为此,Angel 等将分数阶算子引入 PID 控制,增加了设计的自由度,提出的分数阶 PID 控制对参数变化具有较强的鲁棒性。该方法对小范围内的扰动具有鲁棒性,使其应用受到限制。自适应控制能够在线辨识系统模型参数,但是该方法仍基于系统模型,在线参数估计增加了系统的计算量,会降低系统的动态响应能力。Tang 等在 $\alpha\beta$ 静止坐标系下通过滑模观测器在线估计直线电机定子电流,利用反电动势模型估计动子的位置和速度,该方法可以有效地避免外部扰动对动子速度和位置估计精度的影响,但对定子电阻的依赖性较强。为了改善传统滑模控制带来的抖振现象,Nihad 等通过设计负载干扰观测器进行补偿,有效地改善了电机系统的动态性能。该方法在高速运行场合具有较高的估计精度,但在低速运行场合误差较大,使用场合受限。针对不确定直流电机调速系统,Abdelkader 等将自适应控制和反步控制相结合,对系统进行逆向设计,但是该方法需要多次对系统模型求导,会引起"计算爆炸"问题,因此,需要将上述方法与其他方法结合。Tang 等通过自适应反步控制实现了速度环、推力和磁链环的一体化设计,但仍会带来"计算爆炸"问题。Mohamed 等将预测控制应用于感应电机,提出了一种无传感器的直接转矩预测控制方法,该方法采用扩展卡尔曼滤波器作为驱动器,对电机模型状态进行估计。虽然该方法能有效地减小磁链和转矩脉动,但对系统状态变量的预测同样需要先验数据和模型参数数据,而且预测控制样本数据的大小对系统精度的影响较大。Masoudi 等利用模糊估计实现滑模控制增益自动调整,其在一定程度上兼具了模糊控制的自学习能力和滑模控制对参数时变的不敏感性,改善了系统的抖振,但是抖振现象无法消除,仍会影响系统的性能。为了减少滑模控制带来的抖振现象,Tang 等通过引入非线性干扰观测器对系统的未建模动态和外部扰动统一进行观测与补偿,有效改善了系统的动态性能。观测器的精度仍然依赖系统的模型参数,难以满足高精度场合要求。

对于实际的电机系统来说,无论是位置控制、速度控制,还是电流控制,控制输入的总量不可能无限大,通常需要在额定状态下进行设计,比如额定转矩、额定电压和额定电流等,而关于上述控制方法的研究极少涉及饱和限制。实际上饱和限制必然会对系统的动态性能产生影响,因此,研究具有控制输入饱和限制的开关磁阻电机多因素约束的控制方法具有实际意义。

基于上述研究,本书提出一种基于输出延迟观测器的开关磁阻电机滑模位置跟踪方法。采用多新息随机梯度法对开关磁阻电机的模型参数进行辨识,并考虑到传感器检测输出延迟条件的制约,设计了输出延迟观测器,对开关磁阻电机的转子位置和速度进行观测与补偿,采用 Sigmoid 函数改善滑模控制的抖振现象,提高系统的鲁棒性和跟踪能力,实现开关磁阻电机的高性能位置跟踪控制。

7.2.2　控制器设计

图 7-5 为 3 相开关磁阻电机,由 6 个定子磁极和 4 个转子磁极构成,定子集中绕组,转子无绕组。

定子
绕组

转子

图 7-5　开关磁阻电机结构模型

引理 1:对于线性时延系统

$$\dot{z}(t) = \boldsymbol{A}z(t) + \boldsymbol{B}z(t-\tau) \tag{7-14}$$

其中,$z = \begin{bmatrix} z_1 & z_2 & \cdots & z_n \end{bmatrix}^{\mathrm{T}}$;$\boldsymbol{A} \in R^{n \times n}$ 为 n 维实方阵;$\boldsymbol{B}$ 为实矩阵;τ 为时延常数,系统稳定的充分条件为:

$$sI - A - Be^{-\tau s} = 0 \qquad (7\text{-}15)$$

特征根的实部均为负,则时延系统为指数稳定的。其中,$I \in R^{n \times n}$ 为单位方阵。

取 $x_1 = \theta, x_2 = \dot{x}_1 = \dot{\theta}$,则系统(7-11)可表示为:

$$\dot{x} = [\dot{x}_1 \quad \dot{x}_2]^T = Ax + Bu \qquad (7\text{-}16)$$

其中,$A = \begin{bmatrix} 0 & 1 \\ 0 & -a \end{bmatrix}$,$B = \begin{bmatrix} 0 \\ b \end{bmatrix}$,$b = B_n/J_n, a = -B_n/J_n$。

假设输出信号有延迟,τ 为输出位置延迟常数,则实际输出可表示为:

$$y(t) = \theta(t-\tau) = Cx(t-\tau) = [1 \quad 0]x(t-\tau) \qquad (7\text{-}17)$$

观测的目标为:当 $t \to \infty$ 时,$\hat{\theta}(t) \to \theta(t)$。

针对由式(7-16)和式(7-17)构成的延迟系统,设计一种简单的线性延迟观测器:

$$\hat{z}(t) = Az(t) + Bu(t) + K[y(t) - Cz(t-\tau)] \qquad (7\text{-}18)$$

其中,$\hat{z}(t)$ 为 $z(t)$ 的估计信号,$z(t-\tau)$ 为 $z(t)$ 的延迟信号。

取延迟估计误差 $\tilde{z}(t) = z(t) - \hat{z}(t)$,则

$$\tilde{z}(t) = Az(t) - KCz(t-\tau) \qquad (7\text{-}19)$$

根据引理1,通过选择合适的 K,使系统式(7-19)的特征根实部均为负,则延迟系统式(7-19)是渐进指数稳定的,即当 $t \to \infty$ 时,$z(t)$ 指数收敛于零。

本书主要针对位置跟踪进行控制,即针对系统

$$\ddot{\theta} = -a\dot{\theta} + bu + d(t), u = T_m \qquad (7\text{-}20)$$

其中,$u = T_m$ 为系统控制输入,$d(t) = T_d + T_f + T_r$ 为系统总不确定项,且满足 $\|d(t)\| \leqslant D$。

控制目标为当系统式(7-20)中存在输出延迟时,设计控制输入 u,使系统能够实现电机转子的期望位置跟踪 θ_d 和期望角速度跟踪 $\omega_d = \dot{\theta}_d$,即当 $t \to \infty$ 时,$\theta \to \theta_d$,$\omega \to \omega_d$。设计滑模面函数为:

$$s = ce + \dot{e}, c > 0, e = \theta_d - \theta \qquad (7\text{-}21)$$

针对系统式(7-20),采用式(7-21)的控制率和式(7-22)的观测器,系统结构如图 7-6 所示,则系统是渐进稳定的。

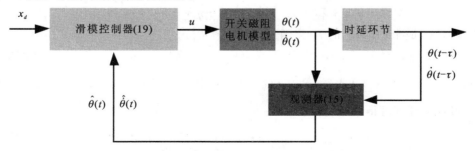

图 7-6　基于延迟观测器的开关磁阻电机滑模控制器

$$u = \frac{1}{b}(\ddot{\theta}_d + a\dot{\theta} + \eta\hat{s} + c\dot{e} + \xi \, \mathrm{sgns}) \, , \quad \eta > \max(D, 1) \, , \quad \hat{e} = \theta_d - \hat{\theta} \, , \quad \hat{s} = c\hat{e} + \dot{\hat{e}}$$

$$(7\text{-}22)$$

$$
\begin{aligned}
\dot{s} &= c\dot{e} + \ddot{e} \\
&= c\dot{e} + \ddot{\theta}_d - \ddot{\theta} \\
&= c\dot{e} + \ddot{\theta}_d + a\dot{\theta} - bu \\
&= c\dot{e} + \ddot{\theta}_d + a\dot{\theta} - (\ddot{\theta}_d + a\dot{\hat{\theta}} + \eta\hat{s} + c\dot{e} + \xi \, \mathrm{sgns}) \\
&= c\dot{\tilde{e}} + a\dot{\tilde{\theta}} - \eta\hat{s} - \xi \, \mathrm{sgns} \\
&= c\dot{\tilde{e}} + a\dot{\tilde{\theta}} - \eta s + \eta\tilde{s} - \xi \, \mathrm{sgns} \\
&= c(-\dot{\tilde{\theta}}) + a\dot{\tilde{\theta}} - \eta s + \eta(-c\tilde{\theta} - \dot{\tilde{\theta}}) - \xi \, \mathrm{sgns} \\
&= -\eta s - \eta c\tilde{\theta} + (a - \eta - c)(\dot{\tilde{\theta}} - \xi \, \mathrm{sgns})
\end{aligned}
$$

其中，$\tilde{\theta} = \theta - \theta_d$，$\dot{\tilde{\theta}} = \dot{\theta} - \dot{\hat{\theta}}$，$\tilde{e} = e - \hat{e} = -\theta + \hat{\theta} = -\tilde{\theta}$，$\dot{\tilde{e}} = -\dot{\tilde{\theta}}$，$\tilde{s} = s - \hat{s} = c\tilde{e} + \dot{\tilde{e}} = -c\tilde{\theta} - \dot{\tilde{\theta}}$，$\eta > 1$。

取 Lyapunov 函数为 $V = \frac{1}{2}s^2$，则该函数沿着系统式(7-26)求导可得：

$$\dot{V} = s\dot{s} = -\eta s^2 - \eta c\tilde{\theta}s + (a - \eta - c)\dot{\tilde{\theta}}s - \xi|s| = -\eta s^2 - k_1 s\tilde{\theta} + k_2 s\dot{\tilde{\theta}} - \xi|s|$$

其中，$k_1 = \eta c$，$k_2 = (a - \eta - c)$。

由于 $k_1 s\tilde{\theta} \leqslant \frac{1}{2}s^2 + \frac{1}{2}k_1^2\tilde{\theta}^2$，$k_2 s\dot{\tilde{\theta}} \leqslant \frac{1}{2}s^2 + \frac{1}{2}k_2^2\dot{\tilde{\theta}}^2$，则

$$
\begin{aligned}
\dot{V} &\leqslant -\eta s^2 + \frac{1}{2}s^2 + \frac{1}{2}k_1^2\tilde{\theta}^2 + \frac{1}{2}s^2 + \frac{1}{2}k_2^2\dot{\tilde{\theta}}^2 \\
&= -(\eta - 1)s^2 - \eta c\tilde{\theta}s + \frac{1}{2}k_1^2\tilde{\theta}^2 + \frac{1}{2}k_2^2\dot{\tilde{\theta}}^2
\end{aligned}
$$

由于观测器指数收敛，且 $\eta > \max(D, 1)$，$\eta_1 = \eta - 1 > 0$，则

$$\dot{V} \leqslant -\eta_1 V + \chi(\cdot)e^{-\sigma_0(t-t_0)} \leqslant -\eta_1 V + \chi(\cdot) \, , \quad \sigma_0 > 0$$

其中，$\chi(\cdot)$ 是 $\|\tilde{x}(t_0)\|$ 的 K 类函数，$x = [\theta \quad \dot{\theta}]$。

引理 2 针对 $V \in [0, \infty)$，不等式方程 $\dot{V} \leqslant -\alpha V + f$，$\forall t \geqslant t_0 \geqslant 0$ 的解为 $V(t) \leqslant e^{-\alpha(t-t_0)}V(t_0) + \int_{t_0}^{t} e^{-\alpha(t-t_0)}f(\zeta)\mathrm{d}\zeta$。其中，$\alpha$ 为任意常数。

根据引理 2 可得

$$V(t) \leqslant e^{-\eta_1(t-t_0)}V(t_0) + \int_{t_0}^{t} e^{-\eta_1(t-t_0)}f(\zeta)\mathrm{d}\zeta$$

$$= \mathrm{e}^{-\eta_1 (t-t_0)} V(t_0) + \frac{\chi(\bullet) \mathrm{e}^{-\eta_1 t}}{\eta_1} (\mathrm{e}^{\eta_1 t} - \mathrm{e}^{\eta_1 t_0})$$

$$= \mathrm{e}^{-\eta_1 (t-t_0)} V(t_0) + \frac{\chi(\bullet)}{\eta_1} [1 - \mathrm{e}^{\eta_1 (t-t_0)}]$$

即 $\lim\limits_{t \to \infty} V(t) \leqslant \frac{1}{n_1} \chi(\bullet)$，且 $V(t)$ 是渐近稳定的，其稳定精度取决于 η_1。

为了改善常规滑模控制切换函数带来的抖振现象，用 Sigmoid 函数代替切换函数，则系统的控制输入可表示为：

$$u = \frac{1}{b} [\ddot{\theta}_d + a\dot{\theta} + \hat{\eta}s + c\dot{e} + \xi\gamma(s)] \tag{7-23}$$

Sigmoid 函数的表达式为：

$$\gamma(s) = \frac{2}{(1 + \mathrm{e}^{-\rho s})} - 1, \rho > 0 \tag{7-24}$$

7.2.3 仿真分析

下面从系统模型参数辨识、观测性能和控制效果三个方面分析和验证该方法的有效性。

开关磁阻电机模型的标称参数：转子的转动惯量为 $J_n = 8 \times 10^{-3} \mathrm{kg} \cdot \mathrm{m}^2$，摩擦系数 $B_n = 0.2 \mathrm{N} \cdot \mathrm{m/s}$，系统总扰动取 $d(t) = 10\sin t$，$f(x, t) = -ax_2$，$a = B_n/J_n = 25$，$b = 1/J_n = 125$，则系统模型可表示为：

$$\begin{cases} \dot{x}_1 = x_2 \\ \dot{x}_2 = -25x_2 + 125u + d(t) \end{cases} \tag{7-25}$$

系统采样周期为 $T_s = 1 \mathrm{ms}$，转子位置指令信号为 $x_1 = x_d = \sin t$，假设系统延迟常数取 $\tau = 0.2 \mathrm{s}$，首先对系统式（7-26）进行离散化，在辨识参数时不考虑外部扰动的影响，离散化的模型为：

$$y(k) = 1.9753y(k-1) + 0.9753y(k-2) + 6.1982 \times 10^{-5} u(k-1) + \tag{7-26}$$
$$6.1468 \times 10^{-5} u(k-2)$$

（1）系统模型参数辨识。

考虑辨识时测量噪声等因素的影响，系统可表示为：

$$y(k) = \boldsymbol{\psi}^{\mathrm{T}} \boldsymbol{\theta} + v(k) \tag{7-27}$$

其中，$\boldsymbol{\psi}^{\mathrm{T}}(k) = [-y(k-1) \quad -y(k-2) \quad u(k-1) \quad u(k-2)]^{\mathrm{T}}$ 为新息向量，$\boldsymbol{\theta}(k) = [a_1(k) \quad a_2(k) \quad b_1(k) \quad b_2(k)]^{\mathrm{T}}$ 为参数向量，且其真实值为 $\boldsymbol{\theta}_d = [-1.9753 \quad 0.9753 \quad 6.1982 \times 10^{-5} \quad 6.1468 \times 10^{-5}]^{\mathrm{T}}$；$v(k)$ 为零均值、方差为均匀分布的白噪声。下面分别采用随机梯度（SG）方法和多新息随机梯度（MISG）方法对

系统参数进行辨识,辨识结果如表 7-3、表 7-4 和图 7-8 所示。

表 7-3　　　　　　　　　开关磁阻电机随机梯度参数估计及其误差

k	a_1	a_2	b_1	b_2	$\delta/\%$
100	-1.27032	0.23341	-0.04299	-0.21412	47.50337
200	-1.36703	0.33745	-0.04894	-0.16924	40.80137
500	-1.49696	0.46103	-0.03037	-0.14275	32.56363
1000	-1.57229	0.53950	-0.02061	-0.12436	27.54649
2000	-1.63352	0.60407	-0.02219	-0.10221	23.39338
3000	-1.66874	0.63968	-0.02334	-0.08651	21.03152
真值	-1.97530	0.97530	0.00006	0.00006	0.00000

表 7-4　　　　　　　　开关磁阻电机多新息随机梯度参数估计及其误差

p	k	a_1	a_2	b_1	b_2	$\delta/\%$
2	100	-1.59878	0.57022	-0.00674	-0.17965	26.39880
	200	-1.68181	0.66763	-0.01915	-0.11752	20.04497
	500	-1.79451	0.77379	0.00167	-0.08629	12.89921
	1000	-1.84524	0.83160	0.01126	-0.06913	9.35573
	2000	-1.87824	0.86881	-0.00176	-0.04368	6.83556
	3000	-1.90054	0.88970	-0.00534	-0.03031	5.34598
3	100	-1.80304	0.78646	0.00322	-0.09421	12.36756
	200	-1.83444	0.83705	-0.01280	-0.05104	9.27298
	500	-1.90657	0.89928	0.01123	-0.04126	5.04162
	1000	-1.93108	0.93080	0.02115	-0.03645	3.43120
	2000	-1.94177	0.94398	-0.00082	-0.01409	2.18000
	3000	-1.95663	0.95464	-0.00516	0.00485	1.30507
	真值	-1.97530	0.97530	0.00006	0.00006	0.00000

　　从图 7-7 可以看出,在存在噪声干扰的情况下,随机梯度算法辨识虽然计算量小,但是辨识精度较低,这是由于该算法在进行参数估计时只使用了当前新息数据,而采用多新息梯度算法在参数估计的同时使用了当前辨识新息和过去辨识信息,提高了辨识精度,在 $k=3000$ 时,参数 a_1 已经达到 -1.970,其估计误差只有 0.0053,而采用随机梯度算法的误差为 0.3068%;为了比较不同动态信息长度对系统性能的影响,引入了参数估计量化误差 $\delta=\parallel\hat{\boldsymbol{\theta}}(k)-\boldsymbol{\theta}(k)\parallel/\parallel\boldsymbol{\theta}(k)\parallel$,由图 7-7(c)可知,随着动态信

息长度 p 的增加,系统辨识精度迅速提高,随机梯度方法就是 $p=1$ 时的一种特例;对比表 7-3 和表 7-4 可以看出,经过 3000 次迭代,采用多新息随机梯度辨识方法新息长度在 $p=2$ 和 $p=3$ 时的量化误差分别为 5.34598% 和 1.30507%,而随机梯度方法量化误差高达 21.03152%。多新息随机梯度辨识方法信息长度在 $p=3$ 时得到系统参数的结果为 $\boldsymbol{\theta}(3000)=\begin{bmatrix} -1.95663 & 0.95464 & -0.00516 & 0.00485 \end{bmatrix}^{\mathrm{T}}$。

(2)观测性能。

进行输出延迟观测器性能分析,仿真结果如图 7-8 所示。

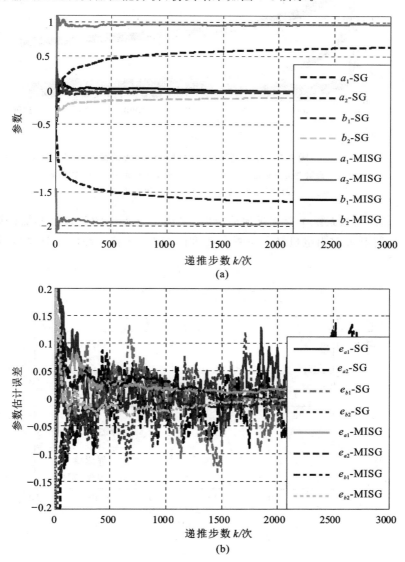

(a)

(b)

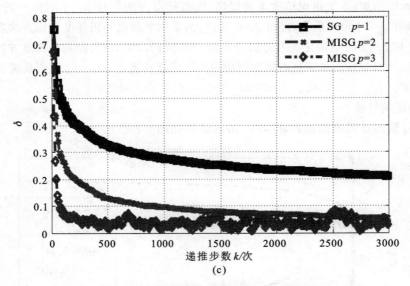

(c)

图 7-7　开关磁阻电机参数辨识响应曲线

(a)开关磁阻电机参数估计曲线;(b)开关磁阻电机参数估计误差曲线;
(c)开关磁阻电机参数估计量化误差曲线

图 7-8 表明,当系统中存在延迟输出时,采用本书提出的延迟观测器能够在 20s 内完全实现对开关磁阻电机转子位置和速度的跟踪,具有较高的估计精度和动态响应能力。

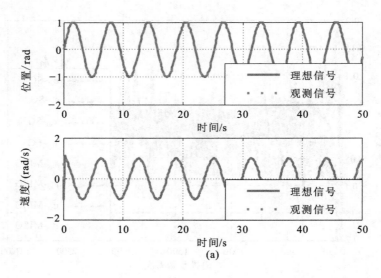

(a)

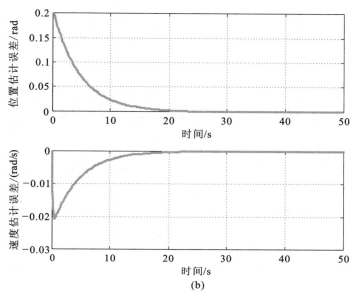

图 7-8   开关磁阻电机转子位置和速度输出延迟观测响应曲线

(a)转子期望与估计位置和速度曲线;(b)转子期望与估计位置和速度误差曲线

(3)控制效果。

控制器性能分析将本书基于输出延迟观测器的滑模控制方法与无观测器的方法进行对比,仿真结果如图 7-9 所示。

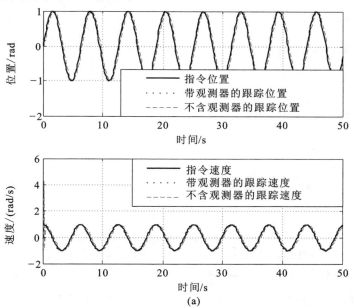

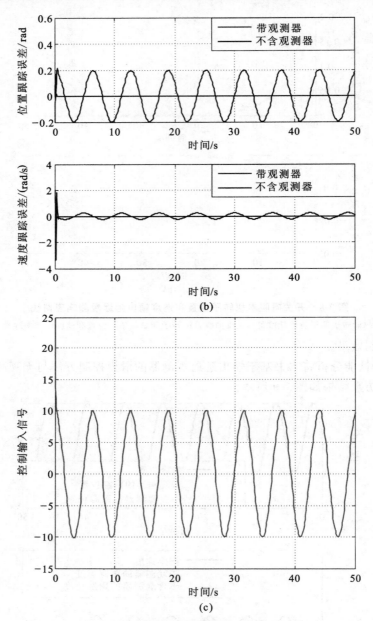

图 7-9 开关磁阻电机控制系统响应曲线

(a)转子位置和速度跟踪曲线；(b)转子位置和速度跟踪误差曲线；(c)控制输入响应曲线

由图 7-9 可知,当系统中存在输出延迟时,采用含延迟观测器的滑模控制能够在 0.5s 内快速地实现速度和位置的跟踪,在没有延迟观测补偿时,系统有恒定的位置和速度误差,分别为 0.2rad 和 0.233rad/s;从图 7-9(c)可以看出,采用 Sigmoid 函数的滑模控制,控制输入比较光滑,便于实际工程应用。

7.3　永磁同步电机驱动柔性连杆伺服系统控制

为了改善柔性连杆伺服系统中柔性耦合带来的谐振问题,本节提出了一种基于遗传算法的事件触发 PI 速度控制器,在保证系统动态性能的前提下,减少控制器触发次数,节约系统资源。首先,建立柔性连杆伺服系统的动力学模型,并采用多新息随机梯度算法对系统参数进行辨识;其次,设计事件触发机制的遗传算法优化 PI (ET-GA-PI)控制器,引入遗传算法来优化控制参数,并采用固定阈值的事件触发机制来控制控制器更新次数;最后,通过仿真实验将其与传统控制方法极点配置 PI 控制(PP-PI)、典型 Ⅱ 型系统工程设计 PI 控制(SSED-PI)、多容惯性 PI 控制(MCP-PI)进行对比,结果表明:①多新息随机梯度辨识算法结合柔性连杆伺服系统当前时刻和历史时刻的转速输入、输出信息,有效提高了参数辨识精度和辨识速度。②所提出的 ET-GA-PI 控制器更新次数是传统时间触发(GA-PI)控制的 1/20,超调量仅为 0.1731%,能够满足柔性伺服系统在高精度机器人及数控机床等工程场合的要求(超调量低于 2%～5%)。③所提出的 ET-GA-PI 控制器与传统控制相比,需要的通信资源更少,可以满足复杂网络控制系统的需要。

7.3.1　引言

随着工业自动化技术的发展,伺服驱动系统的要求不断提高,适用于精确定位和高速运动场合的柔性伺服系统成为研究的热点,诸如工业重载柔性机器人、航天器上的太阳能帆板、柔性连续体机械手、挠性天线和空间运动的柔性机械臂等场所,高速度、高精度伺服驱动系统成为伺服控制的重要研究方向之一。

高精度伺服系统多采用电机通过联轴器直接驱动末端执行机构,以减小间接传动机构(如齿轮、齿条机构及蜗轮蜗杆机构等)带来的变形大、惯性大、反向间隙、摩擦、振动、响应滞后及刚度低等不利影响,从而实现伺服系统的高速度、高精度控制。常规直接驱动伺服系统往往将电机-联轴器和输出轴作为刚性连接处理,忽略了传递过程中刚性变形对系统的影响,只适用于低精度要求的场合。对于高速度、高精度要求场合,模型的复杂性和不准确性会降低控制系统精度,难以满足实际需要。因此,柔性连接的高精度直接驱动伺服系统成为研究的热点之一。同时,随着控制系统日趋庞大,系统中节点间的通信资源竞争愈加激烈,减少控制系统中通信资源的浪费、克服通信带宽受限等问题,实现高效的网络控制,成为当前亟待解决的热点难题。因此,实现柔性连杆伺服系统模型参数的精准辨识以及减少网络控制系统通信资源的浪费,实现柔性连杆伺服系统的谐振抑制具有重要的工程意义。

柔性连杆伺服系统考虑电机和负载柔性连接,与刚性连接相比,使系统的精度更高,然而柔性耦合的谐振问题给系统的建模和控制带来了挑战。近年来,随着对产品性能要求的提高,伺服驱动系统的要求也在提高,为了得到较为精确的系统参数,各种辨识方法对系统参数进行辨识,如随机梯度(SG)算法、带遗忘因子随机梯度辨识(FSG)算法、最小二乘(LS)算法、遗传算法等。Perera 等将随机梯度法与自适应结合,用于估计电机自适应参数的增益矩阵。Yuan 等提出了一种具有动态遗忘因子的 H_∞ 滤波算法,用于在线识别电机电阻和电感,将动态遗忘因子引入初始和当前测量噪声协方差矩阵的加权组合中,消除了不同初始值引起的识别问题,提高了PMSM 的控制性能。这些算法在辨识过程中仅采用当前时刻的输入、输出信息来辨识系统模型参数,辨识精度和收敛速度有待进一步提高。

有关刚性连接的伺服系统研究较多,如 PID 控制、自适应控制、预测控制和滑模变结构控制等控制方法。针对柔性连接的伺服系统研究较少,主要集中在 PID 控制、极点配置、状态反馈控制、自抗扰控制等方法。PID 参数的整定需要大量烦琐的优化仿真实验,参数选择较为复杂。苏隽成等将多容惯性与 PID 结合,克服 PID 控制系统阶次及型次的限制,实现系统的温度控制。近年来遗传算法、粒子群算法和神经网络等方法被用于实现 PID 控制参数的优化。自抗扰控制通过引入状态观测器与补偿,提高了系统的抗干扰能力,同时引入了更多的控制参数,增加了系统设计的难度和计算负担。这些控制方法均采用传统的时间触发控制策略,会造成控制器频繁更新、资源浪费、加重控制器负担等问题,因而需要引入更加灵活和智能的控制策略。

随着网络化通信技术的飞速发展,越来越多的控制系统演变为基于共享通信网络构成的网络控制系统。网络控制系统中传感器、控制器和执行器之间的通信通过数字通信网络实现。随着控制系统日趋庞大,系统中节点间的通信资源竞争愈加激烈,减少控制系统中通信资源的浪费、克服通信带宽受限等问题,成为网络控制技术亟待解决的难题。事件触发策略的引入能够克服周期采样模式的缺点,有效解决了网络拥塞的问题。事件触发控制基于系统的状态或输出动态调整控制器的更新频率,实现对系统资源的优化利用。Masroor 等将多智能体系统(MAS)的领导者-追随者共识算法与集中式事件触发机制结合,实现网络耦合多电机的速度同步。Shan-mugam 等提出了基于神经网络控制系统的永磁同步电机事件触发(ET)稳定问题,避免传输过程中不必要的计算,从而降低了计算的复杂性。Prakash 等针对非线性混沌永磁同步发电机,提出了一种基于观测器的事件触发(ET)模糊积分滑模控制,考虑了网络诱导的通信约束,然后在 $H\infty$ 控制性能的意义上减弱了相应的稳定问题。Song 等提出了一种基于 GA 优化的 ESO 的周期性事件触发控制方法,解决了通信带宽有限的网络化 PMSM 系统调速问题。目前尚未发现关于柔性连杆伺服系统的事件触发控制研究成果。

本书将事件触发机制引入遗传算法优化的 PI 控制中,提出一种基于事件触发的柔性连杆伺服系统 GA-PI 转速控制。从柔性连杆伺服系统的特性出发,利用系统的历史输入、输出转速信息实现模型参数的多新息辨识。遗传算法用于优化 PI 控制的比例积分增益,为了防止控制能量过大和超调,在遗传算法优化的 PI 控制目标函数中分别引入了控制输入的平方项和惩罚功能,保证系统转速具有更小的超调量。以 GA-PI 转速控制器的增量为变量,通过判别其增量误差是否达到触发阈值来决定是否更新控制器输出及与执行器的通信,以节约通信资源,实现系统的高性能控制。

7.3.2 动力学模型

典型柔性连杆伺服系统模型如图 7-10 所示。在 X_1OY_1 坐标系下,$u(x,t)$ 为柔性负载在 x 处的挠度;在 X_0OY_0 坐标系下,$\theta_\mathrm{m}(t)$ 为伺服系统转轴转角;T_m 为伺服系统电机输出转矩。

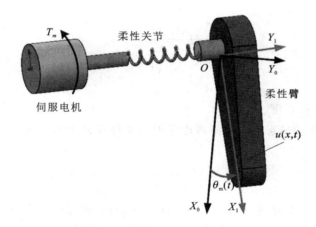

图 7-10　柔性连杆伺服系统模型

对柔性连杆伺服系统进行建模时,将其视为中心刚体-悬臂梁系统。当系统进行大范围运动时,柔性梁的横向弯曲振动明显,而纵向振动微弱,可以忽略不计。在建模过程中,将其简化为欧拉-伯努利梁,并进行以下假设:①只考虑横向振动变形,忽略轴向变形和剪切变形;②假定横向振动是小振幅的;③悬臂梁的长度远大于其截面尺寸和电机轴半径。

在柔性连杆上建立两个坐标系，分别是动态坐标系 X_1OY_1 和静态坐标系 X_0OY_0。当柔性连杆发生弹性变形时，对于连杆上的任意一点，其在动态坐标系 X_1OY_1 中的位置变化 $u(x,t)$ 即反映了该点在 x 处的挠度。换言之，悬臂梁在特定位置的挠度可以通过观察该点在动态坐标系中的位置变化来确定。根据振动理论，可以将这一挠度用数学表达式描述为：

$$u(x,t)=\sum_{i=1}^{\infty}\phi_i(x)\eta_i(t)=\boldsymbol{\phi}^{\mathrm{T}}\eta \tag{7-28}$$

式中，$\phi_i(x)$ 为模态函数；η_i 为模态坐标。

依据振动理论，得到欧拉-伯努利梁的横向振动方程，可表示为：

$$\frac{\partial^2}{\partial x^2}\left(EI\frac{\partial^2 u(x,t)}{\partial x^2}\right)+\rho\frac{\partial^2 u(x,t)}{\partial t^2}=h(x,t) \tag{7-29}$$

式中，EI 是柔性连杆的抗弯刚度；ρ 为柔性连杆的线密度；$h(x,t)$ 表示施加在柔性连杆上的分布力。

悬臂梁的边界条件为：

$$\begin{cases} u(0,t)=0 \\ \dfrac{\partial u(0,t)}{\partial x}=0 \\ EI\dfrac{\partial u^2(l,t)}{\partial x^2}=0 \\ EI\dfrac{\partial u^3(l,t)}{\partial x^3}=0 \end{cases} \tag{7-30}$$

式中，l 为柔性连杆长度。

之后，求解振动模态 $\phi(x)$，不考虑施加在柔性连杆上的分布力 $h(x,t)$，整理式（7-30），得到：

$$\frac{\partial^2}{\partial x^2}\left(EI\frac{\partial^2 u(x,t)}{\partial x^2}\right)+\rho\frac{\partial^2 u(x,t)}{\partial t^2}=0 \tag{7-31}$$

分离变量进行求解，假设 $u(x,t)=\phi(x)\cdot\eta(t)$，将其代入式（7-31），可得：

$$\frac{\ddot{\eta}(t)}{\eta(t)}=-\frac{(EI\phi''(x))''}{\rho\phi(x)} \tag{7-32}$$

式（7-32）等号的左边与变量 x 无关，等号的右边与变量 t 无关，因此可以等于常数，将其记作 $-\bar{\omega}^2$，得到：

$$\begin{cases} \ddot{\eta}(t)+\bar{\omega}^2\eta(t)=0 \\ (EI\phi''(x))''-\bar{\omega}^2\rho\phi(x)=0 \end{cases} \tag{7-33}$$

整理得到：

$$\phi^{(4)}(x) - \frac{\bar{\omega}^2 \rho}{EI} \phi(x) = \phi^{(4)}(x) - \beta^4 \phi(x) = 0 \tag{7-34}$$

由式(7-44)可以明确悬臂梁弯曲振动的模态函数和频率,进一步求出本征方程,如式(7-45)所示。

$$\phi(x) = e^{\lambda x} \tag{7-35}$$

$$\lambda^4 - \beta^4 = 0 \tag{7-36}$$

式中,λ 为式(7-44)的本征值。

由式(7-45)、式(7-46)可确定系统各阶的振动模态 $\phi_i(x)$。在实际系统中,具有较低的频率和较大的振幅的低阶模态最为常见,更容易被系统中的各种激励所激发,在实际运行过程中占据主导地位,高阶模态的激发条件较为苛刻,不易被激发,因此,通常选取前 N 阶模态进行研究,即:

$$u(x,t) = \sum_{i=1}^{N} \phi_i(x) \eta_i(t) = \boldsymbol{\phi}^{\mathrm{T}} \eta \tag{7-37}$$

可以将柔性连杆在水平面内的运动视为两种运动模式的叠加,一种是大范围内的刚体运动,另一种是小范围内的弹性变形运动,二者共同构成柔性连杆在水平面内的整体运动。因此,柔性连杆上任意位置的坐标 (X, Y) 可以表示为:

$$\begin{cases} X = x\cos\theta_{\mathrm{m}} - u(x,t)\sin\theta_{\mathrm{m}} \\ Y = x\sin\theta_{\mathrm{m}} + u(x,t)\cos\theta_{\mathrm{m}} \end{cases} \tag{7-38}$$

柔性连杆的动能为:

$$T = \frac{1}{2}\rho A \int_0^l (\dot{X}^2 + \dot{Y}^2) \mathrm{d}x \tag{7-39}$$

式中,ρ 为柔性连杆杆体的密度;A 为柔性连杆横截面面积。

假设柔性连杆在水平面内运动,产生的弹性势能为:

$$V = \frac{1}{2}EI \int_0^l \frac{\partial^2 u}{\partial x^2} \mathrm{d}x \tag{7-40}$$

将式(7-38)、式(7-39)代入拉格朗日方程式(7-40),求得系统动力学方程:

$$\frac{\partial}{\partial t}\left(\frac{\partial T}{\partial q_i}\right) - \frac{\partial T}{\partial q_i} + \frac{\partial V}{\partial q_i} = Q_i \tag{7-41}$$

式中,q_i 表示伺服电机机械角度 θ_{m} 以及柔性连杆第 i 阶的模态坐标 η_i,其中 $i = 1, 2, \cdots, N+1$;Q_i 为系统所受外力。

$$\begin{cases} \rho A \int_0^l x^2 \mathrm{d}x \ddot{\theta}_{\mathrm{m}} + \sum_{i=1}^{N} \ddot{\eta}_i \rho A \int_0^l x\phi_i(x)\mathrm{d}x = T_{\mathrm{m}} \\ \rho A \int_0^l x\phi_i(x)\mathrm{d}x \ddot{\theta}_{\mathrm{m}} + \ddot{\eta}_i + \bar{\omega}_i^2 \eta_i = 0 \end{cases} \tag{7-42}$$

若假设柔性连杆转动惯性和模态频率分别为式(7-43)、式(7-44):

$$I_a = \rho A \int_0^l x^2 \,\mathrm{d}x \tag{7-43}$$

$$\boldsymbol{\Omega} = \mathrm{diag}\left[\bar{\omega}_1^2, \bar{\omega}_2^2, \cdots, \bar{\omega}_n^2\right] \tag{7-44}$$

电机轴转动与各阶振动模态之间的刚柔耦合系数为：

$$\boldsymbol{F}_a = [F_{a1}, F_{a2}, \cdots, F_{an}]' \tag{7-45}$$

其中，$F_{ai} = \rho A \int_0^l x \phi_i(x) \,\mathrm{d}x$，$i = 1, 2, \cdots, N$。

伺服电机驱动柔性连杆系统动力学方程为：

$$\begin{cases} I_a \ddot{\theta}_\mathrm{m} + \boldsymbol{F}_a \ddot{\boldsymbol{\eta}} = T_\mathrm{m} \\ \ddot{\boldsymbol{\eta}} + 2\boldsymbol{\xi}\boldsymbol{\Omega}\boldsymbol{\eta} + \boldsymbol{\Omega}^2\boldsymbol{\eta} + \boldsymbol{F}_a^\mathrm{T}\ddot{\theta}_\mathrm{m} = 0 \end{cases} \tag{7-46}$$

式中，ξ 为各阶振动模态阻尼系数；$\dot{\theta}_\mathrm{m} = \omega_\mathrm{m} = \mathrm{d}\theta_\mathrm{m}/\mathrm{d}t$ 为转轴角速度，对应的加速度为 $\ddot{\theta}_\mathrm{m} = a_\mathrm{m} = \mathrm{d}^2\theta_\mathrm{m}/\mathrm{d}t^2$；参数 $\boldsymbol{\Omega}$ 为系统的振动频率矩阵；$\boldsymbol{F}_a$ 为模态耦合系数向量，通过构建系统模型和确定相关参数，能够方便地观察和分析系统的谐振状况。

在只考虑 1 阶模态的情况下，模态耦合系数向量 $\boldsymbol{F}_a$ 和谐振频率矩阵 $\boldsymbol{\Omega}$ 为标量。基于这一简化，进一步推导出柔性连杆驱动系统动力学方程：

$$\begin{cases} I_a \ddot{\theta}_\mathrm{m} + F_a \ddot{\eta} = T_\mathrm{m} \\ \ddot{\eta} + 2\xi\Omega\eta + \Omega^2\eta + F_a \ddot{\theta}_\mathrm{m} = 0 \end{cases} \tag{7-47}$$

采用 PMSM 作为柔性连杆系统驱动控制的伺服电机，PMSM 在 $d\text{-}q$ 同步旋转坐标系下的数学模型如下所示：

$$\begin{bmatrix} i_d \\ i_q \end{bmatrix} = \begin{bmatrix} -\dfrac{R_\mathrm{s}}{L_d} & \dfrac{n_\mathrm{p}\omega_\mathrm{m}L_q}{L_d} \\ -\dfrac{n_\mathrm{p}\omega_\mathrm{m}L_d}{L_q} & -\dfrac{R_\mathrm{s}}{L_q} \end{bmatrix} \begin{bmatrix} i_d \\ i_q \end{bmatrix} + \begin{bmatrix} \dfrac{u_d}{L_d} \\ \dfrac{u_q}{L_q} - \dfrac{n_\mathrm{p}\omega_\mathrm{m}\psi_\mathrm{r}}{L_q} \end{bmatrix} \tag{7-48}$$

电磁转矩表达式为：

$$T_\mathrm{m} = n_\mathrm{p} i_q \left[\psi_\mathrm{r} + (L_d - L_q) i_d\right] \tag{7-49}$$

式中，u_d、u_q 分别为定子侧的 d 轴、q 轴电压；i_d、i_q 为定子侧的 d 轴、q 轴电流；L_d、L_q 为定子侧的 d 轴、q 轴电感；ψ_r 为转子永磁体磁链；R_s 为定子侧电枢电阻；n_p 为转子极对数；ω_m 为转子机械角速度；T_m 为电机输出的电磁转矩。

本书以表贴式 PMSM 为例，采用 $i_d = 0$ 的控制策略，得到其简化的数学模型和电磁转矩方程为：

$$\begin{bmatrix} i_d \\ i_q \end{bmatrix} = \begin{bmatrix} -\dfrac{R_\mathrm{s}}{L_d} & n_\mathrm{p}\omega_\mathrm{m} \\ -n_\mathrm{p}\omega_\mathrm{m} & -\dfrac{R_\mathrm{s}}{L_q} \end{bmatrix} \begin{bmatrix} i_d \\ i_q \end{bmatrix} + \begin{bmatrix} \dfrac{u_d}{L_d} \\ \dfrac{u_q}{L_q} - \dfrac{n_\mathrm{p}\omega_\mathrm{m}\psi_\mathrm{r}}{L_q} \end{bmatrix} \tag{7-50}$$

$$T_m = n_p \psi_r i_q \tag{7-51}$$

通过 PMSM 数学模型和柔性连杆系统的动力学模型可以观察到,在永磁同步电机驱动柔性连杆系统中:一方面,PMSM 输出的电磁转矩作为驱动力,直接作用于柔性连杆,使其按照预定的轨迹进行运动,不仅决定了柔性连杆的运动速度和加速度,还对其稳定性产生一定的影响;另一方面,柔性连杆的位置角度的变化会导致电机负载的变化,进而影响 PMSM 的电磁转矩。为了更准确地描述这一动态过程,需要将 PMSM 的数学模型与柔性连杆系统的动力学模型结合,从而得到 PMSM 驱动柔性连杆系统的动力学方程。

永磁同步电机直接驱动柔性连杆系统的动力学方程为:

$$\begin{cases} I_a \ddot{\theta}_m + F_a \ddot{\eta} = n_p \psi_r i_q \\ \ddot{\eta} + 2\xi\Omega\dot{\eta} + \Omega^2\eta + F_a\ddot{\theta}_m = 0 \end{cases} \tag{7-52}$$

继而得到系统的传递函数为:

$$G_m(S) = \frac{\omega_m}{T_m} = \frac{1}{S} \frac{S^2 + 2\xi\Omega S + \Omega^2}{(I_a - F_a^2)S^2 + 2I_a\xi\Omega S + I_a\Omega^2} \tag{7-53}$$

根据式(7-50)和式(7-52),可得到柔性连杆伺服系统转速环的开环传递函数为:

$$H(s) = \frac{\omega(s)}{i_q(s)} = \frac{(s^2 + 2\xi\Omega s + \Omega^2)n_p\psi_r}{(I_a - F_a^2)s^3 + 2I_a\xi\Omega s^2 + I_a\Omega^2 s} \tag{7-54}$$

电流环的开环传递函数为:

$$G(s) = \frac{i_q(s)}{u_q(s)} = \frac{1}{L_q s + R_s + \dfrac{(s^2 + 2\xi\Omega s + \Omega^2)n_p^2\psi_r^2}{(I_a - F_a^2)s^3 + 2I_a\xi\Omega s^2 + I_a\Omega^2 s}} \tag{7-55}$$

对柔性连杆伺服系统模型式(7-26)进行离散化,得到其离散化模型为:

$$\begin{aligned} \omega(k) = &-\text{den}(2)\omega(k-1) - \text{den}(3)\omega(k-2) \\ &-\text{den}(4)\omega(k-3) + \text{num}(2)i_q^*(k-1) \\ &+\text{num}(3)i_q^*(k-2) + \text{num}(4)i_q^*(k-3) \end{aligned} \tag{7-56}$$

定义参数向量:

$$\begin{aligned} \boldsymbol{\tau}(k) = &[a_1(k) \; a_2(k) \; a_3(k) \; b_1(k) \; b_2(k) \; b_3(k)]^T \\ = &[\text{den}(2) \; \text{den}(3) \; \text{num}(2) \; \text{num}(3) \; \text{num}(4)]^T \end{aligned} \tag{7-57}$$

定义新息向量:

$$\begin{aligned} \boldsymbol{\psi}^T(k) = &[-\omega(k-1) \quad -\omega(k-2) \quad -\omega(k-3) \\ &i_q^*(k-1) \quad i_q^*(k-2) \quad i_q^*(k-3)]^T \end{aligned} \tag{7-58}$$

则系统模型可简化为:

$$\boldsymbol{\omega}(k) = \boldsymbol{\psi}^T(k)\boldsymbol{\tau}(k) \tag{7-59}$$

系统主要参数如表 7-5 所示。

表 7-5 柔性连杆伺服系统主要参数

参数	数值
电机极对数 n_p	4
阻尼系数 ξ	0.005
永磁磁链 ψ_r/Wb	0.25
q 轴电感 L_q/mH	1.92
电枢电阻 R_s/Ω	0.605
模态频率 Ω/Hz	66
柔性负载转动惯量 I_a/(kg·m^2)	0.0139
高精度仪器转动与柔性的耦合系数 F_a	0.1111

7.3.3 模型参数辨识

(1)随机梯度辨识。

在实际应用中,系统模型参数的获取往往会受到多种因素的影响,如外界环境的变化、系统本身的复杂性以及参数测量技术的限制等,导致难以完全获得较为准确的系统模型参数。借助参数辨识可以精确估计模型参数,提高模型准确性以及模型对真实系统行为的描述能力,从而为控制策略的设计提供更可靠的基础。另外,准确的模型有助于更有效地设计控制器和调整系统参数,以达到优化系统性能的目的。

随机梯度辨识算法是一种简单有效的参数辨识算法。由于省去了协方差项的运算,它的计算量较小,但同时又因为在递推过程中只利用了当前时刻的数据信息,使得随机梯度算法收敛速度缓慢。

对系统输出进行测量时,存在噪声的干扰(假设为零均值随机噪声),则系统的辨识模型可表示为:

$$\boldsymbol{\omega}(k)=\boldsymbol{\psi}^{\mathrm{T}}(k)\boldsymbol{\tau}(k)+\boldsymbol{v}(k) \tag{7-60}$$

采用随机梯度辨识算法对系统模型式(7-60)的参数进行辨识的过程为:

$$\begin{cases} \hat{\boldsymbol{\tau}}(k)=\hat{\boldsymbol{\tau}}(k-1)+\dfrac{\boldsymbol{\psi}(k)}{r(k)}e(k), & \hat{\boldsymbol{\tau}}(0)=\dfrac{\mathbf{1}_n}{p_0} \\ e(k)=\boldsymbol{\omega}(k)-\boldsymbol{\psi}^{\mathrm{T}}(k)\hat{\boldsymbol{\tau}}(k-1) \\ r(k)=r(k-1)+\parallel \boldsymbol{\psi}(k)\parallel^2 \end{cases} \tag{7-61}$$

其中,$\hat{\boldsymbol{\tau}}(k)$和$\hat{\boldsymbol{\tau}}(k-1)$分别是$\tau$当前时刻和上一时刻的估计值;$e(k)$是单新息量;$\mathbf{1}_n=[1,1,\cdots,1]^{\mathrm{T}}$,$p_0=10^6$为选取的很大的正数;$v(k)$是系统的噪声向量。

随机梯度辨识算法准则函数取:

$$J(\theta)=\frac{1}{2}\left[\boldsymbol{\omega}(k)-\boldsymbol{\psi}^{\mathrm{T}}(k)\boldsymbol{\tau}\right]^{2} \tag{7-62}$$

由随机梯度算法迭代公式(7-61)，首先初始化所有参数，通过采集式(7-60)系统模型的输入、输出数据信息，更新 $e(k)$ 和 $r(k)$，进而迭代辨识出系统模型参数向量 $\boldsymbol{\tau}$，即可得到准确的模型参数。

采用采样周期 $T_{s}=0.001\mathrm{s}$ 对系统传递函数式(7-60)进行离散化处理，不考虑外部扰动的影响，其离散化模型为：

$$\begin{aligned}
\omega(k)=&2.9567\omega(k-1)-2.9509\omega(k-2)\\
&+0.99427\omega(k-3)+0.61994i_{q}^{*}(k-1)\\
&-1.2368i_{q}^{*}(k-2)+0.61953i_{q}^{*}(k-3)
\end{aligned} \tag{7-63}$$

均使用表 7-5 中的参数进行 MATLAB 仿真分析，选取采样周期 $T_{s}=0.001\mathrm{s}$，递推步数 $k=5000$，采用 SG 算法对柔性连杆伺服系统进行参数辨识。

对于系统模型式(7-60)，$\boldsymbol{\tau}(k)=\begin{bmatrix}a_{1}(k)&a_{2}(k)&a_{3}(k)&b_{1}(k)&b_{2}(k)\\b_{3}(k)\end{bmatrix}^{\mathrm{T}}$ 为参数向量，对应参数向量标称值为 $\boldsymbol{\tau}_{d}=\begin{bmatrix}-2.9567&2.9509&-0.99427\\0.61994&-1.2368&0.61953\end{bmatrix}^{\mathrm{T}}$。

采用随机梯度算法对柔性连杆伺服系统模型参数进行辨识，其结果如表 7-6、图 7-11~图 7-13 所示。由表 7-6 和图 7-13 可知：当 $k=5000$ 时，参数 a_{3}、b_{3} 辨识效果最好，参数估计误差分别为 0.24107 和 0.03388。由图 7-11 和图 7-12 可知：随着递推步数 k 的增大，系统辨识参数趋于稳定。虽然随机梯度算法计算量小，但是存在参数辨识精度和收敛速度低的问题，最主要原因就是随机梯度算法对数据的利用率太低，只利用了当前时刻的数据，造成了数据信息的浪费。

表 7-6　　　　　　　　柔性连杆伺服系统随机梯度参数估计及误差

k	a_1	a_2	a_3	b_1	b_2	b_3	$\delta/\%$
100	−0.81890	1.78171	−0.57504	−0.26892	−0.42349	0.64692	60.40134
200	−1.03941	1.90000	−0.62000	−0.16003	−0.48190	0.68501	54.25071
500	−1.31851	2.01771	−0.64344	−0.06394	−0.57752	0.69335	47.02437
1000	−1.48534	2.11078	−0.68347	0.01532	−0.65118	0.67700	42.12166
3000	−1.72638	2.24375	−0.72792	0.11012	−0.74089	0.65855	35.35555
5000	−1.82268	2.30640	−0.75320	0.14966	−0.77832	0.65341	32.51282
真值	−2.95670	2.95090	−0.99427	0.61994	−1.23680	0.61953	0

从随机梯度算法对柔性连杆伺服系统参数辨识的仿真结果来看，该算法的辨识效果并不理想，因此通过在随机梯度算法中引入遗忘因子来提高系统参数辨识的精度和收敛速度，选取遗忘因子 $FF=0.95$、0.97、0.99、1，并得到带有遗忘因子的随机梯度算法，即为：

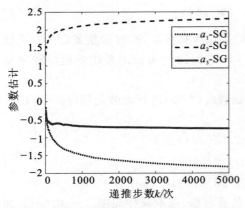

图 7-11　随机梯度算法参数 a 辨识估计曲线

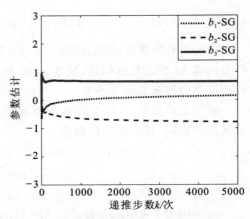

图 7-12　随机梯度算法参数 b 辨识估计曲线

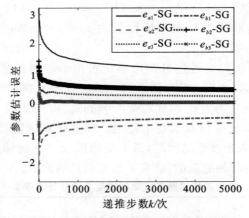

图 7-13　随机梯度算法参数估计误差曲线

$$\begin{cases} \hat{\boldsymbol{\tau}}(k) = \hat{\boldsymbol{\tau}}(k-1) + \dfrac{\boldsymbol{\psi}(k)}{r(k)}e(k), \quad \hat{\boldsymbol{\tau}}(0) = \dfrac{\mathbf{1}_n}{p_0} \\ e(k) = \boldsymbol{\omega}(k) - \boldsymbol{\psi}^{\mathrm{T}}(k)\hat{\boldsymbol{\tau}}(k-1) \\ r(k) = FF \cdot r(k-1) + \parallel \boldsymbol{\psi}(k) \parallel^2 \end{cases} \tag{7-64}$$

　　从而利用带遗忘因子的随机梯度算法对系统进行分析,柔性连杆伺服系统参数辨识量化误差曲线如图 7-14 所示。

　　由图 7-14 可知:相较于随机梯度算法,带遗忘因子的随机梯度算法有更好的性能;在不同遗忘因子下,从曲线的收敛速度来看,随着遗忘因子的减小,算法的收敛速度变快,参数辨识的精度也有较大的提高,并且随着递推步数的增加,参数辨识误差逐渐趋向于零。不过,该算法虽然提高了收敛速度和辨识精度,但是对参数辨识的稳

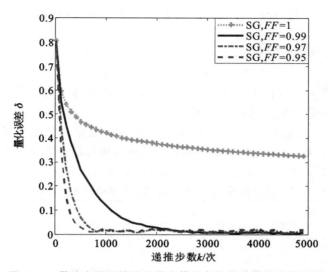

图7-14　带遗忘因子的随机梯度算法参数估计量化误差曲线

定程度产生了一定的影响,在辨识中后期出现了明显的波动。

(2)多新息辨识。

针对上述所采用的随机梯度算法以及带遗忘因子的随机梯度算法存在收敛速度慢、辨识精度低以及算法对数据信息利用率低的问题,将多新息算法应用到随机梯度算法中,通过引入新息长度 p 来增加参数辨识过程中数据的计算长度,从而提高数据信息的利用率,与传统的随机梯度算法以及带遗忘因子的随机梯度算法进行比较。

由辨识过程式(7-64)可知,随机梯度算法参数的估计仅采用 $k-1$ 时刻的值进行 k 时刻的参数估计,而 $k-1$ 以前时刻的历史数据均未利用,这就导致系统的辨识精度和收敛速度明显降低。为了克服这一局限性,采用了 MISG 辨识方法,在该方法中引入的新息长度 p,可以充分利用当前系统的转速辨识新息和过去的辨识新息,更准确地把握系统的动态特性,从而提高参数的收敛速度和辨识精度,在随机梯度算法的基础上得到多新息随机梯度算法辨识流程,如图 7-15 所示,参数更新过程为:

$$\begin{cases} \hat{\boldsymbol{\tau}}(k)=\hat{\boldsymbol{\tau}}(k-1)+\dfrac{\boldsymbol{\psi}(p,k)}{r(k)}\boldsymbol{E}(p,k), \quad \hat{\boldsymbol{\tau}}(0)=\dfrac{\mathbf{1}_n}{p_0} \\ r(k)=r(k-1)+\parallel\boldsymbol{\psi}(p,k)\parallel^2, \quad r(0)=1 \\ \boldsymbol{Y}(p,k)=[\omega(k),\omega(k-1),\cdots,\omega(k-p+1)]^{\mathrm{T}} \\ \boldsymbol{\psi}(p,k)=[\varphi(k),\varphi(k-1),\cdots,\varphi(k-p+1)]^{\mathrm{T}} \\ \boldsymbol{E}(p,k)=\boldsymbol{Y}(p,k)-\boldsymbol{\psi}^{\mathrm{T}}(p,k)\hat{\boldsymbol{\tau}}(k-1) \end{cases} \tag{7-65}$$

式中，$\mathbf{1}_n = [1,1,\cdots,1]^T \in R^n$，$p_0 = 10^6$ 为选取的很大的正数，$\kappa(k) = 1/r(k)$ 为收敛因子。

多新息梯度准则函数取：

$$J(\theta) = \| \mathbf{Y}(p,t) - \mathbf{\Psi}^T(p,t)\theta \|^2 \tag{7-66}$$

当新息长度 $p=1$ 时，也就是随机梯度算法，多新息随机梯度算法可通过设定新息长度 p 来保证数据信息的充分利用。

基于 MATLAB 软件平台对柔性连杆参数辨识效果进行仿真分析，递推步数 $k=5000$，新息长度为 $p=2$、3、4，采用多新息随机梯度算法对系统中柔性连杆的参数进行辨识，表 7-7 为多新息随机梯度辨识的模型参数值、真值及量化误差。

表 7-7 柔性连杆伺服系统多新息随机梯度参数估计及误差

p	k	a_1	a_2	a_3	b_1	b_2	b_3	$\delta/\%$
2	100	−1.32868	2.62823	−1.09911	−0.08601	−1.10880	0.78922	39.94756
	200	−1.65940	2.69257	−1.10465	0.05885	−1.10120	0.81139	32.06412
	500	−2.02086	2.72437	−1.03965	0.19541	−1.12953	0.78218	23.52252
	1000	−2.20230	2.77245	−1.03332	0.28903	−1.15235	0.74380	18.82128
	3000	−2.43109	2.82194	−1.01480	0.39227	−1.17209	0.69810	13.09365
	5000	−2.50906	2.84355	−1.01382	0.42564	−1.18003	0.68349	11.14053
3	100	−2.01225	2.89814	−1.23943	0.33114	−1.05077	0.66728	22.77045
	200	−2.26325	2.92150	−1.19052	0.41640	−1.08506	0.69468	16.87294
	500	−2.53789	2.91000	−1.08088	0.48711	−1.12881	0.68648	10.26179
	1000	−2.65261	2.92715	−1.05524	0.53356	−1.16532	0.66033	7.31589
	3000	−2.77902	2.93348	−1.02515	0.57723	−1.19298	0.63947	4.22238
	5000	−2.81576	2.93682	−1.01976	0.58455	−1.20081	0.63387	3.36405
4	100	−2.46528	2.98216	−1.35579	0.70106	−0.97073	0.71814	14.89831
	200	−2.59649	2.98428	−1.22518	0.67066	−1.07162	0.70445	10.32959
	500	−2.77571	2.95999	−1.08292	0.64492	−1.13044	0.68297	5.22726
	1000	−2.83701	2.96539	−1.04755	0.64535	−1.17701	0.65106	3.30059
	3000	−2.89749	2.95501	−1.01664	0.64229	−1.20763	0.63336	1.63827
	5000	−2.91193	2.95224	−1.01185	0.63321	−1.21389	0.62894	1.22356
	真值	−2.95670	2.95090	−0.99427	0.61994	−1.23680	0.61953	0

对比表 7-6 和表 7-7 中的仿真数据可以得出以下结论。

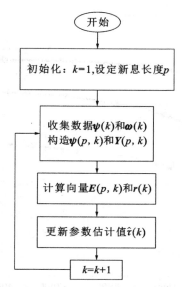

图 7-15　柔性连杆伺服系统模型参数多新息随机梯度辨识流程图

①多新息随机梯度辨识具有更高的辨识精度(用参数估计误差 $\delta = \| \hat{\tau}(k) - \tau(k) \| / \| \tau(k) \|$ 来衡量)。当 $k = 5000$ 时,随机梯度算法($p = 1$ 时)参数估计误差 $\delta_1 = 32.51282\%$;而随着多新息长度 p 的增加,多新息随机梯度辨识算法的量化误差得到了显著降低,在 $p = 2$、3、4 时,与随机梯度相比,辨识精度(以量化误差来衡量)分别提高了 1.9 倍($\delta_2 = 11.14053\%$)、8.7 倍($\delta_3 = 3.36405\%$)、25.6 倍($\delta_4 = 1.22356\%$);

②多新息随机梯度辨识方法显著提升了收敛速度。在递推步数 $k = 3000$ 时,对于相同参数 b_1(其标称值为 0.61994),采用传统随机梯度算法 $b_1 = 0.11012$,其性能较为一般;而采用多新息随机梯度算法,在 $p = 2$、3、4 时,b_1 的值分别为 0.39227、0.57723 和 0.64229;可以看出,多新息长度 p 的引入能够加快系统参数的收敛速度,且随着新息长度的增加,收敛速度加快。

图 7-16～图 7-20 分别为两种方法的模型参数估计误差曲线、模型参数估计曲线和量化误差曲线。图 7-16～图 7-19 中 M2、M3、M4 分别表示多新息长度 $p = 2$、3、4 时,系统模型参数的多新息随机梯度辨识。

由图 7-16～图 7-20 可以看出:①随着递推步数的增大,与传统随机梯度辨识(SG)相比,多新息随机梯度辨识($p = 3$)参数估计误差更小,参数辨识精度更高。②随着多新息长度 p 的增加,系统参数辨识的精度和收敛速度明显提高。在递推步数相同($k = 5000$)时,图 7-21 直观反映了这种变化规律,即多新息长度 p 越大,模型参数估计量化误差曲线越靠近于横轴,辨识效果越好。

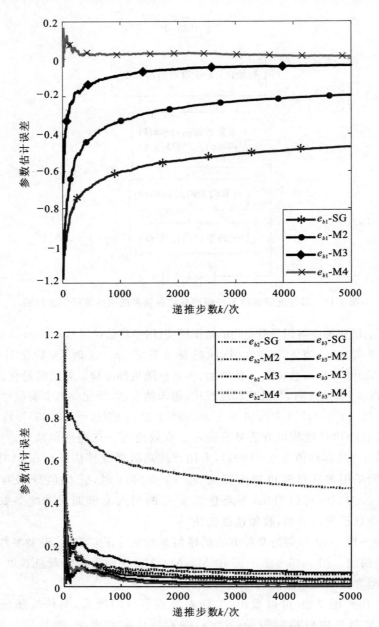

图 7-16　柔性连杆伺服系统参数 b 辨识估计误差曲线

图 7-21 为系统参数估计经过 5000 次迭代递推后，得到的系统辨识模型与实际系统模型的频域特性曲线对比图。

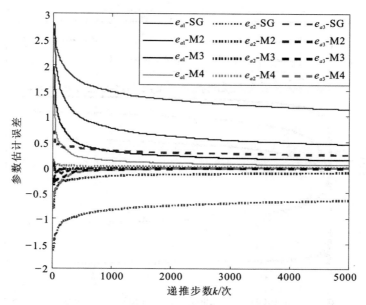

图 7-17　柔性连杆伺服系统参数 a 辨识估计误差曲线

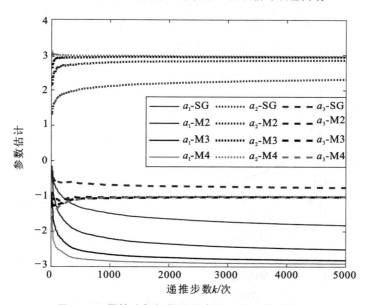

图 7-18　柔性连杆伺服系统参数 a 辨识估计曲线

由图 7-21 可以看出，相比传统随机梯度算法，采用多新息随机梯度算法系统的频域特性曲线误差更小，辨识精度更高，具有更好的控制性能响应。

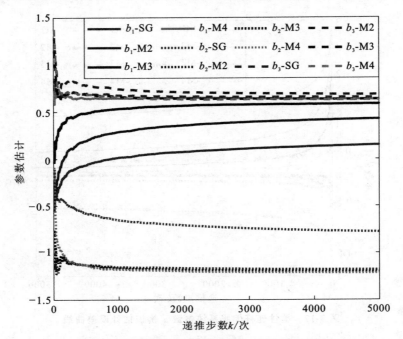

图7-19　柔性连杆伺服系统参数 b 辨识估计曲线

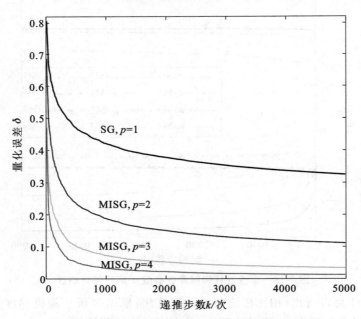

图7-20　柔性连杆伺服系统参数估计量化误差曲线

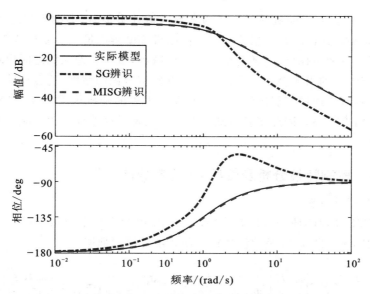

图 7-21 柔性连杆伺服系统动力学模型的频域特性曲线

另外,将多新息随机梯度算法($p=4$,$FF=1$)与随机梯度算法($p=1$,$FF=1$)以及上文中带遗忘因子的随机梯度算法($FF=0.95$、0.97、0.99、1)进行对比分析,量化误差曲线如图 7-22 所示。

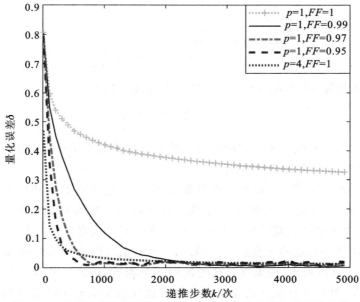

图 7-22 柔性连杆伺服系统带遗忘因子的参数估计量化误差曲线

由图 7-23 可知：①随机梯度算法的参数辨识效果最差，但随着遗忘因子的引入（FF 由 1 逐渐减小至 0.95），带遗忘因子的随机梯度辨识量化误差快速趋近于零，但是却慢于多新息随机梯度；②随着遗忘因子的减小，量化误差在稳态时出现较大的波动，说明遗忘因子的引入会在一定程度上降低模型辨识的精度，这也反映了系统辨识不可能同时具有快速性与稳定性。与带有遗忘因子的随机梯度相比，多新息随机梯度辨识稳态精度较高。因此多新息随机梯度算法是柔性连杆伺服系统一种有效的参数辨识方法。

7.3.4　控制特性分析及传统 PI 控制设计

（1）控制特性分析。

按照 PMSM 双闭环矢量控制策略，采用 PI 控制方法来分析柔性对系统转速环和电流环的影响。图 7-23 是柔性连杆伺服系统的控制框图。

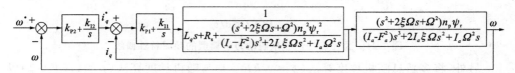

图 7-23　柔性连杆伺服系统控制框图

去除式(7-28)系统电流环的传递函数的柔性耦合部分，得到刚性负载电流环的传递函数为：

$$G_o(s) = \frac{i_q(s)}{u_q(s)} = \frac{1}{L_q s + R_s + \dfrac{n_p^2 \psi_r^2}{I_a s}} \tag{7-67}$$

不考虑柔性影响，得到刚性负载转速环的传递函数为：

$$H_o(s) = \frac{\omega(s)}{i_q(s)} = \frac{n_p \psi_r}{I_a s} \tag{7-68}$$

通过 MATLAB 画出柔性和刚性负载情况下系统电流环和转速环的开环传递函数伯德图，如图 7-24 和图 7-25 所示。

观察图 7-24 可以发现，在系统模态振动频率处，电流环的开环传递函数伯德图的幅值和相位发生了较大变化，反映柔性负载在振动频率时对系统电流环具有显著影响。但是，由于柔性负载的振动频率与电流环带宽之间存在较大差异，这种影响对电流环的整体性能造成的干扰较小。因此，柔性对系统电流环的影响较小。

由图 7-25 可以看出，在柔性负载的振动频率附近，转速环的频率特性曲线发生了显著的变化，并且柔性负载的振动频率与转速环的带宽较为接近，因此，柔性对转速环的影响较大，在设计转速环时需要重点考虑。

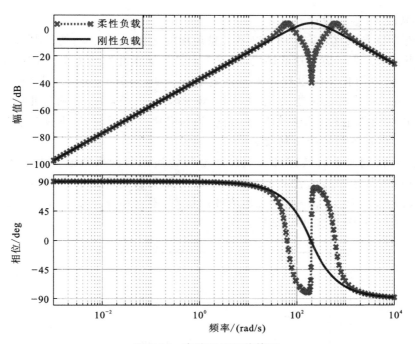

图 7-24　电流环开环伯德图

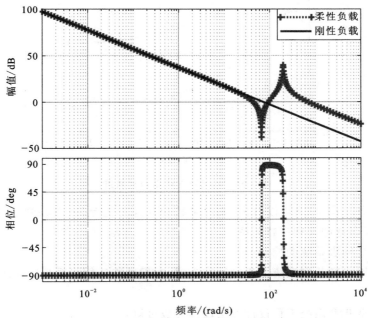

图 7-25　转速环开环伯德图

（2）传统 PI 控制设计。

传统 PID 参数整定方法通常涉及大量烦琐的优化仿真实验，使得参数整定过程变得相当复杂。为了应对这些挑战，研究者们已经探索并发展出多种 PID 控制器参数整定方法，以简化整定过程并提高整定效率。如 Ziegler-Nichols 方法（Z-N 法）、Cohen-Coon 方法、经验试凑法、根轨迹法、频域响应法、极点配置、典型 II 型系统工程设计等，能够有效地对系统的稳定性、精度和响应速度进行调节，不过对于某些复杂的系统并不能达到很好的控制效果。

柔性连杆伺服系统转速环和电流环开环传递函数的根轨迹分别如图 7-26 和图 7-27 所示，其中 p_1、p_2、p_3，z_1、z_2，d_1、d_2 分别为转速环的极点、零点和分离点，$p_4 \sim p_7$，$z_3 \sim z_5$，d_3、d_4、d_5 分别为电流环的极点、零点和分离点。图 7-28 和图 7-29 分别是图 7-26 和图 7-27 的局部放大图。

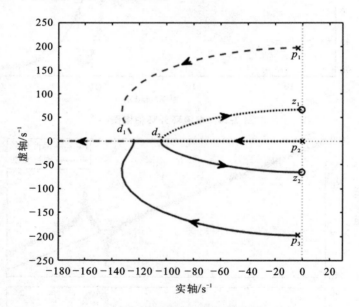

图 7-26　转速环传递函数根轨迹

从图 7-26～图 7-29 可以看出，无论是转速环还是电流环，其根轨迹并未穿越虚轴，无法求得穿越增益和穿越频率。所以基于 Z-N 方法的 PI 控制方法失效，无法应用于柔性连杆伺服系统的控制。

通过采用典型 II 型系统工程设计的方法，对柔性连杆伺服系统转速环 PI 控制器参数进行确定。

根据典型 II 型系统工程设计方法设计参数可得：

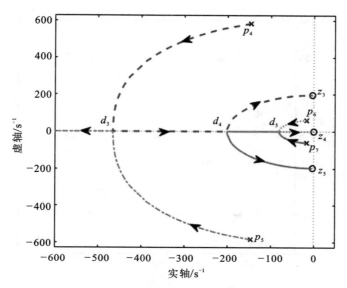

图 7-27 电流环传递函数根轨迹

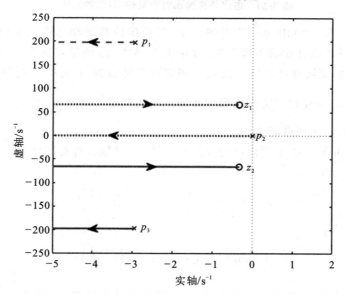

图 7-28 转速环传递函数根轨迹局部放大图

$$\begin{cases} \tau = hT \\ k_{12} = \dfrac{h+1}{2h^2T^2}I_a \end{cases}$$

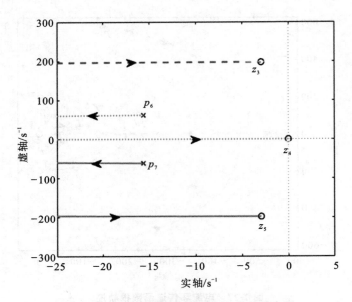

图 7-29   电流环传递函数根轨迹 局部放大图

式中，h 是斜率为 -20dB/dec 的中频带宽，对系统控制的动态性能品质起着决定性作用，是控制系统设计中的关键参数，理论上 h 越大，超调量就越小，一般而言，选取 $h = 3 \sim 10$ 时，系统转速环的抗干扰能力和跟踪性能较好；τ 为系统微分时间常数；T 为系统的惯性时间常数。要实现典型 II 型系统的稳定，需保证 $\frac{1}{\tau} < \omega_c < \frac{1}{T}$，$\tau$ 比 T 大得越多，系统的稳定裕度越大。

按照典型 II 型系统工程设计的方法对系统 PI 参数进行整定计算，得到此时系统转速环的截止频率为：

$$\omega_c = k_{12} \frac{1}{I_a} \tau = \frac{h+1}{2hT} = \frac{1}{2}\left(\frac{1}{T} + \frac{1}{\tau}\right) \tag{7-69}$$

相位裕度为：

$$\gamma = \arctan(\omega_c \tau) = \arctan\left(\frac{h+1}{2}\right) \tag{7-70}$$

为了保证系统获得最大的稳定裕度，一般会将截止频率 ω_c 设置在 $\frac{1}{\tau}$ 和 $\frac{1}{T}$ 的中点位置。通常选取 $h > 5$ 就可以保证系统稳定的相位裕度。

鉴于转速计算的延时，选取 $T = 0.0036$。针对该系统，选取 $h = 5$ 即可满足性能需求，得出：

$$\begin{cases} \tau = hT = 0.018 \\ K_{i2} = \dfrac{h+1}{2h^2T^2}I_a = 128.70 \end{cases} \tag{7-71}$$

可以求出：

$$\omega_c = k_{I2}\frac{1}{I_a}\tau = \frac{h+1}{2hT} = \frac{1}{2}\left(\frac{1}{T}+\frac{1}{\tau}\right) = 166.67(\text{rad/s}) \tag{7-72}$$

从而得出，转速环 PI 控制器的参数为：$k_{P2} = 2.3167$，$k_{I2} = 128.7037$。

采用典型Ⅱ型系统工程设计方法得到系统的性能指标如表 7-8 所示，系统响应曲线如图 7-30 所示。

表 7-8　　　　　　　　典型Ⅱ型系统工程设计 PI 控制性能指标

控制器	上升时间	超调量	调整时间	峰值时间	振荡次数
典型Ⅱ型系统	0.036s	19.7%	0.393s	0.062s	3.5 次

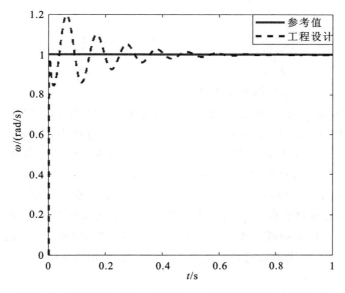

图 7-30　典型Ⅱ型系统工程设计 PI 控制系统转速特性曲线

由表 7-8 和图 7-30 可知：采用工程设计的 PI 控制方法，系统产生了较大的超调量，需要 0.393s 才能够达到工程设计要求 2% 的允许误差，并且系统响应产生了明显的振荡。该方法存在超调量大、调整时间长以及振荡显著的问题，需进一步改进，选取更优的 PI 控制方法，以满足工程应用的实际需求。

7.3.5 多容惯性 PI 控制器设计

任何受控过程模型都可以描述具有特定动态特性的系统,这种特性可以视为多种基本特性相互组合产生的结果。多容惯性过程通常就是假定将多个相同的惯性单元串联组合起来。最简单的多容惯性过程标准传递函数为:

$$G_{\mathrm{M}}(s) = \frac{1}{(1+Ts)^n} \tag{7-73}$$

式中,T 为惯性单元的惯性时间常数;n 为系统阶数。将式(7-73)分母转化为首一多项式形式,得到式(7-74),根据 MCP 标准传递函数理论,按照只配置极点的设计需要,得到 MCP 标准传递函数的特征多项式为式(7-86):

$$G_{\mathrm{M}}(s) = \frac{1}{(1+Ts)^n} = \frac{\beta_0}{s^n + \beta_{n-1}s^{n-1} + \cdots + \beta_1 s + \beta_0} \tag{7-74}$$

$$\begin{cases} \beta_0 = \dfrac{1}{T^n} \\ \beta_i = \dfrac{\overline{\lambda_i}}{T^{n-i}}, i = 1,2,3,\cdots,n-1 \end{cases} \tag{7-75}$$

$$P_{\mathrm{MCP}}(s) = s^n + \beta_{n-1}s^{n-1} + \cdots + \beta_1 s + \beta_0 \tag{7-76}$$

式中,$\beta_{n-1},\beta_{n-2},\cdots,\beta_1,\beta_0$ 均为常系数。

式(7-75)中的参数 $\overline{\lambda_i}$ 可由文献[97]中的表 4-1 查得,继而可以求出系数 β_i。定义 λ 来表示惯性单元时间常数 T。在控制系统设计的过程中,利用多容惯性标准传递函数的极点与 MCP-PID 控制系统的极点相等的原则,可以精确地确定 PID 控制器的比例、积分和微分环节的三个关键参数。在求解过程中,可能会出现未知变量小于系统阶数(或方程个数)的情况,出现多组矛盾解,不过在实践应用中,这些存在矛盾的解也有可能满足实际的控制需求。值得注意的是,我们仅仅是通过对极点进行配置来求解 PID 控制器参数,并未考虑零点的影响,因而无法保证控制系统完全符合 MCP 标准传递函数特性,这种局限性会使 MCP-PID 控制器产生控制响应超调的现象。

图 7-31 为典型的串联校正型控制系统,其中 $G_{\mathrm{p}}(s)$ 为被控过程,$G_{\mathrm{c}}(s)$ 为控制器(本书采用 PI 控制)。

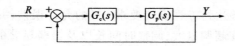

图 7-31 典型的串联校正型控制系统

由图 7-31 可得出系统的闭环传递函数为:

$$\Phi(s) = \frac{G_c(s)G_p(s)}{1 + G_c(s)G_p(s)} \tag{7-77}$$

该系统的特征多项式为：

$$P(s) = 1 + G_c(s)G_p(s) \tag{7-78}$$

整理成首一多项式：

$$P^*(s) = s^n + \alpha_{n-1}s^{n-1} + \cdots + \alpha_1 s + \alpha_0 \tag{7-79}$$

式中，$\alpha_{n-1}, \alpha_{n-2}, \cdots, \alpha_1, \alpha_0$ 均为常系数。

要求系统的特征多项式与 MCP 标准传递函数的特征多项式相等，即令式(7-89)和式(7-76)相等，则可得出一组参数等式，进而求出需要的参数。MCP 标准传递函数特征多项式系数如表 7-9 所示，其中 λ 为惯性单元时间常数。

表 7-9   **MCP 标准传递函数特征多项式系数**

n	β_0	β_1	β_2	β_3
2	$\dfrac{1}{\lambda^2}$	$\dfrac{2}{\lambda}$	—	—
3	$\dfrac{1}{\lambda^3}$	$\dfrac{3}{\lambda^2}$	$\dfrac{3}{\lambda}$	—
4	$\dfrac{1}{\lambda^4}$	$\dfrac{4}{\lambda^3}$	$\dfrac{6}{\lambda^2}$	$\dfrac{4}{\lambda}$

由文献[91]可知，由于柔性负载的谐振频率与永磁同步电机电流环带宽之间存在显著的差异，因此柔性对永磁同步电机电流环的影响相对较小，可忽略柔性对系统的影响，得到电流环开环传递函数为：

$$G(s) = \frac{1}{L_q s + R_s + \dfrac{n_p^2 \psi_r^2}{I_a s}} = \frac{s I_a}{L_q I_a s^2 + R_s I_a s + p_n^2 \psi_r^2} \tag{7-80}$$

采用 PI 控制器进行控制，其模型如式(7-81)所示，电流环 MCP-PI 控制系统开环传递函数如式(7-82)所示：

$$G_c(s) = k_{P1}\left(1 + \frac{1}{T_{I1}s}\right) = \frac{k_{P1}}{s}\left(s + \frac{1}{T_{I1}}\right) \tag{7-81}$$

$$G_c(s)G_p(s) = G_c(s)G(s) = \frac{\dfrac{k_{P1}}{L_q}s + \dfrac{k_{P1}}{T_{I1}L_q}}{s^2 + \dfrac{R_s}{L_q}s + \dfrac{n_p^2 \psi_r^2}{L_q I_a}} \tag{7-82}$$

该系统的特征多项式如式(7-83)所示：

$$P^*(s) = s^2 + \left(\frac{k_{P1} + R_s}{L_q}\right)s + \frac{n_p^2 \psi_r^2}{L_q I_a} + \frac{k_{P1}}{T_{I1}L_q} \tag{7-83}$$

令式(7-83)与 MCP 标准传递函数的特征多项式式(7-76)系数相等,联立方程,如式(7-84)所示,最后得到 MCP-PI 参数整定公式及适用条件,如式(7-85)所示,其中 λ 为惯性单元时间常数。

$$\begin{cases} \beta_0 = \dfrac{1}{\lambda^2} = \dfrac{n_p^2 \psi_r^2}{L_q I_a} + \dfrac{k_{P1}}{T_{I1} L_q} \\[3mm] \beta_1 = \dfrac{2}{\lambda} = \dfrac{k_{P1} + R_s}{L_q} \end{cases} \tag{7-84}$$

$$\begin{cases} k_{P1} = \dfrac{2L_q}{\lambda} - R_s \quad k_{I1} = \dfrac{k_{P1}}{T_{I1}} \\[4mm] T_{I1} = \dfrac{\dfrac{2}{\lambda} - \dfrac{R_s}{L_q}}{\dfrac{1}{\lambda^2} - \dfrac{n_p^2 \psi_r^2}{L_q I_a}}, \quad 0 < \lambda < \min\left(\sqrt{\dfrac{L_q I_a}{n_p^2 \psi_r^2}}, \dfrac{2L_q}{R_s} \right) \end{cases} \tag{7-85}$$

通过求解上述电流环 PI 参数整定公式,可得出电流环 PI 控制器的比例、积分系数。

在对转速外环进行 PI 参数调节时,由上述分析可知电流内环已完成调节。不考虑电流内环的影响,得到转速外环 MCP-PI 控制系统的开环传递函数为:

$$\begin{aligned} G_c(s)G_p(s) &= G_c(s)H(s) \\[2mm] &= \dfrac{\left(k_{P2}s + \dfrac{k_P}{T_{I2}} \right)(s^2 + 2\xi\Omega s + \Omega^2)n_p\psi_r}{(I_a - F_a^2)s^4 + 2I_a\xi\Omega s^3 + I_a\Omega^2 s^2} \end{aligned} \tag{7-86}$$

该系统的特征多项式如式(7-97)所示:

$$\begin{aligned} P^*(s) = {}& s^4 + \frac{k_{P2}n_p\psi_r + 2I_a\xi\Omega}{I_a - F_a^2}s^3 \\[2mm] & + \frac{\left(2k_{P2}\xi\Omega + \dfrac{k_{P2}}{T_{I2}} \right)n_p\psi_r + I_a\Omega^2}{I_a - F_a^2}s^2 \\[2mm] & + \frac{\left(k_{P2}\Omega^2 + 2\xi\Omega\dfrac{k_{P2}}{T_{i2}} \right)n_p\psi_r}{I_a - F_a^2}s + \frac{\dfrac{k_{P2}}{T_{I2}}\Omega^2}{I_a - F_a^2} \end{aligned} \tag{7-87}$$

令式(7-87)与 MCP 标准传递函数的特征多项式式(7-76)系数相等,联立方程,如式(7-88)所示,最后得到 MCP-PI 参数整定公式及适用条件,如式(7-89)所示,其中 λ 为惯性单元时间常数。

$$
\begin{cases}
\beta_0 = \dfrac{1}{\lambda^4} = \dfrac{\dfrac{k_{P2}}{T_{I2}}\Omega^2}{I_a - F_a^2} \\[4mm]
\beta_1 = \dfrac{4}{\lambda^3} = \dfrac{\left(k_{P2}\Omega^2 + 2\xi\Omega\dfrac{k_{P2}}{T_{I2}}\right)n_p\psi_r}{I_a - F_a^2} \\[4mm]
\beta_2 = \dfrac{6}{\lambda^2} = \dfrac{\left(2k_{P2}\xi\Omega + \dfrac{k_{P2}}{T_{I2}}\right)n_p\psi_r + I_a\Omega^2}{I_a - F_a^2} \\[4mm]
\beta_3 = \dfrac{4}{\lambda} = \dfrac{k_{P2}n_p\psi_r + 2I_a\xi\Omega}{I_a - F_a^2}
\end{cases}
\tag{7-88}
$$

$$
\begin{cases}
k_{P2} = \dfrac{4(I_a - F_a^2)}{\lambda n_p\psi_r} - \dfrac{2I_a\xi\Omega}{n_p\psi_r} \\[4mm]
T_{I2} = \dfrac{k_P\lambda^4\Omega^2}{I_a - F_a^2}, \quad k_{I2} = \dfrac{k_{P2}}{T_{I2}} \\[4mm]
2I_a\xi\Omega^4\lambda^4 - 4(I_a - F_a^2)\Omega^3\lambda^3 + 4\Omega(I_a - F_a^2)\lambda \\[1mm]
\quad -2\xi(I_a - F_a^2)n_p\psi_r = 0 \\[2mm]
I_a\Omega^4\lambda^4 + \left[8\xi\Omega^3(I_a - F_a^2) - 4I_a\xi^2\Omega^4\right]\lambda^3 \\[1mm]
\quad -6(I_a - F_a^2)\Omega^2\lambda^2 + (I_a - F_a^2)n_p\psi_r = 0 \\[2mm]
0 < \lambda < \dfrac{2(I_a - F_a^2)}{I_a\xi\Omega}
\end{cases}
\tag{7-89}
$$

通过求解上述转速环 PI 参数整定公式,可得出转速环 PI 控制器的比例、积分系数。

在 Simulink 中搭建 PMSM 驱动柔性连杆伺服系统数学模型,系统输入指令为一阶跃信号,电流环和转速环的控制周期为 $T_s = 0.001\text{s}$,电流环仿真时长为 0.015s,转速环仿真时长为 1s。

基于 MCP 标准传递函数 PI 参数整定法,在 Simulink 平台上搭建系统的仿真模型,对系统电流环和转速环分别采用传统的 PI 调节方法和典型 Ⅱ 型系统工程设计方法、极点配置方法与本书的 MCP-PI 控制方法进行比较分析。

图 7-32 为柔性连杆伺服系统传统 PI 调节控制和 MCP-PI 控制方法的电流特性曲线。

在用传统的 PI 控制方法对电流环进行设计时,根据带宽要求,本书选用的电流环带宽为 $\bar{\omega}_{ci} = 4000\text{Hz}$,PI 调节器参数为:$k_{P1} = 7.68$,$k_{I1} = 2420$。采用 MCP-PI 控制方法,PI 调节器参数为:$k_{P1} = 7.075$,$k_{I1} = 7607.527$。由图 7-32 分析可知:采用

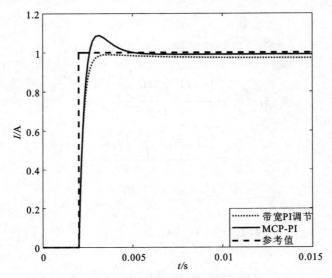

图 7-32　柔性连杆伺服系统电流特性曲线

MCP-PI 控制方法,系统电流环响应速度更快,能够快速达到参考值,并且稳态性能更好,稳态误差为 0.9%,而传统的 PI 控制方法稳态误差达到 2.8%,是本书所用方法的 3.1 倍。显然,本书所用方法的控制效果更好。

图 7-33 为柔性连杆伺服系统分别采用典型Ⅱ型系统的工程设计方法、极点配置方法和 MCP-PI 三种控制方法的转速特性曲线。

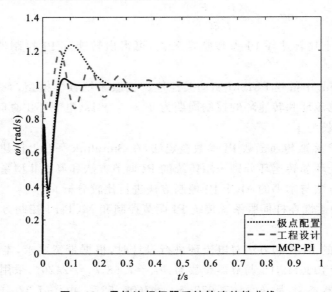

图 7-33　柔性连杆伺服系统转速特性曲线

采用相同阻尼系数极点配置的设计方法对系统转速环进行控制,选取阻尼系数 $\xi=0.707$,得出 PI 调节器的参数为:$k_{P2}=0.4595$,$k_{I2}=6.7822$。基于典型 Ⅱ 型系统的工程设计方法对转速环 PI 调节器参数进行确定,得出 PI 调节器的参数为:$k_{P2}=2.3167$,$k_{I2}=128.7037$。本书采用 MCP-PI 控制方法,得出 PI 控制器的参数为:$k_{P2}=0.669$,$k_{I2}=0.01097$。

从图 7-33 可以看出:采用极点配置方法系统的转速动态响应具有很大的超调量,是 MCP-PI 控制方法的 6.5 倍。采用典型 Ⅱ 型系统工程设计方法进行 PI 参数调节,系统的转速响应更快,但是具有较大的超调量和明显的谐振现象,并且系统调节时间更长。而本书 MCP-PI 控制方法调节时间仅为 0.094s,超调量更小,稳态响应更好,控制性能更加优越,能够满足高速度、高精度场合。

表 7-10 为柔性连杆伺服系统采用上述三种方法的动态性能指标。从表 7-10 中的四个性能指标来看,MCP-PI 控制方法的控制效果更加显著,超调量以及调整时间更小,并且很好地避免了典型 Ⅱ 型系统工程设计方法的缺点,很好地抑制了系统谐振的影响。

表 7-10   **柔性连杆伺服系统响应性能指标**

控制器	上升时间/s	超调量/%	调整时间/s	峰值时间/s
典型 Ⅱ 型系统	0.036	19.7	0.393	0.062
极点配置	0.055	23.4	0.218	0.102
MCP-PI	0.063	3.75	0.095	0.078

7.3.6   事件触发 GA-PI 控制器设计

在 MCP-PI 控制方法下,柔性连杆伺服系统的控制起到了较好的效果。但由于传统 PID 控制器参数调节的局限性,以及 MCP-PI 控制参数整定需要人为进行 PI 控制器参数的计算,人力耗费大,并且对于不同的研究对象需要重新计算整定 PI 参数,不能实现 PI 控制器参数调整的智能化。此外,随着网络化控制的发展,如何减少网络控制中信息资源的浪费,提高资源利用率,降低控制器的更新次数,成了大家关注的热点。为了克服这些问题,进一步对柔性连杆伺服系统控制方法进行优化,本节提出了事件触发 GA-PI 控制方法,通过将事件触发、遗传算法和 PI 控制器相结合,实现对柔性连杆伺服系统更精确的鲁棒控制。事件触发 GA-PI 控制作为一种新的控制策略,在柔性连杆伺服系统中的应用和研究较少。采用事件触发机制可以降低控制器的计算频率,从而降低系统的能耗和实现控制信号的节省,同时通过遗传算法的迭代优化,能够找到更为合适的控制器参数,从而提高系统的稳定性和鲁棒性。

利用遗传算法对 PI 控制的比例积分增益进行了优化,为了有效防止控制能量过大和超调,在遗传算法优化的 PI 控制目标函数中分别引入了控制输入的平方项和惩罚功能,通过对控制能量大小进行约束,保证系统转速响应具有更小的超调量。此外,为了进一步提高系统的性能并节约通信资源,将事件触发机制融入 GA-PI 控制策略中。以 GA-PI 转速控制器的增量为变量,通过判别其增量误差是否达到触发阈值来决定是否更新控制器输出及与执行器的通信,有效减少不必要的信息通信,同时保证系统的高性能控制。为了验证提出的控制策略的有效性,与上文的控制方法进行仿真对比分析,结果表明,此方法在控制效果、超调量以及通信资源节约等方面均表现出明显的优势,为柔性连杆伺服系统的控制优化提供依据。

因此,事件触发 GA-PI 控制对于提高柔性连杆伺服系统的控制性能和降低成本具有重要意义。本节旨在深入探讨柔性连杆伺服系统采用事件触发 GA-PI 控制的原理、优势以及优越的效果。首先,介绍遗传算法的原理,阐述事件触发控制机制的基本原理和 GA-PI 控制策略;其次,将该控制方法与传统控制方法进行比较;最后,通过仿真实验结果来验证事件触发 GA-PI 控制在柔性连杆伺服系统中的有效性和实用性,为相关领域的学术研究和工程实践提供有价值的参考与指导。

(1)GA-PI 控制概述。

遗传算法是受生物进化原理启发的优化算法,其核心理念是模仿自然界"优胜劣汰,适者生存"的法则,用于解决参数优化问题。该方法通过将生物进化的原理融入参数优化的编码群体中,模拟自然界生物在自然选择和遗传进化中的繁殖、交叉和基因突变现象。在这一过程中,依据预先设定的目标适应度函数对群体中的每个个体进行评价,并根据优化指标选择表现较优的个体,运用遗传算子(复制、交叉、变异)对这些个体进行组合,不断迭代优化,直至达到预设的收敛标准,从而找到问题的最优解。其流程图如图 7-34 所示。

GA-PI 控制将遗传算法与 PI 控制结合,通过遗传算法的多次迭代择优原则对 PI 参数进行优化,最后求得满足要求的最优解。将 PI 控制器的 k_P 和 k_I 参数作为遗传算法的优化变量,通过迭代优化过程,寻找出最优的参数组合,从而使得系统的性能指标达到最佳。这种方法不仅提高了系统的控制性能,还降低了人工调整参数的难度和复杂性。

采用离散化 PI 控制器表达式为:

$$i_q^*(k) = k_P \cdot e(k) + k_I \sum_{j=0}^{k} e(j)T \tag{7-90}$$

式中,k_P、k_I 为 PI 控制器参数;T 为采样周期;k 为采样序号,$k=1,2,\cdots$。

定义速度跟踪误差:

$$e(k) = \omega^*(k) - \omega(k) \tag{7-91}$$

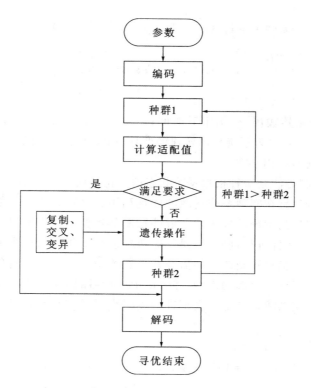

图 7-34 遗传算法流程图

系统转速环离散化模型为：

$$\omega(k) = -\text{den}(2)\omega(k-1) - \text{den}(3)\omega(k-2) - \text{den}(4)\omega(k-3) + \text{num}(2)i_q(k-1)$$
$$+ \text{num}(3)i_q(k-2) + \text{num}(4)i_q(k-3) \tag{7-92}$$

式中，$e(k)$ 表示系统转速误差；$\omega^*(k)$ 和 $\omega(k)$ 分别表示系统控制过程中的期望转速及实际输出转速。

通过遗传算法对 PI 控制器的参数 k_P 和 k_I 进行优化，旨在实现理想的转速动态特性。采用绝对值时间积分性能指标作为参数选择的最小化目标函数。同时，为了避免控制能量过大，在目标函数中引入了控制输入的平方项，以平衡控制效果和能量消耗。选取式（7-93）作为最佳指标，以期实现更为精确、稳定的控制效果。

$$J = \sum_{k=0}^{G} (\rho_1 \mid e(k) \mid + \rho_2 i_q^{*2}(k)) kT + \rho_3 \cdot t_u \tag{7-93}$$

为了预防超调现象的发生，引入了惩罚机制。一旦检测到超调现象，选取超调量作为评估最优指标的一个重要参数。此时，最优指标的具体表达式为：

$$J = \begin{cases} \sum_{k=0}^{G}\left[\rho_1 \mid e(k) \mid + \rho_2 i_q^{*2}(k)\right]kT + \rho_3 \cdot t_{\mathrm{u}}, & e\omega(k) > 0 \\ \sum_{k=0}^{G}\left[\rho_1 \mid e(k) \mid + \rho_2 i_q^{*2}(k) + \rho_4 \mid e\omega(k) \mid\right]kT + \rho_3 \cdot t_{\mathrm{u}}, & e\omega(k) < 0 \end{cases}$$

(7-94)

式中，$i_q^*(k)$ 为控制器输出；t_{u} 为上升时间；ρ_1、ρ_2、ρ_3、ρ_4 为权值且 $\rho_4 \gg \rho_1$；$e\omega(k) = \omega(k) - \omega(k-1)$，$e\omega(k)$ 为系统输出转速的变化量；G 为最大迭代次数。

（2）事件触发 GA-PI 控制。

事件触发控制方法是一种根据系统状态的变化和误差的大小来动态调整控制信号更新频率的策略，旨在实现系统资源的优化利用。这种方法不仅能够减少计算和通信开销，还能够提高系统的鲁棒性。事件触发是将控制器当前时刻和下一时刻的误差作为事件触发条件进行判断，当误差达到或超过预设的阈值时，控制器才会进行数据信息的更新，包括计算新的控制信号并发送给执行器。这样有效避免了控制器的频繁更新，减少了计算资源的浪费，并降低了执行器的负担。如果系统状态未满足事件触发条件，控制器将保持上一次事件触发时生成的信号数值不变。设计的事件触发策略为：

$$\begin{cases} i_q^* = i_{\mathrm{e}}(t_k), \forall t \in [t_k, t_{k+1}) \\ t_{k+1} = \inf\{t \in \mathbf{R}, \mid e_{i_q^*}(t) \mid \geqslant M\}, t_1 = 0 \end{cases}$$

(7-95)

其中，$0 < M < \overline{M}$，$e_{i^*}(t) = i_{\mathrm{e}}(t) - i_q^*(t)$，$\overline{M}$ 为正常数，M 为一个正的事件触发阈值，$e_{i^*}(t)$ 为控制器误差。

由事件触发策略式（7-105）可知：当 $t \in [t_k, t_{k+1})$ 时，$i_q^* = i_{\mathrm{e}}(t_k)$，其中根据 $\mid e_{i^*}(t) \mid \geqslant M$ 来确定 $t = t_{k+1}$ 的值；当 $\mid e_{i^*}(t) \mid < M$ 时，控制器不更新控制输出信号 i_q^*，控制器的数值保持不变。

将 GA-PI 控制与事件触发机制结合，对柔性连杆伺服系统进行转速控制，其控制结构如图 7-35 所示。该系统通过遗传算法模拟生物进化过程中的选择、交叉和变异操作，对 PI 控制器参数 k_P、k_I 进行迭代优化，寻找出最优的参数组合，根据事件触发机制，判断是否需要将控制信号传输给柔性连杆伺服系统，以使系统的性能指标达到最佳。

（3）性能分析。

分别基于时间触发和事件触发对极点配置 PI 控制（PP-PI）、典型 Ⅱ 型系统工程设计 PI 控制（SSED-PI）、多容惯性 PI 控制（MCP-PI）以及遗传算法 PI 控制（GA-PI）控制方法的性能进行分析，取转速环采样周期 $T = 100\mu s$，仿真时长 1s，输入指令为一阶跃信号。在 GA-PI 控制方法中，选取样本个数为 30，交叉概率和变异概率分别

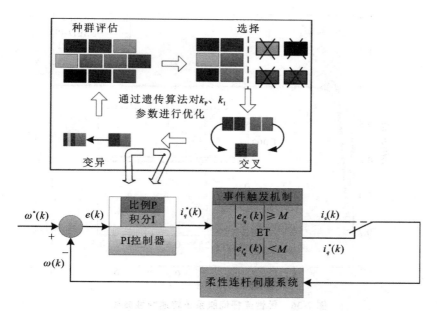

图 7-35　事件触发 GA-PI 控制策略图

取 0.9 和 0.033。k_P 和 k_I 的取值范围为 $[0,1]$，$\rho_1 = 0.999$，$\rho_2 = 0.0001$，$\rho_3 = 0.2$，$\rho_4 = 1000$，迭代次数 G 为 100。

在 MATLAB 平台上进行仿真分析，利用超调量（σ）、调整时间（t_s）、平方积分误差（integral of squared error，ISE）、绝对积分误差（integral of absolute error，IAE）和控制增量累计平方和（cumulative of squared control increment，CSCI）指标来全面评估控制器的性能，其性能指标的具体定义如下：

$$\sigma = \frac{(M_p - M_f)}{M_f} \times 100\%,\ \text{ISE} = \sum_{k=1}^{N} e^2(k),\ \text{IAE} = \sum_{k=1}^{N} \left| e(k) \right|,\ \text{CSCI} = \sum_{k=1}^{N} \Delta i_q^{*2}(k)$$

式中，M_p 是系统达到的峰值；M_f 是系统稳态值；$e(k)$ 为转速与设定值间的误差；$\Delta i_q^*(k)$ 为控制增量。

①时间触发 GA-PI 控制。

时间触发控制以固定的时间间隔 T 进行数据信号传输和控制器更新，通常采样和传输周期很短，按时发送控制信号实现对被控对象的控制。本书取采样频率为 10kHz（$T = 100\mu s$），在 1s 内，基于时间触发控制机制，对 PP-PI、SSED-PI、MCP-PI 和 GA-PI 控制方法进行性能分析，其动态转速响应如图 7-36 所示，对应的性能指标如表 7-11 所示。

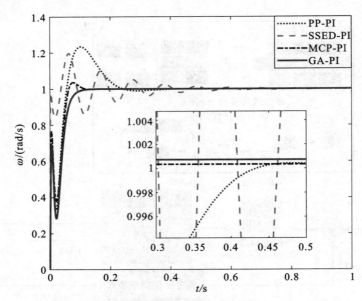

图 7-36　柔性连杆伺服系统转速特性曲线

表 7-11　　　　　　　　　　　时间触发不同控制器性能比较

控制方法	σ	t_s/s	ISE	IAE	CSCI
PP-PI	23.5368	0.218	151.4653	455.1827	6.8342×10^{-9}
SSED-PI	19.719	0.393	29.7781	278.9141	1.3426×10^{-10}
MCP-PI	3.7562	0.095	103.8896	233.2912	1.1361×10^{-26}
GA-PI	0.0726	0.082	140.7083	286.8491	4.1764×10^{-25}

　　由图 7-36 和表 7-11 可知：a. 采用 PP-PI 和 SSED-PI 控制方法，出现明显较大超调，达到 20％左右；MCP-PI 控制方法出现较小的超调；而 GA-PI 控制方法几乎没有出现超调（低于 1％），能够满足更苛刻的工作要求，性能表现最好。b. 采用 SSED-PI 方法进行参数调节，虽然系统的转速响应很快，但是并不能有效削弱系统产生的谐振，反而产生了较大的超调量和明显的振荡，并且系统调节时间更长。c. MCP-PI 和 GA-PI 控制方法的 σ、IAE 和 CSCI 性能指标表现更加优越，而 PP-PI 和 SSED-PI 控制方法的 σ、IAE 和 CSCI 性能指标表现明显较差。d. GA-PI 控制器达到稳态的时间更短，并且超调量仅为 0.0726％，能够满足工程要求稳态值 2％的需要，在柔性连杆伺服系统转速环的控制中具有更好的性能。

　　②事件触发 GA-PI 控制。

　　事件触发的控制机制，根据系统转速的实时状态反馈，判断控制器当前时刻输出的电流信号与下一时刻电流信号的差值是否满足预先设定的事件触发条件，进而决定控制器参数的更新时机。在固定阈值 $M=0.001$ 的事件触发条件下,取相同采样周期 $T=100\mu s$,对上述 PP-PI、SSED-PI、MCP-PI 和 GA-PI 控制方法进行性能分析。系统转速特性响应曲线如图 7-37 所示,控制器输出 i_q 更新时刻如图 7-38 所示,表 7-12 为系统对应控制方式下的性能参数。

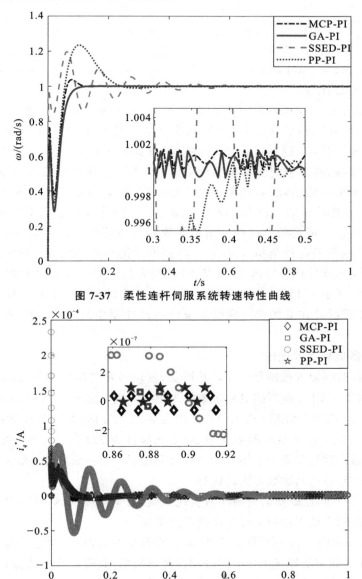

图 7-37　柔性连杆伺服系统转速特性曲线

图 7-38　控制器输出 i_q 更新时刻

表 7-12　　　　　　　　　　　　　事件触发不同控制器性能比较

控制方法	$\sigma/\%$	ISE	IAE	CSCI	更新次数
PP-PI	23.5045	150.7932	456.4726	0.2175	563
SSED-PI	19.7026	29.0361	277.6670	5.8547	2919
MCP-PI	3.7476	103.3607	236.0309	0.4606	637
GA-PI	0.1731	140.1288	285.3539	0.2511	524

A. 算法性能比较。

从图 7-37、图 7-38 和表 7-12 可以看出：a. GA-PI 控制器的控制性能最好，无明显的超调量，响应曲线整体比较平滑，动态性能变化很小；SSED-PI 和 PP-PI 方法具有较大的超调量，在控制过程中并不能保证其快速稳定，并且 SSED-PI 方法会产生一定的谐振，并不能起到抑制系统谐振的作用；b. 事件触发机制控制下，控制器的更新频率明显降低，随着系统转速逐渐稳定，控制器数据更新次数减少，由图 7-37 局部放大图可知，GA-PI 控制器在 $0.86\sim0.92s$ 之间只更新了 3 次，远少于其他几种控制方法。通过给定的触发阈值来决定控制器数据的更新，减少了资源浪费，降低了控制器的运行负担；c. GA-PI 控制方法的性能指标 σ、CSCI 和更新次数的表现要优于 SSED-PI、PP-PI 和 MCP-PI 控制方法。并且 GA-PI 控制器的超调量仅为 0.1731%（小于 1%），能够满足工程要求超调量 2% 的需要。基于以上结果分析，GA-PI 控制器在柔性连杆伺服系统转速环控制中具有较高的控制精度和平稳性。

B. 控制器更新次数比较。

对比上述时间触发控制和事件触发控制，发现两者更新频率和数据样本数均保持一致，因而文中 PI 控制器的更新次数均为 10000 次。由表 7-12 可知，无论是传统的控制方法，如 PP-PI、SSED-PI 和 MCP-PI 控制器（它们的更新次数分别为 563 次、2919 次和 637 次），还是 GA-PI 控制方法（更新次数为 524 次），在事件触发机制下，控制器的更新次数均显著少于传统的时间触发控制。这一结果充分展示了事件触发机制在减少控制器更新次数方面的优势。

图 7-39 为不同控制器的更新次数变化曲线，图 7-40 为 GA-PI 控制器更新次数与传统连续控制方法下控制器更新次数变化曲线。

由图 7-39 和图 7-40 可以明显看出：a. 在事件触发机制下，相较于其他三种控制方法，GA-PI 控制方法展现出更少的控制器更新次数，具有显著的优势；b. GA-PI 控制器在事件触发机制下的更新次数最少，仅需更新 524 次，是传统连续控制更新次数的 1/20 左右，有效降低了控制器的运算负担。

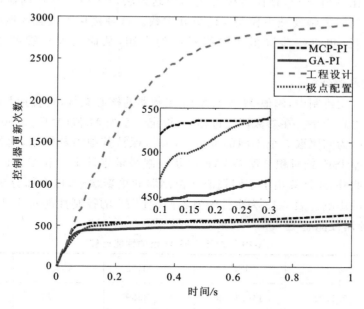

图 7-39　不同控制器更新次数

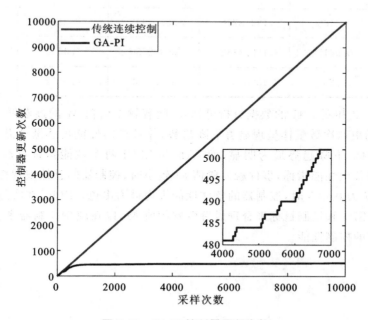

图 7-40　GA-PI 控制器更新次数

通过对比分析可知,相比传统的连续控制方法,ET-GA-PI 控制器可以在保持控制性能的同时大幅度减少控制器的更新次数。这种优化不仅有效地减少了控制器的资源消耗,也进一步降低了网络资源的占用,从而极大地缓解了控制器的压力。

C. 关键参数分析。

在事件触发机制中,阈值 M 为 GA-PI 控制器的核心参数,它直接关联着控制效果与控制器更新频率。在参数调优过程中,设定一系列 M 值($M \in [0.001, 0.009]$),具体以 0.002 为间隔取 5 个不同的数值。同时,保持其他参数恒定,通过超调量 σ、平方积分误差 ISE、绝对积分误差 IAE 以及控制增量累计平方和 CSCI 来综合评估控制性能。此外,还计算出了不同阈值下控制器的更新次数,以全面分析阈值 M 对控制器性能的影响。表 7-13 为事件触发不同阈值 M 的控制性能对比,图 7-41 为不同 M 时的控制性能。

表 7-13 　　　　　　　　　　GA-PI 控制器不同 M 值的性能比较

M	$\sigma/\%$	ISE	IAE	CSCI	更新次数
0.001	0.1731	140.1288	285.3539	0.2511	524
0.003	0.4003	139.9867	293.8273	0.2796	346
0.005	0.5462	139.8766	302.7933	0.3315	189
0.007	0.9617	139.8132	309.2750	0.4110	166
0.009	1.2263	139.7384	321.0082	0.5232	176

由表 7-13 和图 7-41 的数据分析可知:a. 随着触发阈值 M 的逐渐增大,ET-GA-PI 控制器的更新次数整体呈现显著下降趋势,并且控制性能也逐渐变差。特别是 σ 这一性能指标,下降趋势最为明显,而 IAE 和 CSCI 两个性能指标有较小的变化。b. 综合考虑各项性能指标,事件触发阈值 M 较小时,控制器的整体表现更为理想,当触发阈值 M 为 0.005 时,控制器的整体性能表现最为出色。因此,在实际应用中,需要根据具体需求和控制目标来合理设置触发阈值 M,以在减少控制器更新次数的同时保持较好的控制性能。

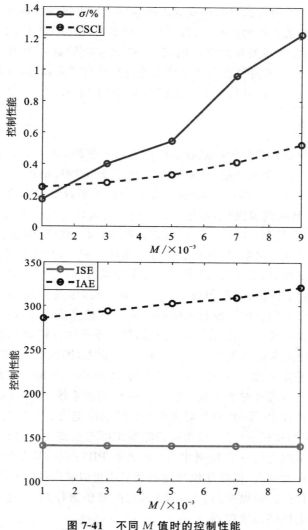

图 7-41　不同 M 值时的控制性能

7.4　基于粒子群优化的直线开关磁阻电机自耦 PID 跟踪控制

　　直线开关磁阻电机是一种基于磁阻最小原理的高效节能电机。由于电机位置、磁链、电流、转矩等参数的相互耦合，由其构成的伺服系统呈现复杂的非线性。摩擦、外部扰动及外部环境带来的参数摄动等不确定因素给系统的控制带来了挑战。为了有效克服不确定因素带来的影响,提出了一种粒子群优化的自耦 PID 位置跟踪控制策略。首先,根据直线开关磁阻电机的特点,建立系统的数学模型;其次,设计自耦 PID 控制器,速度因子采用粒子群优化算法进行在线自适应调整,实现对参数摄动及外部扰动的抑制;最后,通过仿真实验验证本书方法的有效性。

7.4.1 引言

直线开关磁阻电机是依据磁阻最小原理进行工作的,该电机只有定子或动子中的一个有绕组,而另一个无绕组,非常适合高速、高动态响应的场合,成为直接驱动系统的理想传动形式之一。然而,该电机的多参数相互耦合呈现出高度的非线性。同时,由于电机工作环境的复杂性,系统参数会随着环境而变化。系统部件间的摩擦及工作负载的变化,满足存在电流、磁链、转速的耦合,而且磁链、电感、转矩都是随着动子位置而变化的非线性函数,使其具有高度非线性。同时,直线开关磁阻电机系统中存在的参数不确定性、负载扰动、推力波动及摩擦等因素,增加了控制系统设计难度。

PID 控制融合了误差、误差积分及误差微分信息,由其构成的线性 PID 控制在工业上得到了广泛应用。PID 控制能够满足对系统精度要求不高的场合,一旦工作状态发生变化或存在外部干扰等不确定因素,控制系统性能将会严重下降,甚至无法稳定运行。为了增强系统对复杂工作环境的适应能力,国内外学者进行了大量的研究。赵秀伟等以稳定裕度为出发点,利用扩展 Hurmite-Biehler 定理进行了 PID 参数稳定设计。郭宏等人针对变负载无刷直流电机伺服系统,设计了一种比例和积分随位置偏差的变系数 PI 控制,增强对负载变化的适应能力。根据位置偏差改变调节参数,逐步加强比例和积分作用,以快速消除系统稳态误差且不引起系统抖动。将模糊控制或神经网络理论与 PID 控制相结合的智能 PID 控制,具有较强的参数摄动抑制能力和抗负载扰动能力,但往往模糊规则数量或难以确定神经网络权重,且以牺牲系统的快速性为代价。滑模控制、自抗扰控制、模型预测控制、自适应控制等现代控制方法也被用于电机的位置控制。

曾喆昭等通过系统研究 PID 控制参数的内在联系,提出了一种自耦 PID 控制,通过引入速度因子,简化了控制器参数,大大降低了设计难度。杨旭等成功将该方法用于四旋翼无人机的姿态控制。王进华等将 PID 与二次型优化性能指标相结合,在性能指标中对系统的误差和控制输出进行约束。

为了提高直线开关磁阻电机控制系统的快速响应能力和鲁棒性,本书结合粒子群优化理论和自耦 PID 控制,设计了一种最优速度因子的自耦 PID 控制方法,通过粒子群算法自适应在线调整自耦 PID 的速度因子,以时间和误差的积分作为优化指标函数,在保证自耦 PID 控制结构简单的基础上,提高系统对环境的适应性。

7.4.2 控制器设计

直线开关磁阻电机系统的运动方程可表示为：

$$F = M_n \ddot{x} + B_n \dot{x} + F_d + F_f + F_r \tag{7-96}$$

式中，$F = \sum\limits_{k=1}^{3} \dfrac{\partial \lambda_k(x,i)}{\partial x} i_k$ 为电磁推力，λ_k 为磁链，k 表示相数；M_n 为动子质量；B_n 为摩擦因子；x 为动子位移；F_r、F_d 和 F_f 分别表示系统的齿槽效应引起的推力波动、负载变化引起的扰动和非线性摩擦引起的摩擦力。

假设直线开关磁阻电机期望的动子位置为 x_r，定义系统跟踪误差为 $e_1 = x_r - x$，则跟踪误差的微分 e_2 和积分 e_3 可分别表示为：$e_2 = \dot{e}_1 = \dot{x}_r - \dot{x}$ 及 $e_3 = \int_0^t e_1 d\tau$。

系统误差模型可表示为：

$$\begin{cases} \dot{e}_3 = e_1 \\ \dot{e}_1 = e_2 \\ \dot{e}_2 = d + a_0 e_2 - b_0 u \end{cases} \tag{7-97}$$

式中，$a_0 = B_n/M_n$ 和 $b_0 = 1/M_n$ 分别为系统的标称参数，主要由系统本身固有的模型参数决定；$d = \ddot{x}_r + a_0 \dot{x}_r + b_0(F_d + F_f + F_r)$ 为系统的总扰动，包含由模型参数变化引起的不确定性。系统控制目标为设计控制器，能够在系统存在模型参数摄动和负载扰动等不确定因素的情况下，实现直线开关磁阻电机动子位置的快速、准确跟踪。

传统 PID 控制器可表示为：

$$u = k_P e_1 + k_I e_3 + k_D e_2 \tag{7-98}$$

理论上来说，由 k_P、k_I 和 k_D 构成的满足系统式(7-98)的解空间有无穷多个，其核心是 PID 参数的整定，最常用的是 Ziegler-Nichols 频域整定法。该方法在模型参数确定且外界扰动较小时具有较好的控制效果，但对于时变大扰动系统则很难满足性能要求。

自耦 PID 控制通过引入与被控对象模型无关的速度因子 z_c，不仅有效解决了参数整定难题，还可以提高系统的鲁棒性，最为重要的是系统需要调节的参数只有速度因子，便于工程实践应用。

自耦 PID 控制器结构为：

$$u = [3z_c^2 e_1 + (3z_c + a_0)e_2 + z_c^3 e_3]/b_0 \tag{7-99}$$

将自耦 PID 控制输出式(7-99)代入系统模型式(7-98)可得

$$\begin{cases} \dot{e}_3 = e_1 \\ \dot{e}_1 = e_2 \\ \dot{e}_2 = d - 3z_c^2 e_1 + 3z_c e_2 + z_c^3 e_3 \end{cases} \tag{7-100}$$

通过拉氏变换可求得系统的闭环传递函数为：

$$G_{\mathrm{B}}(s) = E_1(s)/D(s) = s/(s+z_{\mathrm{c}})^3 \qquad (7\text{-}101)$$

由式(7-101)可知设计的自耦 PID 直线开关磁阻电机为非最小相位系统,只要选取速度因子 $z_{\mathrm{c}} > 0$,则该系统有且仅有唯一的极点,故该受控系统式(7-98)或(7-100)是渐进稳定的,且与系统的外部扰动及模型参数无关。

由上述分析可知,速度因子 z_{c} 是系统设计的关键。基于时间的自适应因子不适合期望输出频繁突变的场合,基于误差的自适应因子侧重稳态精度。对于动态响应能力较高的高精密定位系统,需要综合考虑响应的快速性、鲁棒性和稳态精度。

本书通过粒子群优化算法实现对速度因子 z_{c} 的自适应在线估计,采用同时包含时间和误差的 ITAE 作为优化指标：

$$J = \int_0^{\infty} t \mid e(t) \mid \mathrm{d}t \qquad (7\text{-}102)$$

以误差 e 和时间 t 构成的 2 维向量构成粒子的基体,由 n 个粒子构成粒子种群,具体流程如图 7-42 所示。

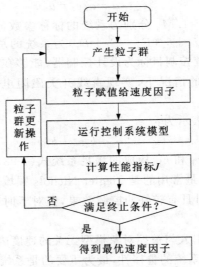

图 7-42　粒子群优化自耦 PID 控制速度因子流程

粒子迭代过程中的速度和位置更新率为：

$$\begin{cases} V_{id}^{k+1} = \omega V_{id}^k + c_1 r_1 (P_{id}^k - X_{id}^k) + c_2 r_2 (P_{gd}^k - X_{gd}^k) \\ X_{id}^{k+1} = X_{id}^k + V_{id}^{k+1} \end{cases} \qquad (7\text{-}103)$$

式中,ω 为惯性权重,且 $d=1,2$;$i=1,2,\cdots,n$;k 为当前迭代次数;V_{id} 为粒子的速度;c_1、c_2 为加速度因子常数,且 $c_1 > 0$ 和 $c_2 > 0$;r_1 和 r_2 是分布于[0,1]区间的随机数。

基于粒子群优化的自耦 PID 控制器结构如图 7-43 所示。

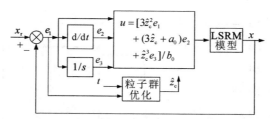

图 7-43　直线开关磁阻电机粒子群优化自耦 PID 控制器

7.4.3　仿真分析

直线开关磁阻电机模型参数为：$M_n = 5\text{kg}$，$B_n = 0.02\text{N} \cdot \text{m/s}$，下面通过与 PID 控制进行比较，验证本书控制策略的可行性和有效性。仿真总时长为 0.5s，采样时间为 1ms，期望转子位置轨迹为一梯形波，在 0.2s 时加入 200N 的突变负载，粒子群优化算法迭代次数为 300，种群规模为 50，速度更新参数 $c_1 = c_2 = 1.5$，仿真结果如图 7-44～图 7-46 所示。

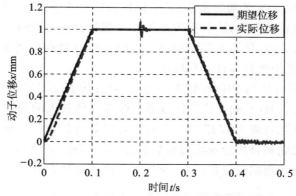

图 7-44　直线开关磁阻电机转子位置响应曲线

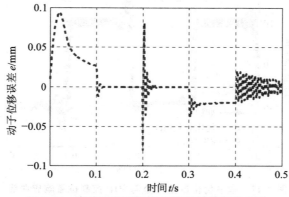

图 7-45　直线开关磁阻电机转子位置误差曲线

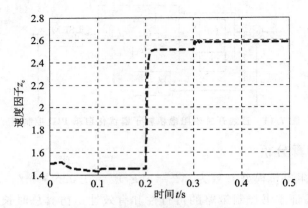

图 7-46　速度因子粒子群优化曲线

　　从图 7-44～图 7-46 的仿真结果可以看出：①响应快速性和跟踪能力：该方法在启动阶段具有较高的动态响应能力，一旦系统稳定，稳态精度高达 2%；②抗干扰能力：在 0.2s 时突加 200N 的额定负载，转子位置响应有 10% 的超调，但能够在 0.02s 内快速准确地实现位置的跟踪，具有较强的抗干扰能力；③速度因子的自动调节：通过粒子群优化算法，能够使速度因子随着系统的运行过程和环境变化（负载扰动）自动调整，从而提高系统的鲁棒性和跟踪能力。

　　图 7-47 将本书方法与 PID 控制进行对比，通过仿真结果发现：当要求系统具有较快的响应能力时，PID 控制在位置信号突变时常伴随较大的超调，高达 50%；而本书提出的粒子群优化自耦 PID 控制仅在起始阶段具有较大的超调，一旦系统稳定，该方法可以几乎无超调且快速地实现位置的跟踪。因此，本书提出的控制方法不仅能够使系统快速稳定地跟踪位置指令，而且对外部扰动具有较强的鲁棒性。

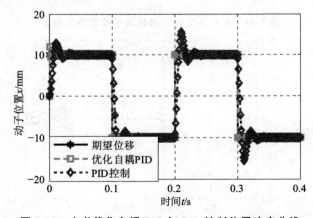

图 7-47　本书优化自耦 PID 与 PID 控制位置响应曲线

7.5 控制输入受限开关磁阻电机滑模位置控制

开关磁阻电机驱动系统存在转子位置、电感、磁链间的相互耦合,是一个复杂的非线性系统。系统参数会随外部环境(温度、湿度、压力等)而变化,同时系统中存在摩擦、力矩波动和外部干扰等不确定因素。为了有效改善开关磁阻电机系统中不确定因素对系统性能的影响,本书提出了一种控制输入受限条件下辅助滑模位置跟踪方法。首先,根据开关磁阻电机的结构和特点,建立系统的数学模型;其次,通过构建辅助系统,结合滑模控制理论设计辅助滑模位置跟踪控制器;最后,通过仿真将本书方法与 PID 控制和传统滑模控制进行对比,验证了本书方法的有效性和优越性。研究结果表明:辅助滑模位置跟踪控制方法在控制输入受限条件下,对系统的模型参数变化仍能快速(约是 PID 控制响应时间的 $\frac{1}{3}$)无误差地实现位置和速度的跟踪(PID 控制位置和速度稳态误差分别为 0.66rad 和 1.62rad/s),且控制输入比较平滑(传统滑模控制存在较大的抖振);系统存在干扰时,本书设计方法在控制输入受限条件下 1.7s 内即可达到期望的跟踪指令,稳态误差在 $4.4×10^{-3}$rad,稳态精度比 PID 控制提高了 10.3 倍。因此,仿真结果表明,该研究成果提出的方法不仅具有较高的位置跟踪精度,而且对外部扰动具有较强的鲁棒性。

7.5.1 引言

开关磁阻电机(switched reluctance motor,SRM)与反应式步进电机相同,是一种双凸极变磁阻电动机,其定子、转子凸极均由高磁导率的硅钢片叠成,转子既无绕组,亦无永磁体,定子上有集中绕组,径向相对的两个磁极绕组串联或并联构成一相绕组。开关磁阻电机遵循"磁阻最小原理",保证磁通总是沿着磁阻最小的路径闭合。SRM 由于具有刚性结构、高可靠性和鲁棒性、无永磁体、快速动态响应和低制造成本等优点,在工业和科学界得到了越来越多的关注和应用。SRM 已成为一种可行的和受欢迎的电机。由 SRM 构成的调速系统兼有传统交直流调速系统的优点,在牵引运输、电动车辆、通用工业、航空工业、家用电器、高速电机、伺服控制系统等场合显示出强大的市场竞争力。

随着 SRM 应用需求的增加,围绕 SRM 的研究、设计、生产和应用进行了大量研究。设计方面主要针对 SRM 内部磁场的非线性及由非线性开关电源供电、相电流波形难以解析等问题,探索 SRM 电磁转矩的分析与准确计算方法。在应用中,对于高速方面,SRM 在精密制造、鼓风机、压缩机、涡轮增压器和飞轮等方面应用广泛,低速方面的研究重点集中在电动汽车上。SRM 转子中不含永磁体,仅由低损耗硅钢和定子绕组构成,从而降低了制造成本,并保持了良好的机械性和热稳定性,这使得它非常适合混合动力汽车。

然而,SRM 驱动系统动态模型难以准确建立,且具有非线性、强耦合、多变量、多参数的特点,给系统的控制增加了难度。另外,SRM 定子绕组镶嵌在齿槽内,齿槽效应会引起转子上转矩的波动。再者,随着工作环境日益复杂,SRM 系统中的参数不确定性、负载扰动、推力波动及摩擦等因素,进一步使控制系统设计难度增强。实际系统的控制总是受一定条件的限制,例如电机速度环设计的控制输入转矩或电流不能大于其额定值等。因此,控制输入受限条件下的 SRM 多因素约束的控制更加具有实际意义和挑战性。

有效改善 SRM 中存在的强耦合、非线性、多时变等复杂因素对电机驱动系统性能带来的影响,实现多因素约束下电机高性能动态控制,成为研究的热点之一。固定增益的 PID 控制以其结构简单、容易实现的优点在实际工业场合得到广泛应用。为了保证旋转高温超导磁通泵励磁线圈电流恒定,Jeon 等通过固定增益 PID 控制电磁铁的磁场,在改变转速和方向的情况下,成功地补偿了高温超导线圈电流的变化,实现了恒定电流输出,以补偿同步电动机高温超导磁场线圈在工作条件下的电流变化。但是 PID 控制的控制参数是固定的,当系统内部特征变化或者外部扰动的变化幅度很大时,系统的性能会大幅度下降,甚至造成系统不稳定而崩溃。为此,Angel 等将分数阶算子引入 PID 控制,从而增加了设计的自由度,并且将其应用于电机/发电机调速系统,结果表明提出的分数阶 PID 控制对参数变化具有较强的鲁棒性。但是该方法基于系统的模型,对小范围内的扰动具有鲁棒性,其应用受到限制。为了使 PID 控制增益能够跟随系统模型参数及扰动的变化自动调整,He 等将模糊理论与 PID 控制结合,并应用于 SRM 的控制中,有效地减小大扭矩波动,增强了系统的抗干扰能力。但是模糊规则的数量难以确定,同时会增加系统的复杂程度和计算量。自适应控制能够通过在线辨识系统模型参数,改善模型参数变化对系统性能的影响,但是该方法仍基于系统模型,且在线参数估计增加了系统的计算量,会降低系统的动态响应能力。自适应控制往往与滑模控制、backstepping 控制等方法相结合。在 $\alpha\beta$ 静止坐标系下,Tang 等通过滑模观测器在线估计直线电机定子电流,利用反电动势模型估计动子的位置和速度,该方法可以有效地避免外部扰动对动子速度和位置估计精度的影响,但对定子电阻的依赖性较强。为了改善传统滑模控制带来的抖振现象,Nihad 等通过设计负载干扰观测器进行补偿,有效地改善了电机系统的动态性能。该方法在高速运行场合具有较高的估计精度,低速运行时误差较大,使用场合受限。Ali 等针对不确定感应电动机驱动系统,提出了一种基于积分观测器的动态滑模控制方法。积分观测器的引入可以改善抖振现象,但同时增加控制器设计的复杂性,在一定程度上降低系统的可靠性。针对不确定直流电机调速系统，Abdelkader 等将自适应控制和反步控制相结合，对系统进行逆向设计，但是该方法需要多次对系统模型进行求导，会引起求导带来的"计算爆炸"问题，因此，需要将上述方法与其他方法相结合。Tang 等通过自适应反步控制实现了速度环、推力和磁链环的一体化设计，这仍会带来"计算爆炸"问题。基于无轴承开关磁阻电机（BSRM）转子机械子系统的端口控制哈密顿（PCH）模型，Chen 等采用互联和阻尼分配无源控制（interconnection and damping assignment passivity-based control，IDA-PBC）方法并加入积分环节设计 BSRM 转子机械子系统无源控制器，构建含有能量函数项的控制性能评价函数，采用布谷鸟搜索（multi-start adjustable cuckoo search，MACS）算法优化控制器参数，使系统具有较高的稳态精度和快速动态响应能力。但该方法严重依赖于电机的电阻、电感等参数。Mohamed 等将预测控制应用于感应电机，提出了一种无传感器的直接转矩预测控制方法，该方法采用扩展卡尔曼滤波器作为驱动器，对电机模型状态进行估计。该方法虽然能有效地减小磁链和转矩脉动，但对系统状态变量的预测同样需要先验数据和模型参数数据，而且预测控制样本数据的大小对系统精度的影响较大。Masoudi 等利用模糊估计实现滑模控制增益自动调整，在一定程度上兼具了模糊控制的自学习能力和滑模控制对参数时变的不敏感性，改善了系统的抖振，但是抖振现象无法消除，影响系统的性能。Xu 等将单神经元与自适应方法相结合，实现直线开关磁阻电机的位置跟踪控制。神经元在线估计控制器增益，果蝇优化算法在线自动调整神经元的权重。该方法具有较强的鲁棒性和抗干扰能力，但是结构比较复杂，工程实际应用困难。为了减少滑模控制带来的抖振现象，Tang 等通过引入非线性干扰观测器对系统的未建模动态和外部扰动统一进行观测与补偿，有效改善了系统的动态性能。但观测器的精度仍然依赖于系统的模型参数，难以满足高精度场合要求。Zhao 等提出了一种基于观测器的模糊反步位置电机控制方法，利用降维观测器估计转子角速度，采用模糊逻辑系统逼近系统模型中的未知非线性，并通过动态面控制解决反步设计中的"计算爆炸"问题。该方法有效提高了跟踪精度及系统动态性能，具有良好的启动性能和可靠性。但是该方法比较复杂，在实际应用中难度大。

对于实际的电机系统来说，无论是位置控制、速度控制还是电流控制，控制输入的总量不可能无限大，通常需要在额定状态下进行设计，比如额定转矩、额定电压和额定电流等，而上述控制方法的研究极少涉及饱和限制。实际上，饱和限制会对系统的动态性能产生影响，因此，具有控制输入饱和限制的开关磁阻电机多因素约束的控制方法研究更具实际意义。

基于上述研究，本书提出一种基于辅助滑模的开关磁阻电机位置控制方法。考虑控制输入饱和受限条件的制约，设计了辅助系统以对系统的模型参数变化和外部扰动进行补偿,提高系统的鲁棒性和跟踪能力,实现开关磁阻电机的高性能位置跟踪控制。

7.5.2 控制器设计

所研究的开关磁阻电机结构如图 7-48 所示。该电机是一种 3 相 6/4 式开关磁阻电机,由 6 个定子磁极和 4 个转子磁极构成。

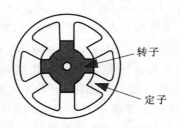

图 7-48 开关磁阻电机结构模型

为了简化分析,开关磁阻电机满足以下条件:

①主电路直流母线电压恒定;

②电力电子开关器件为理想开关,即导通时电压为零,关断时电流为零,且导通、关断不存在延时;

③忽略铁芯的磁滞和涡流效应,即忽略铁耗;

④各相参数对称,每相的两个绕组正向串联,忽略相间互感;

⑤在一个电流脉动周期内,转速恒定。

在上述假设下,开关磁阻电机控制的数学模型如下。

电压方程:

$$U_k = R_k i_k + \mathrm{d}\psi_k / \mathrm{d}t, \quad k = \mathrm{a,b,c} \tag{7-104}$$

转矩表达式:

$$T_\mathrm{m} = \sum_{k=1}^{3} \frac{\partial \lambda_k(x,i)}{\partial \theta} i_k \tag{7-105}$$

运动方程:

$$T_\mathrm{m} = J_\mathrm{n} \ddot{\theta} + B_\mathrm{n} \dot{\theta} + T_\mathrm{d} + T_\mathrm{f} + T_\mathrm{r} \tag{7-106}$$

式中,U_k、i_k、ψ_k 和 R_k 分别为相电压、相电流、相磁链和相电阻;J_n 表示转子质量;θ 为转子的位置,$\dot{\theta} = \omega$ 为转子的角速度;T_m 为电磁转矩;B_n 为线性摩擦系数;T_r、T_d 和 T_f 分别为系统的转矩波动、负载扰动和非线性摩擦转矩。

考虑系统中参数的变化,则模型式(7-106)可表示为:

$$T_\mathrm{m} = J_\mathrm{n} \ddot{\theta} + B_\mathrm{n} \dot{\theta} + J_\Delta \ddot{\theta} + B_\Delta \dot{\theta} + T_\mathrm{d} + T_\mathrm{f} + T_\mathrm{r} \tag{7-107}$$

式中，J_Δ 表示转子质量 J_n 的不确定项；B_Δ 为线性摩擦系数 B_n 的不确定项。

取 $x = \theta$，$x_2 = \dot{x}_1 = \dot{\theta}$，则式(7-107)可表示为：

$$\begin{cases} \dot{x}_1 = x_2 \\ \dot{x}_2 = f(x,t) + bu + \mathrm{d}t \end{cases} \tag{7-108}$$

式中，$b = 1/J_n$；$f(x,t) = -B_n/J_n$；$\mathrm{d}t = -(J_\Delta \ddot{\theta} + B_\Delta \dot{\theta} + T_d + T_f + T_r)/J_n$ 为系统总不确定项，且满足 $\| \mathrm{d}t \| \leqslant D$；$u$ 为受限的控制量，设最大控制输入值为 $u_{max} > 0$，$u_\Delta = u - v$，$u = \mathrm{sat}(v)$，控制输入饱和函数可表示为：

$$\mathrm{sat}(v) = \begin{cases} u_{max}, & v > u_{max} \\ v, & |v| \leqslant u_{max} \\ -u_{max}, & v < -u_{max} \end{cases} \tag{7-109}$$

控制的目标是在控制输入受限的情况下，在系统同时存在参数不确定和负载扰动时，设计控制输入 u，使系统能够实现电机转子的期望位置跟踪 θ_d 和期望角速度跟踪 $\omega_d = \dot{\theta}_d$，即当 $t \to \infty$ 时，$\theta \to \theta_d$，$\omega \to \omega_d$。

本书通过定义一个稳定的辅助误差系统来设计滑模控制器，提出的控制器结构如图 7-49 所示。

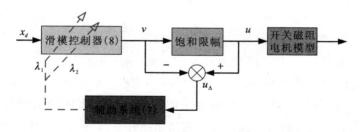

图 7-49　开关磁阻电机辅助滑模控制器

稳定的辅助系统为：

$$\begin{cases} \dot{\lambda}_1 = -c_1 \lambda_1 + \lambda_2 \\ \dot{\lambda}_2 = -c_2 \lambda_2 + bu_\Delta \end{cases} \tag{7-110}$$

为了保证在 $t \to \infty$ 时，$\lambda_1 \to 0$，$\lambda_2 \to 0$，只需要 $c_1 > 0$，$c_2 > 0$。同时为了防止 u_Δ 过大造成系统式(7-110)不稳定，需要保证 c_1 和 c_2 足够大。

定义位置误差为：

$$e = x_1 - x_d - \lambda_1 \tag{7-111}$$

则 $\dot{e} = \dot{x}_1 - \dot{x}_d - \dot{\lambda}_1 = x_2 - \dot{x}_d - \lambda_2 + c_1 \lambda_1$。

设计滑模面 $s = \dot{e} + \alpha e + \beta \mathrm{e}^{\frac{p}{q}}$，其中 $\alpha > 0$，$\beta > 0$，$q > p > 0$，且 q 和 p 均为奇数。

$$
\begin{aligned}
\dot{s} &= \ddot{e} + \left(\alpha + \beta \frac{p}{q} \mathrm{e}^{\frac{p}{q}-1} \right) \dot{e} \\
&= \ddot{x}_1 - \ddot{x}_d - \ddot{\lambda}_1 + \left(\alpha + \beta \frac{p}{q} \mathrm{e}^{\frac{p}{q}-1} \right) (x_2 - \dot{x}_d - \lambda_2 + c_1 \lambda_1) \\
&= f(x,t) + bu + dt - \ddot{x}_d - (-c_1 \dot{\lambda}_1 + \dot{\lambda}_2) + \left(\alpha + \beta \frac{p}{q} \mathrm{e}^{\frac{p}{q}-1} \right) (x_2 - \dot{x}_d - \lambda_2 + c_1 \lambda_1) \\
&= f(x,t) + bu + dt - \ddot{x}_d + c_1 (-c_1 \lambda_1 + \lambda_2) - (-c_2 \lambda_2 + bu_\Delta) \\
&\quad + \left(\alpha + \beta \frac{p}{q} \mathrm{e}^{\frac{p}{q}-1} \right) (x_2 - \dot{x}_d - \lambda_2 + c_1 \lambda_1) \\
&= f(x,t) + bv + dt - \ddot{x}_d - \alpha \dot{x}_d + c_1 \left(\alpha + \beta \frac{p}{q} \mathrm{e}^{\frac{p}{q}-1} - c_1 \right) \lambda_1 \\
&\quad + \left(c_1 + c_2 - \alpha - \beta \frac{p}{q} \mathrm{e}^{\frac{p}{q}-1} \right) \lambda_2 + \left(\alpha + \beta \frac{p}{q} \mathrm{e}^{\frac{p}{q}-1} \right) x_2
\end{aligned}
$$

则可设计控制器为

$$
\begin{aligned}
v = -\frac{1}{b} \Bigg[& f(x,t) - \ddot{x}_d - \alpha \dot{x}_d + c_1 \left(\alpha + \beta \frac{p}{q} \mathrm{e}^{\frac{p}{q}-1} - c_1 \right) \lambda_1 + \left(c_1 + c_2 - \alpha - \beta \frac{p}{q} \mathrm{e}^{\frac{p}{q}-1} \right) \lambda_2 \\
& + \left(\alpha + \beta \frac{p}{q} \mathrm{e}^{\frac{p}{q}-1} \right) x_2 - \eta\, \mathrm{sgn}s \Bigg]
\end{aligned} \tag{7-112}
$$

式中,$\eta \geqslant D$。

将控制器式(7-122)代入滑模面可得,$\dot{s} = dt - \eta\, \mathrm{sgn}s$。

定义 Lyaponov 函数 $V = 0.5s^2$,则 $\dot{V} = s\dot{s} = s(dt - \eta\, \mathrm{sgn}s) = dt \cdot s - \eta |s| \leqslant 0$。

由上述分析可知,所设计的控制方法的有效性取决于辅助系统状态 $\lambda_1 \to 0$ 和 $\lambda_2 \to 0$ 是否成立,即 u_Δ 的有界性。由于在初始条件下,$V = 0.5s_0^2$ 有界保证 u_Δ 有界。其他时刻根据式(7-110),通过选择辅助系统参数 c_1 和 c_2 可以保证辅助系统状态 $\lambda_1 \to 0$ 和 $\lambda_2 \to 0$,从而使 $e \to 0$ 和 $\dot{e} \to 0$,实现 $t \to \infty$,V 有界,即 u_Δ 有界。故可以实现电机转子位置和角速度的跟踪。

为了改善常规滑模控制切换函数带来的抖振现象,用连续的双曲正切函数代替切换函数,则系统的控制输入可表示为:

$$
\begin{aligned}
v = -\frac{1}{b} \Bigg[& f(x_2 t) - \ddot{x}_d - \alpha \dot{x}_d + c_1 \left(\alpha + \beta \frac{p}{q} \mathrm{e}^{\frac{p}{q}-1} - c_1 \right) \lambda_1 + \left(c_1 + c_2 - \alpha - \beta \frac{p}{q} \mathrm{e}^{\frac{p}{q}-1} \right) \lambda_2 \\
& + \left(\alpha + \beta \frac{p}{q} \mathrm{e}^{\frac{p}{q}-1} \right) x_2 - \eta \tanh(s/\varepsilon) \Bigg]
\end{aligned} \tag{7-113}
$$

其中,$\varepsilon > 0$,其大小决定了双曲正切函数的陡度。双曲正切函数的表达式为:

$$
\tanh(x/\varepsilon) = \frac{\mathrm{e}^{x/\varepsilon} - \mathrm{e}^{-x/\varepsilon}}{\mathrm{e}^{x/\varepsilon} + \mathrm{e}^{-x/\varepsilon}} \tag{7-114}
$$

7.5.3　仿真分析

为了验证该方法的有效性，下面将该方法与 PID 和传统滑模控制进行对比。

开关磁阻电机模型的标称参数：转子的转动惯量 $J_n = 8 \times 10^{-3} kg \cdot m^2$，摩擦系数 $B_n = 0.2N \cdot m/s$，系统总扰动取 $dt = 10\sin t$，$f(x,t) = -ax_2$，$a = B_n/J_n = 25$，$b = 1/J_n = 125$，则系统模型可表示为：

$$\begin{cases} \dot{x}_1 = x_2 \\ \dot{x}_2 = -25x_2 + 125u + dt \end{cases} \tag{7-115}$$

系统采样周期为 $T_s = 1ms$，转子位置指令信号为 $x_1 = x_d = \sin t$，下面分三种工况进行仿真研究。

（1）工况一：系统模型确定（即无模型参数变化和扰动存在）时，仿真结果如图 7-50 所示。

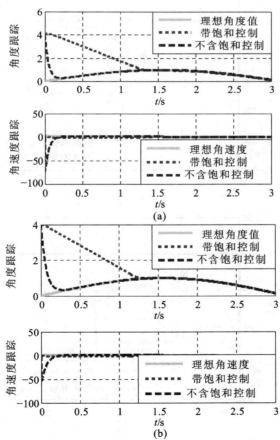

（a）

（b）

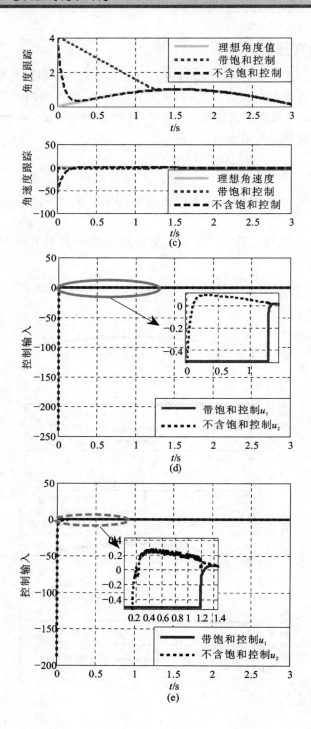

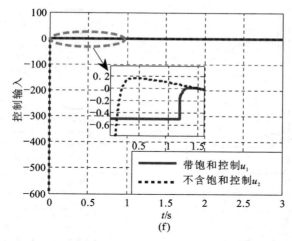

(f)

图 7-50　系统模型确定时的开关磁阻电机状态和控制输入响应曲线

（a）PID 控制转子位置和速度响应曲线；（b）SMC 控制电机转子位置和速度响应曲线；

（c）本书方法电机转子位置和速度响应曲线；（d）PID 控制输入响应曲线；

（e）SMC 控制输入响应曲线；（f）本书方法控制输入曲线

从图 7-50 可以看出，当系统中无模型参数变化和扰动存在时，PID 控制通过调整比例、积分和微分增益，可以实现速度和位置的快速动态跟踪。无控制输入饱和限幅时，在 0.3s 就能达到期望的速度和位置；当控制输入饱和限幅为 ±0.5N·m 时，速度和位置跟踪需要 1.4s；滑模控制和本书方法与 PID 控制具有相同的动态性能，但在滑模控制下在饱和限幅阶段控制输入仍存在较大的抖振，而本书方法控制输入在此阶段仍比较光滑，这是通过辅助系统和有限时间滑模函数使其性能得到有效改善的结果。

（2）工况二：系统中仅存在模型参数变化时，仿真结果如图 7-51 所示。

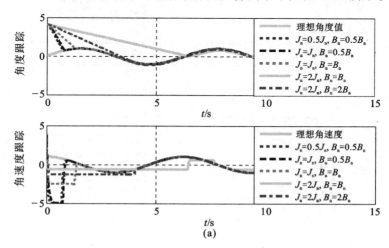

(a)

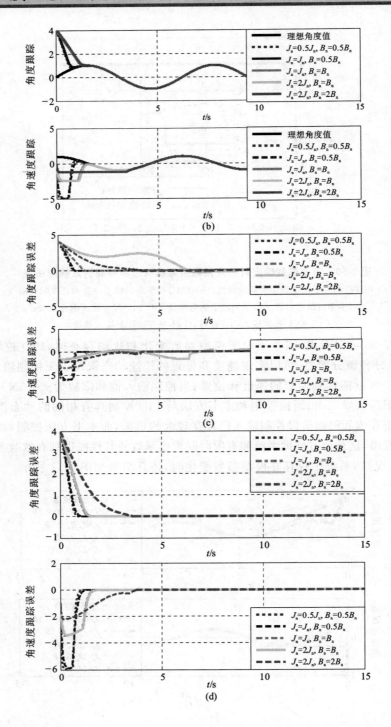

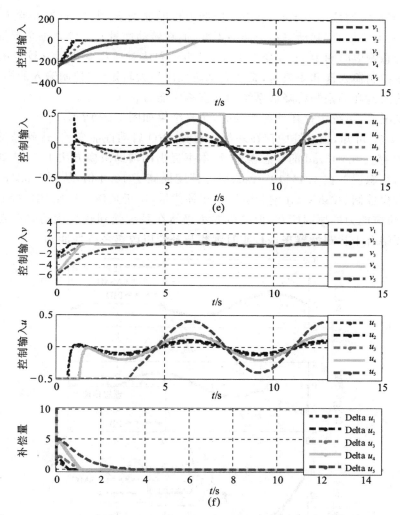

图 7-51　系统模型存在参数不确定时的开关磁阻电机状态和控制输入响应曲线

(a)PID控制转子位置和速度响应曲线；(b)本书方法电机转子位置和速度响应曲线；

(c)PID控制电机转子位置和速度跟踪误差曲线；(d)本书方法电机转子位置和速度跟踪误差曲线；

(e)PID控制输入响应曲线；(f)本书方法控制输入曲线

图 7-51 表明，当系统模型中存在参数变化时，对于 PID 控制，当模型参数减小时，电机转子位置和速度均能较好实现期望指令的跟踪，且动态响应能力增强，响应时间由参数变化前的 1.4s 变为 1s，但存在恒定稳态误差 0.03rad，当电机摩擦系数不变（$B_n = B_n$），而转动惯量增大一倍（$J_n = 2J_n$）时，PID 控制的动态响应时间变为 4.1s，电机的位置和速度都有较大的稳态误差，分别为 0.66rad 和 1.62rad/s；本书方

法下在模型参数均减小一半时,动态响应能力也明显增强,由 3.6s 减小至 0.72s,仅转动惯量增加一倍时,其动态响应能力不变,而在转动惯量和黏性摩擦系数均增大一倍时,其动态响应时间由 1.4s 变为 1.8s,说明该方法对参数变化具有较强的鲁棒抑制能力;在控制输入饱和受限时,系统启动阶段以最大转矩(即控制输入的饱和值)启动,控制输入饱和的限制将降低系统的动态响应能力。

(3)工况三:系统中存在外部扰动时,仿真结果如图 7-52 所示。

由图 7-52 可知,当系统中存在外部扰动时,PID 启动性能变差,达到稳态的时间为 1.9s,且存在 0.045rad 的稳态误差,而本书提出的辅助滑模方法 1.7s 达到期望的跟踪指令,稳态误差在 $4.4×10^{-3}$ rad,稳态精度提高了 10.3 倍;从图 7-52(c)可以看出,辅助滑模控制(ASMC)在饱和阶段存在补偿量,这正是该方法比 PID 控制具有更高的动态响应能力的原因所在,但是该方法仍然在系统受到较大扰动时存在较大的抖振,需要结合干扰观测器来进行实时观察与补偿以改善系统性能。

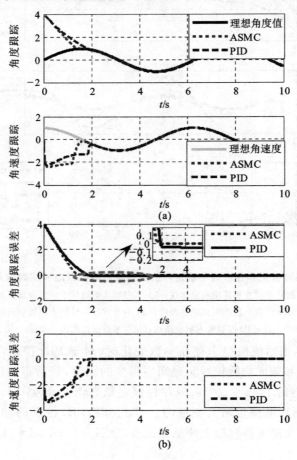

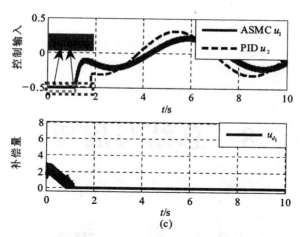

图 7-52 系统模型确定时的开关磁阻电机状态和控制输入响应曲线

7.6 本章小结

本章以多信息模型参数辨识为基础,实现了高速电主轴、开关磁阻电机及柔性连杆伺服系统的模型参数辨识。同时,分别在控制输出延时和控制输入受限两种情况下,采用滑模控制实现了开关磁阻电机的速度跟踪控制。再者,将 PID 控制用于直线开关磁阻电机和柔性连杆伺服系统,采用智能优化算法实现性能指标约束下的最优控制。结合多容惯性理论和事件触发机制,实现柔性连杆伺服系统的事件触发控制。

8 总结与展望

8.1 总 结

传统的直线伺服进给系统由旋转电机加滚珠丝杠伺服进给驱动系统组成,这种方式涉及的中间部件多、运动惯量大,且存在弹性形变、反向间隙、摩擦、震动、响应滞后、刚度降低等非线性因素,很难满足当今高档数控系统高速、高精驱动的需求。直线电机是目前高速数控机床直线伺服进给系统最理想的选择。该方式将直线电机和执行部件直接相连,实现"零传动",具有动态响应速度快、定位精度高以及加速度大和高刚度等优点。与此同时,机械传动机构的简化必然增加了控制方面的难度,使得系统对负载扰动、电机内部结构参数的变化以及非线性摩擦和推力波动等更加敏感,降低系统的伺服性能。同时,非线性建模误差、位置和速度检测噪声等不确定因素都能影响系统的控制精度和稳定性;由于直线电机本身结构的特点,其存在端部效应、齿槽效应、推力波动等非线性因素,将会大大增加系统的控制难度。本书正是以直线电机在高速度、卧式加工中心的应用为背景,针对上述问题展开研究,其主要成果如下。

(1)基于自适应和模糊控制技术的一体化速度控制策略。在高速度、高精度的直线电机伺服驱动系统中,仅考虑机械子系统无法获得满意的伺服性能,必须考虑电气参数的变化对系统性能的影响。$i_d=0$ 的控制方式能够实现磁链和电流的完全解耦。本书在此基础上,将速度环与 q 轴的电流环综合考虑,分别将自适应控制理论和模糊滑模控制方法应用于系统的速度控制器设计。在提出的自适应鲁棒控制策略中,自适应估计不含任何系统模型参数,只与系统的状态信息有关,因此具有很强的鲁棒性;而在提出的自适应模糊滑模控制策略中,利用自适应模糊估计对系统中的非线性不确定进行动态估计,然后进行反馈补偿,直接得到逆变器所需的控制电压,并通过与传统控制策略进行对比,验证了所提出的策略具有更好的动、静态性能。

（2）直线电机的速度和位置滑模观测器设计。在高性能伺服系统中，机械传感器的存在不仅会增加系统的尺寸和复杂性，而且会在某些场合给系统的安全性和可靠性带来威胁。针对直线电机伺服系统，展开无传感器技术研究，现有估计策略存在诸如估计精度不高、动态性能和静态性能差等缺点，本书将 Sigmoid 函数引入滑模观测器中，提出一种高精度的滑模速度和位置观测方法，无须引入低通滤波器。因此，该方法从根本上解决了传统滑模观测器中低通滤波器的引入带来的一系列问题，诸如幅值和相位误差等，提高了系统的速度和位置观测精度。

（3）带有摩擦和推力波动补偿的高精密定位控制策略。摩擦力、定位力波动以及外部负载扰动是影响直线电机伺服系统性能的主要因素。结合滑模控制理论和自适应控制方法提出一种高精度定位控制策略，该策略利用滑模控制对系统参数变化和干扰具有强鲁棒性的特点，结合自适应估计对不确定参数进行估计，以解决传统滑模控制存在的抖振问题，提高伺服系统的跟踪性能。

（4）基于自适应反步控制方法的直接推力控制策略。直接推力控制是继矢量控制后的又一种新型的控制方式，它省去了电流环，提高了系统的动态响应能力。针对现有直接推力和磁链控制中存在的推力、磁链和电流波动大的问题，提出一种反步自适应控制策略。该策略利用给定的速度指令和反馈的实际速度求得期望的虚拟电磁推力，再根据指定的磁链和期望的虚拟电磁推力直接求得所需要的 $\alpha\beta$ 轴控制电压，不需要经过 Parke 逆变换就可以通过 SVPWM 驱动逆变器实现系统的高性能调速。

（5）永磁同步电机伺服系统的非线性混沌特性研究与控制。混沌特性是非线性系统特有的，在同步电机中主要表现为速度或转矩的剧烈震荡、控制性能不稳定以及不规则的电磁噪声等现象，这将给系统的稳定性和可靠性带来严重的威胁，甚至可能使系统崩溃。在分析同步电机的混沌特性的基础上，本书提出了有限时间稳定控制策略、基于 CLF 的混沌控制策略、基于时延观测器的混沌控制策略和基于级联系统理论的混沌控制和同步方法。本书提出的有限时间混沌控制的优点在于其不仅能够保证系统渐进稳定，而且能够保证其状态在有限时间内稳定到期望的平衡点，终端吸引子系数的引入进一步加快了系统的响应能力；基于 CLF 的混沌控制则是Lyapunov 稳定理论在永磁同步混沌控制的应用，将系统的稳定分析与控制器设计有机地结合，使控制器设计更加简单且易于实现。前述两种方法仅考虑了永磁同步电机系统中参数的变化，本书提出的基于时延观测器的混沌控制方法则同时考虑了系统的参数变化和外部负载扰动等不确定因素的影响，使其更加符合实际情况，具有一定的实际意义。

（6）电机控制新方法。融合多新息模型参数辨识理论，进行高速电主轴、开关磁阻电机及柔性连杆伺服系统的模型参数辨识。分别考虑在控制输出延时和控制输入受限两种情况下，采用滑模控制实现了开关磁阻电机的速度跟踪控制。将 PID 控制用于直线开关磁阻电机和柔性连杆伺服系统,采用智能优化算法实现性能指标约束下的最优控制。结合多容惯性理论和事件触发机制,实现了柔性连杆伺服系统的事件触发控制。

8.2 展 望

在本书研究工作的基础上,有关直线电机的控制策略和非线性混沌还有以下方面仍值得进一步研究。

(1)磁链估计策略。磁链估计是直接推力和磁链控制的基础,其精度直接影响了整个控制系统的精度和可靠性。现有的磁链估计策略或是估计精度不高,或是过于复杂,难以在实际应用中实现。因此,磁链估计策略尚有一定的研究空间。

(2)直线电机动子初始位置的估计。对于直线电机高精密定位系统来说,直线电机动子的初始位置信息是至关重要的。目前关于无位置传感器的直线电机初始位置估计研究较少,主要集中在各种基于滤波器的估计策略。但是这些估计策略计算量大、滤波器的噪声水平及卡尔曼滤波增益难以确定,应用起来过于复杂,且价格高昂。因此,提出结构简单、高性能的动子位置估计策略将是直线电机无传感技术研究的热点。

(3)矢量控制和直接转矩控制下永磁同步电机的混沌研究。现有的永磁同步电机混沌研究主要针对电机本体,近年也出现了在电压频率比、矢量控制及直接转矩控制下的同步电机的混沌研究,但文献极少。研究矢量控制和直接转矩控制下的同步电机伺服系统的混沌特性具有更重要的现实意义,它为伺服系统控制器的设计提供一定的理论依据。

(4)电机系统的动态事件触发控制研究。本书主要采用固定阈值来实现柔性连杆伺服系统的事件触发控制,在实际的控制中,阈值的触发机制应该根据系统的状态进行动态调整,以实现电机系统的高性能跟踪控制。

参 考 文 献

[1] 王太勇,乔志峰,韩志国,等.高档数控装备的发展趋势[J].中国机械工程,2011,22(10):1247-1252,1259.

[2] 单东日,张青.我国高速、高精、复合数控机床研发目标及关键技术[J].制造技术与机床,2009(6):38-42.

[3] 中国工程院"中国制造业可持续发展战略研究"咨询研究项目组.中国制造业可持续发展战略研究[M].北京:机械工业出版社,2010.

[4] 中国机械工程学会.中国机械工程技术路线图[M].北京:中国科学技术出版社,2011.

[5] 叶云岳.直线电机在现代机床业中的应用与发展[J].电机技术,2010(3):1-5.

[6] 丁雪生.2003年米兰EMO欧洲国际机床展产品技术评述[J].世界制造技术与装备市场,2004(2):32-36.

[7] 黄祖尧.透过CIMT2003观察高速线性驱动功能部件在高速数控机床上的应用[J].世界制造技术与装备市场,2003(5):41-47.

[8] ALTER D M,TSAO T C. Stability of turning processes with actively controlled linear motor feed drives[J]. Journal of engineering for industry,1994,116(3):298-307.

[9] BRAEMBUSSCHE P V D,SWEVERS J,BRUSSEL H V,et al. Accurate tracking control of linear synchronous motor machine tool axes[J]. Mechatronics,1996,6(5):507-521.

[10] 艾武,程立,杜志强,等.基于DSP的直线电机位置检测与控制技术[J].机械与电子,2004(2):29-32.

[11] 吴一祥,曾岳南.直线电机速度伺服系统的变增益PI控制[J].组合机床与自动化加工技术,2010(11):60-63.

[12] 邓中亮.高频响精密位移直线电机及其控制的研究[J].中国电机工程学报,1999,19(2):41-46.

[13] 牛志刚,张建民.应用于直线电机的平滑切换模糊PID控制方法[J].中国电机工程学报,2006,26(8):132-136.

[14] 郭庆鼎,郭威,周悦.交流永磁直线同步电机伺服系统的预见前馈补偿[J].电机与控制学报,1999,3(3):172-175.

[15] 孟祥忠,刘作宗.QFT在高速线性电机直接驱动平面运动定位控制系统中的应

用[J]. 控制理论与应用,2006,23(2):225-228.

[16] 郭庆鼎,孙艳娜. 基于内模原理的直线永磁同步伺服电机 H_∞ 控制[J]. 控制理论与应用,2000,17(4):509-512,518.

[17] 张代林,陈幼平,艾武,等. 基于 MRAC 方法的直线电机的位置角度校正技术[J]. 控制理论与应用,2007,24(4):687-691.

[18] XU L,YAO B. Adaptive robust precision motion control of linear motors with negligible electrical dynamics:theory and experiments[J]. IEEE/ASME transactions on mechatronics,2001,6(4):444-452.

[19] YAO B,HU C,WANG Q. Adaptive robust precision motion control of high-speed linear motors with on-line cogging force compensations[C]//2007 IEEE/ASME international conference on advanced intelligent mechatronics. Zurich:IEEE,2007:1-6.

[20] LU L,CHEN Z,YAO B,et al. Desired compensation adaptive robust control of a linear-motor-driven precision industrial gantry with improved cogging force compensation[J]. IEEE/ASME transactions on mechatronics,2008,13(6):617-624.

[21] 郭庆鼎,蓝益鹏. 永磁直线伺服电机 L_2 鲁棒控制的研究[J]. 中国电机工程学报,2005,25(18):146-150.

[22] 孙宜标,杨雪,夏加宽,等. 基于对角化法的永磁直线同步电机二阶滑模控制[J]. 中国电机工程学报,2008,28(12):124-128.

[23] 凌睿,柴毅. 永磁直线同步电机多变量二阶滑模控制[J]. 中国电机工程学报,2009,29(36):60-66.

[24] 洪俊杰,李立毅. 基于电流误差矢量的绕组分段永磁直线同步电机电流预测控制[J]. 中国电机工程学报,2011,31(30):77-84.

[25] 杨俊友,马航,关丽荣,等. 永磁直线电机二维分段复合迭代学习控制[J]. 中国电机工程学报,2010,30(30):74-80.

[26] 雷春林,吴捷,陈渊睿,等. 自抗扰控制在永磁直线电机控制中的应用[J]. 控制理论与应用,2005,22(3):423-428.

[27] 曹荣敏,侯忠生. 直线电机的非参数模型直接自适应预测控制[J]. 控制理论与应用,2008,25(3):587-590.

[28] 曹荣敏,周惠兴,侯忠生. 数据驱动的无模型自适应直线伺服系统精密控制和实现[J]. 控制理论与应用,2012,29(3):310-316.

[29] 叶云岳,陆凯元. 直线电机的 PID 控制与模糊控制[J]. 电工技术学报,2001,16(3):11-15.

[30] LIN F J,WAI R J. Hybrid control using recurrent fuzzy neural network for linear induction motor servo drive[J]. IEEE transactions on fuzzy systems, 2001,9(1):102-115.

[31] LIN F J,SHEN P H,KUNG Y S. Adaptive wavelet neural network control for linear synchronous motor servo drive[J]. IEEE transactions on magnetics,2005,41(12):4401-4412.

[32] LIN F J,HWANG J C,CHOU P H,et al. FPGA-based intelligent-complementary sliding-mode control for PMLSM servo-drive system[J]. IEEE transactions on power electronics,2010,25(10):2573-2587.

[33] 齐丽. T-S模型鲁棒控制及在PMLSM系统速度控制中的应用[D].沈阳:沈阳工业大学,2012.

[34] TAKAHASHI I,NOGUCHI T. A new quick-response and high-efficiency control strategy of an induction motor[J]. IEEE transactions on industry applications,1986,22(5):820-827.

[35] MIR S,ELBULUK M E,ZINGER D S. PI and fuzzy estimators for tuning the stator resistance in direct torque control of induction machines[J]. IEEE transactions on power electronics,1998,13(2):279-287.

[36] LEE K B,SONG J H,CHOY I,et al. Improvement of low-speed operation performance of DTC for thred-level inverter-fed induction motors[J]. IEEE transactions on industrial electronics,2001,48(5):1006-1014.

[37] LEE K B,SONG J H,CHOY I,et al. Torque ripple reduction in DTC of induction motor driven by three-level inverter with low swithcing frequency[J]. IEEE transactions on power electronics,2002,17(2):255-264.

[38] CASADEI D,SERRA G,TANI A. The use of matrix converters in direct torque control of induction machines[J]. IEEE transactions on industrial electronics,2001,48(6):1057-1064.

[39] FAIZ J,SHARIFIAN B B M. Different techniques for real time estimation of an induction motor rotor resistance in sensorless direct torque control for electric vehicle[J]. IEEE transactions on energy conversion,2001,16(1):104-109.

[40] GRABOWSKI P Z,KAZMIERKOWSKI M P,BOSE B K,et al. A simple direct-torque neuro-fuzzy control of PWM-inverter-fed induction motor drive[J]. IEEE transactions on industrial electronics,2000,47(4):863-870.

[41] CASADEI D,PROFUMO F,SERRA G,et al. FOC and DTC:two viable

schemes for induction motors torque control[J]. IEEE transactions on power electronics,2002,17(5):779-787.

[42] IDRIS N R N,YATIM A H M. An improved stator flux estimation in steady-state operation for direct torque control of induction machines[J]. IEEE transactions on industry applications,2002,38(1):110-116.

[43] LAI Y S,CHEN J H. A new approach to direct torque control of induction motor drives for constant inverter switching frequency and torque ripple re-duction[J]. IEEE transactions on energy conversion,2001,16(3):220-227.

[44] ZHONG L,RAHMAN M F,HU W Y,et al. Analysis of direct torque control in permanent magnet synchronous motor drives[J]. IEEE transactions on power electronics,1997,12(3):528-536.

[45] LUUKKO J,PYRHONEN J. Selection of the flux linkage reference in a direct torque controlled permanent magnet synchronous motor drive[C]//Proceed-ing of the 5th international workshop on advanced motion control. Coimbra, 1998:198-203.

[46] FAIZ J,MOHSENI-ZONOOZI S H. A novel technique for estimation and control of stator flux of a salient-pole PMSM in DTC method based on MTPF [J]. IEEE transactions on industrial electronics,2003,50(2):262-271.

[47] RAHMAN M F,ZHONG L,LIM K W. A direct torque-controlled interior permanent magnet synchronous motor drive incorporating field weakening [J]. IEEE transactions on industry applications,1998,34(6):1246-1253.

[48] RAHAMN M F,HONG L,HAQUE E. Selection of voltage switching tables for DTC controlled interior permanent magnet motor[J]. Journal of electrical & electronics engineering,2000,20(1):1-8.

[49] RAHMAN M F,HONG L,HAQUE M E,et al. A direct torque-controlled in-terior permanent-magnet synchronous motor drive without a speed sensor[J]. IEEE transactions on energy conversion,2003,18(1):17-22.

[50] TANG L,ZHONG L,RAHMAN M F,et al. A novel direct torque control for interior permanent-magnet synchronous machine drive with low ripple in torque and flux-a speed-sensorless approach[J]. IEEE transactions on indus-try applications,2003,39(6):1748-1756.

[51] HU Y,TIAN C,YOU Z,et al. Direct torque control system and sensorless technique of permanent magnet synchronous motor[M]. Chinese journal of aeronactics,2003,16(2):97-102.

［52］ KWON B I，WOO K I，KIM S. Finite element analysis of direct thrust-controlled linear induction motor［J］. IEEE transactions on magnetics，1999，35(3):1036-1039.

［53］ CUI J，WANG C，YANG J，et al. Analysis of direct thrust force control for permanent magnet linear synchronous motor［C］//Proceeding of the 5th world congress on intelligent control and automation. Hangzhou，2004：4418-4421.

［54］ 邹积浩，朱善安.基于电压预测的直线永磁同步电机直接推力控制［J］.仪器仪表学报，2005，26(12):1262-1266.

［55］ 杨俊友，赵菲，刘启宇.基于 T-S 模糊策略永磁直线同步电动机直接推力控制［J］.电气技术，2010(3):13-17,25.

［56］ 关丽荣，孙胜兵.永磁直线电机自适应滑模变结构直接推力速度控制研究［J］.沈阳理工大学学报，2009，28(2):45-47.

［57］ 孙宜标，闫峰，刘春芳.基于 μ 理论的永磁直线同步电机鲁棒重复控制［J］.中国电机工程学报，2009，29(30):52-57.

［58］ 孙宜标，郭庆鼎.基于滑模观测器的直线伺服系统反馈线性化速度跟踪控制［J］.控制理论与应用，2004，21(3):391-397.

［59］ CHEN C S. Supervisory interval type-2 TSK neural fuzzy network control for linear microstepping motor drives with uncertainty observer［J］. IEEE transactions on power electronics，2011，26(7):2049-2064.

［60］ TAN K K，LEE T H，DOU H F，et al. Precision motion control with disturbance observer for pulsewidth-modulated-driven permanent-magnet linear motors［J］. IEEE transactions on magnetics，2003，39(3):1813-1818.

［61］ 余佩琼.新型进给系统——永磁直线同步电机的磁极位置与速度估计算法研究［D］.杭州:浙江大学，2008.

［62］ 陆华才.无位置传感器永磁直线同步电机进给系统初始位置估计及控制研究［D］.杭州:浙江大学，2008.

［63］ SCHAUDER C. Adaptive speed identification for vector control of induction motors without rotational transducers［J］. IEEE transactions on industry applications，1992，28(5):1054-1061.

［64］ 王庆龙，张崇巍，张兴.交流电机无速度传感器矢量控制系统变结构模型参考自适应转速辨识［J］.中国电机工程学报，2007，27(15):70-75.

［65］ 王庆龙，张崇巍，张兴.基于变结构模型参考自适应系统的永磁同步电机转速辨识［J］.中国电机工程学报，2008，28(9):71-74.

［66］ TERZIC B,JADRIC M. Design and implementation of the extended Kalman filter for the speed and rotor position estimation of brushless DC motor［J］. IEEE transactions on industrial electronics,2001,48(6):1065-1073.

［67］ KUKOLJ D,KULIC F,LEVI E. Design of the speed controller for sensorless electric drives based on AI techniques:a comparative study［J］. Artificial intelligence in engineering,2000,14(2):165-174.

［68］ LEIDHOLD R,MUTSCHLER P. Speed sensorless control of a long-stator linear synchronous motor arranged in multiple segments［J］. IEEE transactions on industrial electronics,2007,54(6):3246-3254.

［69］ CHOON H N,RASHED M,VAS P,et al. A novel MRAS current-based sensorless vector controlled PMLSM drive for low speed operation［C］//2003 IEEE international conference on electric machines and drives madison. Madison:IEEE,2003.

［70］ CUPERTINO F,GIANGRANDE P,PELLEGRINO G,et al. End effects in linear tubular motors and compensated position sensorless control based on pulsating voltage injection［J］. IEEE transactions on industrial electronics, 2011,58(2):494-502.

［71］ 邹积浩,朱善安.基于最大推力电流法的凸极式永磁直线同步电动机无速度传感器推力直接控制［J］.电工技术学报,2004,19(12):69-73,77.

［72］ CHEN J H,CHAU K T,CHAN C C. Chaos in voltage-mode controlled DC drive systems［J］.International journal of electronics,1999,86(7):857-874.

［73］ CHEN J H,CHAU K T,CHAN C C. Analysis of chaos in current-mode controlled DC drive systems［J］. IEEE transactions on industrial electronics, 2000,47(1):67-76.

［74］ 陆益民.感应电动机分岔现象分析及混沌控制［D］.广州:华南理工大学,2004.

［75］ GE Z M,CHENG J W,CHEN Y S. Chaos anticontrol and synchronization of three time scales brushless DC motor system［J］. Chaos,solitons & fractals, 2004,22(5):1165-1182.

［76］ CHEN J H,CHAU K T,CHAN C C,et al. Subharmonics and chaos in switched reluctance motors drives［J］. IEEE transactions on energy conversion,2002,17(1):73-78.

［77］ HEMATI N. Strange attractors in brushless DC motors［J］. IEEE transactions on circuits and systems I:fundamental theory and applications,1994, 41(1),40-45.

［78］ 李忠. 永磁同步电动机混沌模型及其混沌现象分析与控制［D］. 广州：华南理工大学，2000.

［79］ LI Z，PARK J B，JOO Y H，et al. Bifurcations and chaos in a permanent-magnet synchronous motor［J］. IEEE transactions on circuits and systems Ⅰ：fundamental theory and applications，2002，49(3)：383-387.

［80］ 李忠，张波，毛宗源. 永磁同步电动机系统的纳入轨道和强迫迁徙控制［J］. 控制理论与应用，2002，19(1)：53-56.

［81］ Ren H P，Liu D. Nonlinear feedback control of chaos in permanent-magnet synchronous motor［J］. IEEE transactions on circuits and systems Ⅱ：express briefs，2006，53(1)：45-50.

［82］ LORÍA A. Robust linear control of (chaotic) permanent-magnet synchronous motors with uncertainties［J］. IEEE transactions on circuits and systems Ⅰ：regular papers，2009，56(9)：2109-2122.

［83］ ZRIBI M，OTEAFY A，SMAOUI N. Controlling chaos in the permanent magnet synchronous motor［J］. Chaos，solitons ＆ fractals，2009，41(3)：1266-1276.

［84］ ATAEI M，KIYOUMARSI A，GHORBANI B. Control of chaos in permanent magnet synchronous motor by using optimal Lyapunov exponents placement［J］. Physics letters A，2010，374(41)：4226-4230.

［85］ HUANG C F，LIAO T L，CHEN C Y，et al. The design of quasi-sliding mode control for a permanent magnet synchronous motor with unmatched uncertainties［J］. Computers ＆ mathematics with applications，2012，64(5)：1036-1043.

［86］ HARB A M. Nonlinear chaos control in a permanent magnet reluctance machine［J］. Chaos solitons ＆ fractals，2004，19(5)：1217-1224.

［87］ WEI D Q，LUO X S，WANG B H，et al. Robust adaptive dynamic surface control of chaos in permanent magnet synchronous motor［J］. Physics letters A，2007，363(1-2)：71-77.

［88］ 李春来，禹思敏. 永磁同步电动机的自适应混沌控制［J］. 物理学报，2011(12)：85-91.

［89］ 李东，张小洪，杨丹，等. 参数不确定永磁同步电机混沌的模糊控制［J］. 物理学报，2009，58(3)：1432-1440.

［90］ LI D，WANG S L，ZHANG X H，et al. Impulsive control of permanent magnet synchronous motors with parameters uncertainties［J］. Chinese physics B，

2008,17(5):1678-1684.

[91] LI D,WANG S L,ZHANG X H,et al. Fuzzy impulsive control of permanent magnet synchronous motors[J]. Chinese physics letters, 2008, 25（2）: 401-404.

[92] 吴忠强.非线性系统的最优模糊保代价控制及在永磁同步电动机混沌系统中的应用[J].中国电机工程学报,2003,23(9):152-157.

[93] 韦笃取.永磁同步电动机控制系统混沌行为分析及抑制和镇定[D].广州:华南理工大学,2011.

[94] 朱震莲.现代交流调速系统[M].西安:西北工业大学出版社,1994.

[95] 袁登科,陶生桂.交流永磁电机变频调速系统[M].北京:机械工业出版社,2011.

[96] 金建勋.高温超导直线电机[M].北京:科学出版社,2011.

[97] 郭庆鼎,王成元,周美文,等.直线交流伺服系统的精密控制技术[M].北京:机械工业出版社,2000.

[98] 崔玥,陆永平,孙力,等.径向正弦波永磁电机的定位力矩[J].微电机,1993,26(2):8-12,27.

[99] 陈正.基于非线性和柔性特性分析及补偿的直线电机精密运动控制[D].杭州:浙江大学,2012.

[100] ZHAO S,TAN K K. Adaptive feedforward compensation of force ripples in linear motors[J]. Control engineering practice,2005,13(9):1081-1092.

[101] 曾允文.变频调速 SVPWM 技术的原理、算法与应用[M].北京:机械工业出版社,2011.

[102] HOBURG J F. Modeling maglev passenger compartment static magnetic fields from linear Halbach permanent-magnet arrays[J]. IEEE transactions on magnetics,2004,40(1):59-64.

[103] HU C,YAO B,WANG Q. Coordinated adaptive robust contouring control of an industrial biaxial precision gantry with cogging force compensations[J]. IEEE transactions on industrial electronics,2010,57(5):1746-1754.

[104] YAO B,HU C,WANG Q. An orthogonal global task coordinate frame for contouring control of biaxial systems[J]. IEEE/ASME transactions on magnetics,2012,17(4):622-634.

[105] LI X,DU R,DENKENA D,et al. Tool breakage monitoring using motor current signals for machine tools with linear motors[J]. IEEE transactions on industrial electronics,2005,52(5):1403-1408.

[106] LIN C L,JAN H Y,SHIEH N C. GA-based multi-objective PID control for a linear brushless DC motor[J]. IEEE/ASME transctions on mechatronics, 2003,8(1):56-65.

[107] HERNANEDZ-GUZMAN V M, SILVA-ORTIGOZA R. PI control plus electric current loops for PM synchronous motors[J]. IEEE transactions on control systems technology,2011,19(4):868-873.

[108] 刘贤兴,卜言柱,胡育文,等.基于精确线性化解耦的永磁同步电机空间矢量调制系统[J].中国电机工程学报,2007,27(30):55-59.

[109] 赵希梅,郭庆鼎.永磁直线同步电动机的变增益零相位 H_∞ 鲁棒跟踪控制[J].中国电机工程学报,2005,25(20):132-136.

[110] LIN F J,SHEN P H,FUNG R R. RFNN control for PMLSM drive via backstepping technique[J]. IEEE transactions on aerospace and electronics systems,2005,41(2):620-644.

[111] 张希,陈宗祥,潘俊民,等.永磁直线同步电机的固定边界层滑模控制[J].中国电机工程学报,2006,26(22):115-121.

[112] CUPERTINO F,NASO D,MININNO E,et al. Sliding-mode control with double boundary layer for robust compensation of payload mass and friction in linear motors[J]. IEEE transactions on industry applications,2009, 45(5):1688-1696.

[113] LIN F J,SHEN P H,YANG S L,et al. Recurrent radial basis function network-based fuzzy neural nerwork control for permanent-magnet linear synchronous motor servo drive[J]. IEEE transactions on magnetics,2006, 42(11):3694-3705.

[114] CHAOUI H,SICARD P. Adaptive fuzzy logic control of permanent magnet synchronous machines with nolinear friction[J]. IEEE transactions on industrial electronics,2012,59(2):1123-1133.

[115] HONG Y,YAO B. A globally stable high-performance adaptive robust control algorithm with input saturation for precision motion control of linear motor drive systems[J]. IEEE/ASME transctions on mechatronics,2007, 12(2):198-207.

[116] 张国柱,陈杰,李志平.基于复合自适应律的直线电机自适应鲁棒控制[J].控制理论与应用,2009,26(8):833-837.

[117] TANG C S,DAI Y H. Novel active disturbance rejection control for permanent magnet linear synchronous motor without sensor[J]. Advanced materi-

als research,2011,335-336:571-576.

[118] XU Z,RAHMAN M F. An adaptive sliding stator flux observer for a direct-torqe-controlled IPM synchronous motor drive[J]. IEEE transactions on industrial electronics,2007,54(5):2398-2406.

[119] 张细政,王耀南.基于滑模观测器的永磁同步电机变结构鲁棒控制[J].控制与决策,2009,24(1):157-160.

[120] SAYEEF S,FOO G,RAHMAN M F. Roto position and speed estimation of a variable structure direct-torque-controller IPM synchronous motor drive at very low speeds including standstill[J]. IEEE transactions on industrial electronics,2010,57(11):3715-3723.

[121] 鲁文其,黄文新,胡育文.永磁同步电动机新型滑模观测器无传感器控制[J].控制理论与应用,2009,26(4):429-432.

[122] 鲁文其,胡育文,杜栩杨,等.永磁同步电机新型滑模观测器无传感器矢量控制调速系统[J].中国电机工程学报,2010,30(33):78-83.

[123] FENG Y,ZHENG J,YU X,et al. Hybrid terminal sliding-mode observer design method for a permanent-magnet synchronous motor control system[J]. IEEE transactions on industrial electronics,2009,56(9):3424-3431.

[124] 杨盐生,贾欣乐.不确定系统的鲁棒控制及其应用[M].大连:大连海事大学出版社,2003.

[125] SLOTINE J E,LI W. 应用非线性控制[M]. 程代展,等译. 北京:机械工业出版社,2006.

[126] ASSILIAN S,MAMDADI E H. An experiment in linguistic synthesis with a fuzzy logic controller[J]. International journal of man-machine studies,1975,7(1):1-13.

[127] Uddin M N,Hafeez M. FLC-based DTC scheme to improve the dynamic performance of an IM drive[J]. IEEE transactions on industry applications,2012,48(3):823-831.

[128] 过希文,王群京,李国丽,等.基于摩擦补偿的永磁球形电机自适应模糊控制[J].中国电机工程学报,2011,31(15):75-81.

[129] 王立强,卢琴芬,叶云岳,等.城轨交通用直线感应电机模糊 PI 矢量控制[J].控制理论与应用,2009,26(7):734-738.

[130] 王文深,田坤.高速精密数控进给伺服系统摩擦误差的研究[J].机械工程师,2003(8):61-64.

[131] 陈国强,李崇兴,黄苏南.精密运动控制:设计与实现[M].韩兵,宣安,韩德彰,

译.北京:机械工业出版社,2011.

[132] OLSSON H,ASTROM K J,WIT C C D,et al. Friction models and friction compensation[J]. European journal of control,1998(4):176-795.

[133] 丁蛟腾.舰载雷达稳定平台的机电动力学建模及其摩擦补偿[D].西安:西安电子科技大学,2008.

[134] LIN F J,SHIEH P H,CHOU P H. Robust adaptive backstepping motion control of linear ultrasonic motors using fuzzy neural network[J]. IEEE transactions on fuzzy systems,2008,16(3):676-692.

[135] LIN F J,TENG L T,CHU H. A robust recurrent wavelet neural network controller with improved particle swarm optimization for linear synchronous motor drive[J]. IEEE transactions on power electronics,2008,23(6):3067-3078.

[136] XU L,YAO B. Adaptive robust control of mechanical systems with nonlinear dynamic friction compensation[J]. International journal of control,2008,81(2):167-176.

[137] LU L,YAO B,WANG Q,et al. Adaptive robust control of linear motors with dynamic friction compensation using modified LuGre model[J]. Automatica,2009,45(12):2890-2896.

[138] LIN C J,YAU H T,TIAN Y C. Identification and compensation of nonlinear friction characteristics and precision control for a linear motor stage[J]. IEEE/ASME transactions on mechatronics,2013,18(4):1385-1396.

[139] TAN Y,CHANG J,TAN H. Adaptive backstepping control and friction compensation for AC servo with inertia and load uncertainties[J]. IEEE transactions on industrial electronics,2003,50(5):944-952.

[140] HUANG C I,FU L C. Adaptive approach to motion controller of linear induction motor with friction compensation[J]. IEEE/ASME transactions on mechatronics,2007,12(4):480-490.

[141] 刘金琨.滑模变结构控制 MATLAB 仿真[M].北京:清华大学出版社,2005.

[142] 张化光,王智良,黄玮.混沌系统的控制理论[M].沈阳:东北大学出版社,2003.

[143] 邹国棠,王政,程明.混沌电机驱动及其应用[M].北京:科学出版社,2009.

[144] DU H,LI S H,QIAN C. Finite-time tracking control of spacecraft with application to attitude synchronization[J]. IEEE transactions on automatic control,2011,56(11):2711-2717.

［145］张小华，刘慧贤，丁世宏，等.基于扰动观测器和有限时间控制的永磁同步电机调速系统［J］.控制与决策，2009，24(7)：1028-1032.

［146］LI S H，TIAN Y P. Finite time synchronization of chaotic systems［J］. Chaos，solitons & fractals，2003，15(2)：303-310.

［147］ZHAO D，LI S，QIAN C，et al. Robust finite-time control approach for robotic manipulators［J］. IET control theory & application，2009，4(1)：1-15.

［148］WANG H，HAN Z，XIE Q，et al. Finite-time chaos control of unified chaotic systems with uncertain parameters［J］. Nonlinear dynamics，2009，55(4)：323-328.

［149］WEI D Q，ZHANG B. Controlling chaos in permanent magnet synchronous motor based on finite-time stability theory［J］. Chinese physics B，2009，18(4)：1399-1403.

［150］BHAT S P，BERNSTEIN D S. Finite-time stability of continuous autonomous systems［J］. SIAM journal on control and optimization，2000，38(3)：751-766.

［151］韦笃取，张波.基于无源性理论自适应镇定具有v/f输入的永磁同步电动机的混沌运动［J］.物理学报，2012，61(3)：80-85.

［152］ARTSTEIN Z. Stabilization with relaxed control［J］. Nonlinear analysis，1983，7(11)：1163-1173.

［153］SONGTAG E D. A Lyapunov-like characterization of asymptomatic controllability［J］. SIAM journal on control and optimization，1983，21(3)：462-471.

［154］LAI X U，SHE J H，YANG S X，et al. Comprehensive unified control strategy for underactuated two-link manipulators［J］. IEEE transactions on systems，man，and cybernetics，part B：cybernetic，2009，39(2)：389-398.

［155］PAHLEVANINEZHAD M，DAS P，DROBNIK J，et al. A nonlinear optimal control approach based on the control-Lyapunov function for an AC/DC converter used in electric vehicles［J］. IEEE transactions on industrial informatics，2012，8(3)：596-614.

［156］ERIKSSON R. On the centralized nonlinear control of HVDC systems using Lyapunov theory［J］. IEEE transactions on power delivery，2013，28(2)：1156-1163.

［157］WU J L. Feedback stabilization for multiinput switched nonlinear systems：two subsystems case［J］. IEEE transactions on automatic control，2008，53(4)：1038-1042.

[158] JANKOVIC M. Control Lyapunov-Razumikhin functions and robust stabilization of time delay systems[J]. IEEE transactions on automatic control, 2001,46(7):1048-1060.

[159] WANG H,HAN Z Z,XIE Q Y. Synchronization of chaotic Liu system with uncertain parameters[J]. ACTA physica sinica,2008,57(5):2279-2283.

[160] WANG H,HAN Z Z,XIE Q Y,et al. Finite-time synchronization of uncertain unified chaotic systems based on CLF[J]. Nonlinear analysis:real world applications,2009,10(5):2842-2849.

[161] SONTAG E D. A university construction of Artstein's theorem on nonlinear stabilization[J]. System control letter,1989,13(2):117-123.

[162] 吴忠强,谭拂晓. 永磁同步电动机混沌系统的无源化控制[J]. 中国电机工程学报,2006,26(18):159-163.

[163] RAJAGOPAL K, VAIDYANATHAN S, KARTHIKEYAN A,et al. Dynamic analysis and chaos suppression in a fractional order brushless DC motor[J]. Electrical engineering,2017,99(2):721-733.

[164] RANJBAR A,KHOLERDI H A. Chaotification and fuzzy PI control of three-phase induction machine using synchronization approach[J]. Chaos, solitons & fractals,2016,91:443-451.

[165] LIU D,ZHOU G P,LIAO X X. Global exponential stabilization for chaotic brushless DC motor with simpler controllers[J]. Transactions of the institute of measurement and control,2019,41(9):2678-2684.

[166] IQBAL A,SINGH G K. Chaos control of permanent magnet synchronous motor using simple controllers[J]. Transactions of the institute of measurement and control,2019,41(8):2352-2364.

[167] CHOI H H. Adaptive control of a chaotic permanent magnet synchronous motor[J]. Nonlinear dynamics,2012,69(3):1311-1322.

[168] LI C L,WU L. Sliding mode control for synchronization of fractional permanent magnet synchronous motors with finite time[J]. Optik-international journal for light and electron optics,2016,127(6):3329-3332.

[169] ALI N,REHMAN A U,ALAM W,et al. Disturbance observer based robust sliding mode control of permanent magnet synchronous motor[J]. Journal of electrical engineering & technology,2019,14(6):2531-2538.

[170] RAJAGOPAL K,NAZARIMEHR F,KARTHIKEYAN A,et al. Fractional order synchronous reluctance motor:analysis, chaos control and FPGA im-

plementation[J]. Asian journal of control,2018,20(5):1979-1993.

[171] YE J G,YANG J H,XIE D S,et al. Strong robust and optimal chaos control for permanent magnet linear synchronous motor[J]. IEEE access,2019,7:57907-57916.

[172] LUO S H,GAO R Z. Chaos control of the permanent magnet synchronous motor with time-varying delay by using adaptive sliding mode control based on DSC[J]. Journal of the Franklin Institute,2018,355(10):4147-4163.

[173] MESSADI M,MELLIT A. Control of chaos in an induction motor system with LMI predictive control and experimental circuit validation[J]. chaos, solitons & fractals,2017,97:51-58.

[174] 汪慕峰,韦笃取,罗晓曙,等.基于有限时间稳定理论的无刷直流电动机混沌振荡控制[J].振动与冲击,2016,35(13):90-93.

[175] YASSEN M T. The optimal control of chen chaotic dynamical system[J]. Applied mathematics and computation,2002,131(1):171-180.

[176] 朱少平,钱富才,刘丁. 不确定动态混沌系统的最优控制[J]. 物理学报,2010,59(4):2250-2255.

[177] WEI Q,WANG X Y,HU X P. Optimal control for permanent magnet synchronous motor[J]. Journal of vibration and control,2014,20(8):1176-1184.

[178] 俞立. 鲁棒控制——线性矩阵不等式处理方法[M]. 北京:清华大学出版社,2002.

[179] 李洁,任海鹏. 永磁同步电动机中混沌运动的部分解耦控制[J]. 控制理论与应用,2005,22(4):637-640.

[180] 任海鹏,刘丁,李洁. 永磁同步电动机中混沌运动的延迟反馈控制[J]. 中国电机工程学报,2003,23(6):175-178.

[181] 韦笃取,罗晓曙. 非均匀气隙永磁同步电机混沌的状态反馈控制[J]. 广西师范大学学报:自然科学版,2006,24(1):13-17.

[182] 韩建群,郑萍. 永磁同步电动机中混沌运动的滑模控制[J]. 系统工程与电子技术,2009,31(3):723-725.

[183] 韦笃取,张波,邱东元,等. 基于LaSalle不变集定理自适应控制永磁同步电动机的混沌运动[J]. 物理学报,2009,58(9):6026-6029.

[184] WANG H,HAN Z Z,MO Z. Synchronization of hyperchaotic systems via linear control[J]. Communications in nonlinear science and numlerical simulation,2010,1:1910-1920.

[185] WANG H,HAN Z Z,ZHANG W,et al. Chaos control and synchronization

of unified chaotic systems via linear control[J]. Journal of sound and vibration,2009,320:365-372.

[186] WEI D Q,LUO X S. Passive adaptive control of chaos in synchronous reluctance motor[J]. Chinese physics B,2008,17(1):92-97.

[187] SUNDARAPANDIAN V. Global asymptotic stability of nonlinear cascade systems[J]. Applied mathematics letters,2002,15(3):275-277.

[188] 张波,李忠,毛宗源. 永磁同步电动机的混沌特性及其反混沌控制[J]. 控制理论与应用,2002,19(4):545-548.

[189] 朱海磊,陈基和,王赞基. 利用延迟反馈进行异步电动机混沌反控制[J]. 中国电机工程学报,2004,24(12):156-159.

[190] ZHANG Y,ZHANG T Y,HAN X C,et al. Anticontrol of chaos for PMSM systems with unknown parameters via adaptive control method[C] //Proceedings of the 8th World Congress on intelligent control and automation. Jinan:IEEE,2010:3934-3938.

[191] 张宁,马孝义,陈帝伊,等. 永磁同步电动机的混沌数学模型及其线性反馈同步控制[J]. 微特电机,2011(2):63-66,79.

[192] 张兴华,丁守刚. 非均匀气隙永磁同步电机的自适应混沌同步[J]. 控制理论与应用,2009,26(6):661-664.

[193] 杨晓辉,刘小平,胡龙龙,等. 永磁同步电机的鲁棒滑模变结构混沌同步控制[J]. 组合机床与自动化加工技术,2012(8):93-95.

[194] 王磊,李颖晖,朱喜华,等. 存在扰动的永磁同步电机混沌运动模糊自适应同步[J]. 电力系统保护与控制,2011,39(11):33-37,43.

[195] 丁世宏,李世华. 有限时间控制问题综述[J]. 控制与决策,2011,26(2):161-169.

[196] 赵建利,王京,王慧. 洛伦兹-哈肯激光混沌系统有限时间稳定主动控制方法研究[J]. 物理学报,2012,61(11):79-87.

[197] AGHABABA M P. Finite-time chaos control and synchronization of fractional-order nonautononomous chaotic(hyperchaotic) systems using fractional nonsingular terminal sliding mode technique[J]. Nonlinear dynamics,2012,69:247-261.

[198] WANG H,HAN Z Z,XIE Q Y,et al. Finite-time chaos synchronization of unified chaotic systems with uncertain parameters[J]. Communications in nonlinear science and numberical simulation,2009,14(5):2239-2247.

[199] 尹劲松,雷腾飞,陈恒,等. 基于Chua系统的无刷直流电机混沌系统同步控制

[J].济宁学院学报,2015,36(6):26-31.

[200] TORRES F J,GUERRERO G V,GARCÍA C D,et al. Master-slave synchronization of robot manipulators driven by induction motors[J]. IEEE latin america transactions,2016,14(9):3986-3991.

[201] KIM S S,CHOI H H. Adaptive synchronization method for chaotic permanent magnet synchronous motor[J]. Mathematics and computers in simulation,2014,101:31-42.

[202] 余洋,米增强,刘兴杰.双馈风力发电机混沌运动分析及滑模控制混沌同步[J].物理学报,2011,60(7):112-119.

[203] ZAHER A A. A nonlinear controller design for permanent magnet motors using a synchronization-based technique inspired from the Lorenz system[J]. Chaos,2008,18(1):013111.

[204] VAFAEI V,KHEIRI H,JAVIDI M. Chaotic dynamics and synchronization of fractional order PMSM system[J]. Sahand communications in mathematical analysis,2015,2(2):83-90.

[205] WANG X Y,ZHANG H. Backstepping-based lag synchronization of a complex permanent magnet synchronous motor system[J]. Chinese physics B,2013,22(4):558-562.

[206] 杨晓辉,刘小平,柳和生,等.基于永磁同步电机反推方法混沌运动的同步控制[J].电测与仪表,2012,49(12):37-40.

[207] 李健昌,韦笃取,罗晓曙,等.混沌电机自适应时滞同步控制研究[J].振动与冲击,2014,33(16):105-108.

[208] 谢成荣,张仁愉,王仁明,等.参数未知的永磁同步电机混沌系统模糊自适应同步控制[J].动力学与控制学报,2017,15(6):537-543.

[209] HWANG C L,HUNG Y J. Stratified adaptive finite-time tracking control for nonlinear uncertain generalized vehicle systems and its application[J]. IEEE transactions on control systems technology,2019,27(3):1308-1316.

[210] ALESSANDRO P, ALESSANDRO P, ELIO U. Robust finite-time frequency and voltage restoration of inverter-based microgrids via sliding-mode cooperative control[J]. IEEE transactions on industrial electronics,2018,65(1):907-917.

[211] TANG C S,DAI Y H,ZHEN W X. Finite-time chaotic synchronization of permanent magnet synchronous motor with nonsmooth air-gap[J]. Control theory and applications,2014,31(3):404-408.

[212] 邵毅,马国艳.西门子 840Dsl 控制电主轴星角转换的技术应用[J].组合机床与自动化加工技术,2017(4):137-138,143.

[213] 赵刚.五轴联动三主轴大型数控龙门铣床再制造技术探索与应用[J].制造技术与机床,2017(12):25-30.

[214] CHEN W Z,YANG Z J,CHEN C H,et al. Load-dependent rotating performance of motorized spindles:measurement and evaluation using multi-zones error map[J]. IEEE access,2019,7:180482-180490.

[215] 蔡苗苗.电主轴技术在 CA6140 机床数控改造中的应用[J].煤矿机械,2010,31(2):140-142.

[216] 史晓军,康跃然,樊利军,等.永磁同步电机电主轴热-结构耦合计算方法[J].华中科技大学学报(自然科学版),2017,45(2):50-54,60.

[217] 吕浪,熊万里.基于机电耦合动力学模型的电主轴系统软起动特性[J].机械工程学报,2014,50(3):78-91.

[218] 杨佐卫,殷国富,尚欣,等.高速电主轴热态特性与动力学特性耦合分析模型[J].吉林大学学报(工学版),2011,41(1):100-105.

[219] 申一歌.高速电主轴永磁同步电动机的矢量控制算法研究[J].电子器件,2019,42(2):340-344.

[220] 黄科元,蒋智,黄守道,等.一种改进的永磁同步主轴电机速度估算方法[J].中国机械工程,2016,27(7):893-898,938.

[221] 于家斌,王小艺,许继平,等.一种采用陷波滤波器的超前角弱磁控制算法[J].电机与控制学报,2015,19(5):105-111.

[222] ODHANO S A,PESCETTO P,AWAN H A A,et al. Parameter identification and self-commissioning in AC motor drives:a technology status review[J]. IEEE transactions on power electronics,2018,34(4):3603-3614.

[223] 徐鹏,肖建,李山,等.基于遗忘因子随机梯度永磁同步电动机参数辨识[J].微特电机,2014,42(4):1-3,7.

[224] 屈博,孙笑非,张新鹤,等.基于 LM 算法的集群电机系统能耗评估校正模型[J].农业工程学报,2018,34(18):44-50.

[225] ACCETTA A,CIRRINCIONE M,PUCCI M,et al. State-space vector model of linear induction motors including end-effects and iron losses—part Ⅱ:model identification and results[J]. IEEE transactions on industry applications,2019,56(1):245-255.

[226] 毛文贵,杨理诚,李建华,等.基于改进的传递矩阵法识别电主轴系统滑动轴承油膜特性系数[J].应用力学学报,2017,34(2):348-353.

［227］赵川,王红军,张怀存,等.高速电主轴运行状态下模态识别及高速效应分析[J].机械科学与技术,2016,35(6):846-852.

［228］FAGIANO L,LAURICELLA M,ANGELOSANTE D,et al. Identification of induction motors using smart circuit breakers[J]. IEEE transactions on control systems technology,2018,27(6):2638-2646.

［229］DING F,LIU P X,LIU G J. Auxiliary model based multi-innovation extended stochastic gradient parameter estimation with colored measurement noises[J]. Signal processing,2009,89(10):1883-1890.

［230］XU L,DING F,GU Y,et al. A multi-innovation state and parameter estimation algorithm for a state space system with d-step state-delay[J]. Signal processing,2017,140:97-103.

［231］SHEN Q Y,DING F. Multi-innovation parameter estimation for Hammerstein MIMO output-error systems based on the key-term separation[J]. IFAC Papers Online,2015,48(8):457-462.

［232］LI S,ZHANG S,HABETLER T,et al. Modeling,design optimization,and applications of switched reluctance machines—a review[J]. IEEE transactions on industry applications,2019,55(3):2660-2681.

［233］BOSTANCI E,MOALLEM M,PARSAPOUR A,et al. Opportunities and challenges of switched reluctance motor drives for electric propulsion:A comparative study[J]. IEEE transactions on transportation electrification,2017,3(1):58-75.

［234］BURKHART B,KLEIN-HESSLING A,RALEV I,et al. Technology,research and applications of switched reluctance drives[J]. CPSS Transactions on power electronics and applications,2017,2(1):12-27.

［235］LI Y,MA Q,XU P. Improved general modelling method of SRMs based on normalised flux linkage[J]. IET electric power applications,2020,14(2):316-324.

［236］HOWEY B,BILGIN B,EMADI A. Design of a mutually coupled external-rotor direct drive E-bike switched reluctance motor[J]. IET electrical systems in transportation,2020,10(1):89-95.

［237］左曙光,刘明田,胡胜龙.考虑铁芯磁饱和的开关磁阻电机电感及转矩解析建模[J].西安交通大学学报,2019,53(7):118-125,143.

［238］LI X,SHAMSI P. Inductance surface learning for model predictive current control of switched reluctance motors[J]. IEEE transactions on transportation electrification,2015,1(3):287-297.

[239] 叶威,马齐爽,徐萍,等.开关磁阻电机矩角特性模型非线性拟合方法[J].北京航空航天大学学报,2019(1):83-92.

[240] ODHANO S A,PESCETTO P,AWAN H A A,et al. Parameter identification and self-commissioning in AC motor drives:a technology status review [J]. IEEE transactions on power electronics,2019,34(4):3603-3614.

[241] 张立伟,张鹏,刘曰锋,等.基于变步长 Adaline 神经网络的永磁同步电机参数辨识[J].电工技术学报,2018,33(S2):377-384.

[242] 王晓帆,林飞,方晓春,等. 基于高采样率状态观测器的永磁同步牵引电机数字控制系统延时补偿方法[J].铁道学报,2019,41(9):67-73.

[243] 潘月斗,王国防.基于中立型系统理论的异步电机电流解耦控制方法[J].控制与决策,2020(2):329-338.

[244] JEON H,LEE J,HAN S,et al. PID control of an electromagnet-based rotary HTS flux pump for maintaining constant field in HTS synchronous motors [J]. IEEE transactions on applied superconductivity,2018,28(4):1-5.

[245] ANGEL L,VIOLA J. Design and statistical robustness analysis of FOPID, IOPID and SIMC PID controllers applied to a motor-generator system[J]. IEEE Latin America transactions,2015,13(12):3724-3734.

[246] NGUYEN A,RAFAQ M,CHOI H,et al. A model reference adaptive control based speed controller for a surface-mounted permanent magnet synchronous motor drive[J]. IEEE transactions on industrial electronics,2018,65(2): 9399-9409.

[247] TANG C,DAI Y,XIAO Y. High precision position control of PMSLM using adaptive sliding-mode approach [J]. Journal of electrical systems,2014, 10(4):456-464.

[248] ABDELKADER H,HOUCINE B,ILHAMI C,et al. Backstepping control of a separately excited DC motor[J]. Electrical engineering,2018,100(3):1393-1403.

[249] TANG C,DUAN Z. Direct thrust-controlled PMSLM servo system based on back-stepping control[J]. IEEJ Transactions on electrical and electronic engineering,2018,13(5):785-790.

[250] MOHAMED C,AMAR G,MED T,et al. Sensorless finite-state predictive torque control of induction motor fed by four-switch inverter using extended Kalman filter[J]. Compel,2018,37(6):2006-2024.

[251] MASOUDI S, SOLTANPOUR R M, ABDOLLAHI H. Adaptive fuzzy control method for a linear switched reluctance motor[J]. IET electric power applications, 2018, 12(9):1328-1336.

[252] 唐传胜, 李忠敏, 李超. 基于干扰补偿的不确定机器人鲁棒滑模跟踪控制[J]. 组合机床与自动化加工技术, 2016(7):99-101,104.

[253] MALISOFF M. Tracking and parameter identification for model reference adaptive control[J]. International journal of robust and nonlinear control, 2020, 30(4):1582-1606.

[254] SAEID B. Advanced polynomial trajectory design for high precision control of flexible servo positioning systems[J]. Precision engineering, 2023, 84:81-90.

[255] 刘铠源, 杨明. 基于改进有源阻尼的柔性关节机械臂伺服系统振动抑制策略[J]. 电机与控制学报, 2022, 26(7):20-28.

[256] KAMTIKAR S, MARRI S, WALT B, et al. Visual servoing for pose control of soft continuum arm in a structured environment[J]. IEEE robotics and automation letters, 2022, 7(2):5504-5511.

[257] COSTA C F, REIS J C. End-point position estimation of a soft continuum manipulator using embedded linear magnetic encoders[J]. Sensors, 2023, 23(3):1647.

[258] DINDORF R, WOS P. A case study of a hydraulic servo drive flexibly connected to a boom manipulator excited by the cyclic impact force generated by a hydraulic rock breaker[J]. IEEE access, 2022(10):7734-7752.

[259] TAKUMI K, HIDEYUKI O, TETSUYA A, et al. Design of servo valve using buckled tubes for desired operation of flexible robot arm based of static analytical model[J]. JFPS international journal of fluid power system, 2022, 15(3):86-94.

[260] MERLIN M, MARKUS B, ROBERT S, et al. End-effector trajectory tracking of flexible link parallel robots using servo constraints[J]. Multibody system dynamics, 2022, 56(1):1-28.

[261] SHANG D, LI X, YIN M, et al. Dynamic modeling and control for dual-flexible servo system considering two-dimensional deformation based on neural network compensation [J]. Mechanism and machine theory, 2022, 175:104954.

[262] XING H, DING F, PAN F. Auxiliary model-based hierarchical stochastic

gradient methods for multiple-input multiple-output systems[J]. Journal of computational and applied mathematics,2024,442:115687.

[263] 魏纯,徐玲,丁锋.反馈非线性系统随机梯度辨识算法及其收敛性[J].控制理论与应用,2023(10):1757-1764.

[264] ANWAR Z,AHMED B,BACHIR B,et al. New identification of induction machine parameters with a meta-heuristic algorithm based on least squares method[J]. Compel,2023,42(6):1852-1866.

[265] JENS J,CHRISTIAN F,STEPHAN R. System identification of a gyroscopic rotor throughout rotor-model-free control using the frequency domain LMS [J]. IFAC-Papersonline,2022,55(25):217-222.

[266] SHIU K,ALOK S. A new parameter tuning approach for enhanced motor imagery EEG signal classification[J]. Medical & biological engineering computing,2018,56(10):1861-1874.

[267] PERERA A, NILSEN R. A framework and an open-loop method to identify PMSM parameters online[C]//2020 23rd International Conference on Electrical Machines and Systems (ICEMS). Hamamatsu:IEEE,2020:1945-1950.

[268] YUAN T,CHANG J,ZHANG Y. Parameter identification of permanent magnet synchronous motor with dynamic forgetting factor based on H_∞ filtering algorithm[J]. Actuators,2023,12(12):453.

[269] OMAR OA M,MAREL M I,ATTIA M A. Comparative study of AVR control systems considering a novel optimized PID-based model reference fractional adaptive controller[J]. Energies,2023,16(2):830.

[270] LELISA W,TADELE A,MARCIN M,et al. A comparative study of fuzzy SMC with adaptive fuzzy PID for sensorless speed control of six-phase induction motor[J]. Energies,2022,15(21):8183.

[271] JOVAN M,TIMOTHY S. Discerning discretization for unmanned underwater vehicles DC motor control[J]. Journal of marine science and engineering,2023,11(2):436.

[272] AYDN B,ERSAN K,YASIN K. Model predictive torque control-based induction motor drive with remote control and monitoring interface for electric vehicles[J]. Electric power components and systems,2023,51(18):2159-2170.

[273] REZA H,AMIR K,ALIREZA K,et al. A prioritisation model predictive control for multi-actuated vehicle stability with experimental verification[J].

Vehicle system dynamics, 2023, 61(8):2144-2163.

[274] AZIZ A G M A, ABDELAZIZ A Y, ALI Z M, et al. A comprehensive examination of vector-controlled induction motor drive techniques[J]. Energies, 2023, 16(6):2854.

[275] LIU X C, WAND Y, WANG M. Speed fluctuation suppression strategy of servo system with flexible load based on pole assignment fuzzy adaptive PID [J]. Mathematics, 2022, 10(21):3962.

[276] MADANZADEH S, ABEDINI A, RADAN A, et al. Application of quadratic linearization state feedback control with hysteresis reference reformer to improve the dynamic response of interior permanent magnet synchronous motors[J]. ISA transactions, 2020, 99:167-190.

[277] GYEOM T W, JIN B K, DOO Y Y. Mechanical resonance suppression method based on active disturbance rejection control in two-mass servo system [J]. Journal of power electronics, 2022, 22(8):1324-1333.

[278] 苏隽成, 杨平. 过热汽温串级 MCP-PID 控制[J]. 自动化仪表, 2014, 35(11): 5-8.

[279] DASARI M, SRINIVASULA R A, KUMAR M V. GA-ANFIS PID compensated model reference adaptive control for BLDC motor[J]. International journal of power electronics and drive systems, 2019, 10(1):265-276.

[280] 华逸舟, 刘奕辰, 潘伟, 等. 基于改进粒子群算法的无轴承永磁同步电机多目标优化设计[J]. 中国电机工程学报, 2023, 43(11):4443-4451.

[281] BAI Y, JING Y. Event-triggered network congestion control of TCP/AWM systems[J]. Neural computing and applications, 2021, 33:15877-15886.

[282] MASROOR S, PENG C, ALI A Z, et al. Event triggered multi-agent consensus of DC motors to regulate speed by LQR scheme[J]. Mathematical and computational applications, 2017, 22(1):14.

[283] MASROOR S, PENG C. Event triggered non-inverting chopper fed networked DC motor speed synchronization[J]. Compel, 2018, 37(2):911-929.

[284] SHANMUGAM L, MANI P, JOO H Y. Stabilisation of event-triggered-based neural network control system and its application to wind power generation systems [J]. IET control theory & applications, 2020, 14(10): 1321-1333.

[285] PRAKASH M, RAKKIYAPPAN R, HOON Y J. Design of observer-based event-triggered fuzzy ISMC for T-S fuzzy model and its application to PMSG

[J]. IEEE transactions on systems, man, and cybernetics: systems, 2019, 51(4):1-11.

[286] SONG J, WANG Y K, NIU Y, et al. Periodic event-triggered terminal sliding mode speed control for networked PMSM system: a GA-optimized extended state observer approach[J]. IEEE/ASME transactions on mechatronics, 2022, 27(5):4153-4164.

[287] 丁有爽,肖曦. 永磁同步电机直接驱动柔性负载控制方法[J]. 电工技术学报, 2017,32(4):123-132.

[288] 孙海涛,陈燕,常晓敏,等. 永磁式开关磁阻直线电机的设计及分析[J]. 太原理工大学学报,2017,48(2):232-236.

[289] GARCIA J A, PERE A, BALDUI B, et al. Influence of design parameters in the optimization of linear switched reluctance motor under thermal constraints[J]. IEEE transactions on industrial electronics, 2018, 65(2): 1875-1883.

[290] GREBENNIKOV N V, KIREEV A V, KOZHEMYAKA N M. Mathematical model of linear switched reluctance motor with mutual inductance consideration[J]. International journal of power electronics and drive systems IJ-PEDS,2015,6(2):225-232.

[291] 郭芳,葛宝明,张瑞芳. 横向磁场直线开关磁阻电机的数学建模[J]. 电机与控制学报,2014,18(10):42-49.

[292] 陈静,赵晶. 结合 PID 与状态观测器的欠驱动机械手末端控制[J]. 计算机仿真,2021,38(10):367-371,378.

[293] 王忠博,毛川,祝长生. 主动电磁轴承-刚性转子系统 PID 控制器设计方法[J]. 中国电机工程学报,2009,29(20):6154-6163.

[294] 赵秀伟,任建岳. 确保稳定裕度的 PID 稳定域计算[J]. 光学精密工程,2013, 21(12):3214-3222.

[295] 郭宏,吴海洋,巫佩军. 基于变系数 PID 的无刷直流电动机双闭环系统[J]. 北京航空航天大学学报,2012,38(1):1-5.

[296] 历达,张涛,唐传胜. 直线永磁同步电机变论域模糊 PID 控制技术研究[J]. 机床与液压,2012,40(15):27-29.

[297] 郭祥靖,孙攀,邓杰,等. 基于 BP 神经网络算法预测的重型半挂汽车列车 AEB 控制策略研究[J]. 汽车工程,2021,43(9):1350-1359,1366.

[298] 张康,王丽梅. 基于周期性扰动学习的永磁直线电机自适应滑模位置控制[J]. 电机与控制学报,2021,25(8):132-141.

[299] 董顶峰,黄文新,卜飞飞,等.圆筒型反向式横向磁通直线电机定位力补偿二阶自抗扰控制器位置控制[J].电工技术学报,2021,36(11):2365-2373.

[300] 陈卓易,邱建琪,金孟加.内置式永磁同步电机无位置传感器自适应集总电动势模型预测控制[J].电工技术学报,2018,33(24):5659-5669.

[301] 唐传胜,戴跃洪.无速度传感器永磁同步直线电机伺服系统的自适应鲁棒控制[J].组合机床与自动化加工技术,2013(11):64-67.

[302] 曾喆昭,陈泽宇.论 PID 与自耦 PID 控制理论方法[J].控制理论与应用,2020,37(12):2654-2662.

[303] 曾喆昭,刘文珏.自耦 PID 控制器[J].自动化学报,2021,47(2):404-422.

[304] 杨旭,曹立佳,刘洋.基于自耦 PID 控制的四旋翼无人机姿态控制[J].兵器装备工程学报,2021,42(10):170-175.

[305] 王进华,陈剑.PID 控制器的状态空间描述和二次型优化设计[J].控制理论与应用,2018,35(2):267-271.

[306] EMINE B, MEHDI M, AMIR P, et al. Opportunities and challenges of switched reluctance motor drives for electric propulsion:a comparative study [J]. IEEE transactions on transportation electrification,2017,3(1):58-75.

[307] 左曙光,郑玉平,胡胜龙,等.考虑饱和的开关磁阻电机径向电磁力解析建模[J].同济大学学报(自然科学版),2018,46(12):1736-1744.

[308] HE Y,TANG Y,LEE D,et al. Suspending control scheme of 8/10 bearingless SRM based on adaptive fuzzy PID controller[J]. Chinese journal of electrical engineering,2016,2(2):60-67.

[309] KARAMI-MOLLAEE A,TIRANDAZ H,BARAMBONFS O. Dynamic sliding mode position control of induction motors based load torque compensation using adaptive state observer[J]. Compel,2018,37(6):2249-2262.

[310] HARROUZ A, BECHERI H, COLAK I, et al. Backstepping control of a separately excited DC motor [J]. Electrical engineering, 2018, 100 (3): 1393-1403.

[311] 陈凌,王宏华,张经炜,等.无轴承开关磁阻电机无源控制器优化设计[J].广西大学学报(自然科学版),2018,43(5):1756-1764.

[312] CHEBAANI M,GOLEA A,BENCHOUIA M T,et al. Sensorless finite-state predictive torque control of induction motor fed by four-switch inverter using extended Kalman filter[J]. Compel,2018,37(6):2006-2024.

[313] XU K,TANG C,YANG J,et al. Optimization of linear switched reluctance motor for single neuron adaptive position tracking control based on fruit fly

optimization algorithm[J]. Journal of engineering science and technology review,2020,13（1）:160-165.

[314] 赵恩亮,于金飞,程帅,等.基于观测器的异步电机随机系统模糊反步位置跟踪控制[J].电机与控制应用,2020,47(1):8-14.